大飞机出版工程
总主编　顾诵芬

# 民用飞机系统安全性设计与评估技术概论 （第2版）

## System Safety Design & Assessmet in Civil Aircraft (Second Edition)

修忠信等 编著

成　伟等　主审

上海交通大学出版社
SHANGHAI JIAO TONG UNIVERSITY PRESS

# 内 容 提 要

本书是民机系统安全性设计与评估技术方面的著作。全书共分为13章：第1章为绪论；第2章为规章、咨询通告与工业标准；第3章为飞机系统安全性设计与评估体系；第4章为功能危险性评估；第5章为初步系统安全性评估；第6章为系统安全性评估；第7章为安全性概率计算分析工具；第8章为故障模式及影响分析；第9章为特定风险分析；第10章为区域安全性分析；第11章为共模分析；第12章为与民机系统安全性设计与评估技术相关的其他内容；第13章为安全性工作管理与规划。本书汇集了近年来国际国内在民机系统安全性等方面的最新技术和方法，内容新颖，图表清晰，实用性强。

本书可供从事民机系统安全性、可靠性工作的科研人员、工程技术人员和管理人员使用，也可供系统安全性、可靠性相关专业的本科生和研究生参考。

## 图书在版编目(CIP)数据

民用飞机系统安全性设计与评估技术概论/修忠信等编著.—2版.
—上海：上海交通大学出版社，2018(2024 重印)
大飞机出版工程
ISBN 978-7-313-18943-1

Ⅰ.①民…　Ⅱ.①修…　Ⅲ.①民用飞机—飞行安全—安全设计
②民用飞机—飞行安全—技术评估　Ⅳ.①V328

中国版本图书馆 CIP 数据核字(2018)第 033580 号

**民用飞机系统安全性设计与评估技术概论(第2版)**

编　　著：修忠信等
出版发行：上海交通大学出版社　　　　　　地　　址：上海市番禺路 951 号
邮政编码：200030　　　　　　　　　　　　电　　话：021-64071208
印　　制：上海新华印刷有限公司　　　　　经　　销：全国新华书店
开　　本：787mm×1092mm　1/16　　　　　印　　张：21
字　　数：409 千字
版　　次：2013 年 8 月第 1 版　2018 年 3 月第 2 版　　印　　次：2024 年 8 月第 3 次印刷
书　　号：ISBN 978-7-313-18943-1
定　　价：158.00 元

# 总　序

　　国务院在 2007 年 2 月底批准了大型飞机研制重大科技专项正式立项,得到全国上下各方面的关注。"大型飞机"工程项目作为创新型国家的标志工程重新燃起我们国家和人民共同承载着"航空报国梦"的巨大热情。对于所有从事航空事业的工作者,这是历史赋予的使命和挑战。

　　1903 年 12 月 17 日,美国莱特兄弟制作的世界第一架有动力、可操纵、比重大于空气的载人飞行器试飞成功,标志着人类飞行的梦想变成了现实。飞机作为 20 世纪最重大的科技成果之一,是人类科技创新能力与工业化生产形式相结合的产物,也是现代科学技术的集大成者。军事和民生对飞机的需求促进了飞机迅速而不间断的发展和应用,体现了当代科学技术的最新成果;而航空领域的持续探索和不断创新,为诸多学科的发展和相关技术的突破提供了强劲动力。航空工业已经成为知识密集、技术密集、高附加值、低消耗的产业。

　　从大型飞机工程项目开始论证到确定为《国家中长期科学和技术发展规划纲要》的十六个重大专项之一,直至立项通过,不仅使全国上下重视我国自主航空事业,而且使我们的人民、政府理解了我国航空事业半个多世纪发展的艰辛和成绩。大型飞机重大专项正式立项和启动使我们的民用航空进入新纪元。经过 50 多年的风雨历程,当今中国的航空工业已经步入了科学、理性的发展轨道。大型客机项目产业链长、辐射面宽、对国家综合实力带动性强,在国民经济发展和科学技术进步中发挥着重要作用,我国的航空工业迎来了新的发展机遇。

　　大型飞机的研制承载着中国几代航空人的梦想,在 2016 年造出与波音公司

B737 和空客公司 A320 改进型一样先进的"国产大飞机"已经成为每个航空人心中奋斗的目标。然而，大型飞机覆盖了机械、电子、材料、冶金、仪器仪表、化工等几乎所有工业门类，集成数学、空气动力学、材料学、人机工程学、自动控制学等多种学科，是一个复杂的科技创新系统。为了迎接新形势下理论、技术和工程等方面的严峻挑战，迫切需要引入、借鉴国外的优秀出版物和数据资料，总结、巩固我们的经验和成果，编著一套以"大飞机"为主题的丛书，借以推动服务"大飞机"作为推动服务整个航空科学的切入点，同时对于促进我国航空事业的发展和加快航空紧缺人才的培养，具有十分重要的现实意义和深远的历史意义。

2008 年 5 月，中国商用飞机有限公司成立之初，上海交通大学出版社就开始酝酿"大飞机出版工程"，这是一项非常适合"大飞机"研制工作时宜的事业。新中国第一位飞机设计宗师——徐舜寿同志在领导我们研制中国第一架喷气式歼击教练机——歼教 1 时，亲自撰写了《飞机性能及算法》，及时编译了第一部《英汉航空工程名词字典》，翻译出版了《飞机构造学》《飞机强度学》，从理论上保证了我们的飞机研制工作。我本人作为航空事业发展 50 多年的见证人，欣然接受上海交通大学出版社的邀请担任该丛书的主编，希望为我国的"大飞机"研制发展出一份力。出版社同时也邀请了王礼恒院士、金德琨研究员、吴光辉总设计师、陈迎春副总设计师等航空领域专家撰写专著、精选书目，承担翻译、审校等工作，以确保这套"大飞机"丛书具有高品质和重大的社会价值，为我国的大飞机研制以及学科发展提供参考和智力支持。

编著这套丛书，一是总结整理 50 多年来航空科学技术的重要成果及宝贵经验；二是优化航空专业技术教材体系，为飞机设计技术人员的培养提供一套系统、全面的教科书，满足人才培养对教材的迫切需求；三是为大飞机研制提供有力的技术保障；四是将许多专家、教授、学者广博的学识见解和丰富的实践经验总结继承下来，旨在从系统性、完整性和实用性角度出发，把丰富的实践经验进一步理论化、科学化，形成具有我国特色的"大飞机"理论与实践相结合的知识体系。

"大飞机出版工程"丛书主要涵盖了总体气动、航空发动机、结构强度、航电、制造等专业方向，知识领域覆盖我国国产大飞机的关键技术。图书类别分为译著、专著、教材、工具书等几个模块；其内容既包括领域内专家们最先进的理论方法和技术成果,也包括来自飞机设计第一线的理论和实践成果。如:2009 年出版的荷兰原福克飞机公司总师撰写的 *Aerodynamic Design of Transport Aircraft*(《运输类飞机的空气动力设计》);由美国堪萨斯大学 2008 年出版的 *Aircraft Propulsion*(《飞机推进》)等国外最新科技的结晶;国内《民用飞机总体设计》等总体阐述之作和《涡量动力学》《民用飞机气动设计》等专业细分的著作;也有《民机设计 1000 问》《英汉航空双向词典》等工具类图书。

　　该套图书得到国家出版基金资助,体现了国家对"大型飞机"项目以及"大飞机出版工程"这套丛书的高度重视。这套丛书承担着记载与弘扬科技成就、积累和传播科技知识的使命,凝结了国内外航空领域专业人士的智慧和成果,具有较强的系统性、完整性、实用性和技术前瞻性,既可作为实际工作指导用书,亦可作为相关专业人员的学习参考用书。期望这套丛书能够有益于航空领域里人才的培养,有益于航空工业的发展,有益于大飞机的成功研制。同时,希望能为大飞机工程吸引更多的读者来关心航空、支持航空和热爱航空,并投身于中国航空事业做出一点贡献。

2009 年 12 月 15 日

# 序　一

　　发展国产大型客机是党中央、国务院在 21 世纪作出的具有重要战略意义的决策。"民机发展,适航先行",是民用航空事业的基本理念。适航是国产大型客机获得商业成功、走向国际市场的法定前提和重要保证。

　　众所周知,第二次世界大战结束后,世界航空工业的两个超级大国——美国和苏联,分别成功制造了大型飞机波音 707 飞机和图-154 飞机,并投入民用航空运输领域。经过数十年的市场选择,最后的结果值得我们深思。目前,世界大型民机市场几乎完全由美国波音和欧洲空客两大航空巨头垄断,而辉煌一时的苏联民用运输机在市场上所占的份额不足 0.5%。造成这种结果的最重要因素,就是它的飞机安全性没有完全保证;同时,其保障安全性的适航体系也没有完全建立和全面实施。

　　美国高度重视适航体系的建立和发展。早在 1926 年商务部就成立了航空司,并颁发第 7 号航空通报,对飞行员、航图、导航和适航标准进行管理。1934 年,航空司更名为航空局。从 1934 年到 1958 年相继制定并颁发了民用航空规章(CAR)如 CAR04(飞机适航要求)、CAM04(要求和解释材料)、CAR03(小飞机)、CAR06(旋翼机)、CAR04a-1(TSO)、CAR7(运输类旋翼飞机)等。

　　1958 年,航空局更名为联邦航空局(FAA),被赋予制定和监督实施美国航空规章(FAR)的职责。FAA 归属交通运输部,但局长由总统直接任命。

　　波音 707 飞机于 1958 年获得 FAA 型号合格证,获得了适航批准。在美国严格的审定标准和审定程序下,该飞机具有良好的安全性和市场表现,先后共交付 1 010 架,被誉为商用民航客机的典范。美国的适航体系和概念也得到了世界上绝大多数国家的认可。

　　苏联图-154 飞机却命运多舛。该飞机于 1966 年开始设计,苏联当时没有构成体系的民用飞机适航标准和主要参考强度规范等。虽然苏联民用飞机和直升机适航标准联合委员会于 1967 年制订了《苏联民用飞机适航标准》，该标准涵盖了运输类飞机、直升机、发动机和螺旋桨等各种航空产品，但适航要求不够详细和完善。1972 年，图-154 获得苏联民用航空部运送乘客许可并投入运行。该飞机虽然生产了 900 余架，但却发生了 56 次重大事故，最终没能在国际主流民机市场获得认可。

欧洲空中客车公司在国际民机市场的崛起，从另一个侧面说明了强有力的适航管理能力是大型客机成功的关键因素之一。欧洲为了在国际民机市场上和美国分庭抗礼，于 1990 年成立联合航空局（JAA），大力加强适航审定体系和适航管理能力建设，为空中客车公司后来居上进而在国际大型民机市场与波音公司平分秋色，起到了支撑和保障作用。

纵观欧美和苏联的运输类飞机发展历程可以发现，民机型号的发展不仅需要先进的航空工业基础，更重要的是要有国际认可的安全性——适航性。

当前，在国家政策指引下，中国航空业呈现跨越式发展。ARJ21-700 新支线飞机、215 直升机、MA600 螺旋桨飞机、Y12F 轻型多用途飞机、N5B 农用飞机、H0300 水陆两栖飞机、L7 初级教练机、28F 直升机、Y8F-600 飞机等型号陆续开展研制工作。2009 年 12 月 16 日，大型客机 C919 基本总体技术方案经过评审并获得通过，转入初步设计阶段；2010 年向中国民航局提交大型客机取证申请，预计大型客机争取在 2014 年首飞，2016 年交付客户使用。

面对正在开展的支线飞机和大型客机适航审定工作，我国的适航管理面临着新的严峻的挑战，突出表现为两个主要矛盾：一是国际审定技术快速发展与我国适航审定能力相对滞后的矛盾，尽管我们采用"影子审查"的中美两国政府合作方式来弥补；二是国内民用航空工业的快速发展与有限的适航符合性基础能力的矛盾。

现实迫切需要引入、借鉴国外的优秀出版物和数据资料，同时总结、巩固我国 30 年的实践经验和科研成果，编著一套以"民用飞机适航"为主题的丛书，这对于促进我国适航管理技术的发展和加快适航紧缺人才的培养，具有十分重要的现实意义和深远的历史意义。

与适航事业结缘近 30 年，并见证了中国适航发展变迁，我怀着继续为中国适航管理竭尽绵薄之力的愿望，欣然接受了上海交通大学出版社的邀请，担任"民用飞机适航"丛书的名誉主编。出版社同时邀请了中国民用航空局张红鹰总工程师、中商飞吴光辉总设计师和原民航局适航司副司长赵越让等适航专家撰写专著、精选书目，承担翻译、审校等工作，以确保这套丛书具有高品质和重大的社会价值,为我国的大飞机研制以及适航技术的发展提供参考和智力支持。

这套丛书主要涵盖了适航理念与原则、机载软件适航、试飞、安全可靠性、金属材料与非金属材料等专业方向,知识领域覆盖我国国产大飞机适航的关键技术,内容既包括适航领域专家们最先进的理论方法和技术成果,也包括来自工艺部门进行适航符合性验证的理论和实践成果。

该套图书得到国家出版基金资助,体现了国家对"大型飞机项目"以及"民用飞机适航出版工程"的高度重视。这套丛书承担着记录与弘扬科技成就、积累和传播科技知识的使命,凝结了国内外民机适航领域专业人士的智慧和成果,具有较强的系统性、完整性、实用性和技术前瞻性,既可作为实际工作指导用书,也可作为相关专业人员的学习参考用书。期望这套丛书能够有益于民用航空领域里适航人才的培养,有益于国内适航法规的完善、有益于国内适航技术的发展,有益于大飞机的成功研制。同时吸引更多的读者重视适航、关心适航、支持适航,为国产大型客机的商业成功做出贡献。

最后,我们衷心感谢中商飞、上海交通大学出版社和参与编写、编译、审校的专家们以及热心于适航教育的有识之士做出的各种努力。

由于国内外专家们的背景、经历和实践等差异,有些观点和认识不尽相同,但本着"仁者见仁,智者见智","百花齐放,百家争鸣"的精神,给读者以研究、思考的广阔空间,也诸多裨益。当然,不同认识必将在未来的实践检验中得到统一和认可。这也是我们出版界伟大的社会责任。我们期望的事业也就蓬勃发展了。大家努力吧!

2013 年 4 月 20 日

# 序 二

2012 年 7 月 8 日,国务院出台了《国务院关于促进民航业发展的若干意见》。其中明确提出"积极支持国产民机制造",包括加强适航的审定和航空器的适航评审能力建设,健全适航审定组织体系,积极为大飞机战略服务,积极拓展中美、中欧等双边适航范围,提高适航审定国际合作水平。2013 年 1 月 14 日,国务院办公厅以国办函〔2013〕4 号文件下发了《促进民航业发展重点工作分工方案的通知》,要求有关部门认真贯彻落实《国务院关于促进民航业发展的若干意见》精神,将涉及本部门的工作进行分解和细化,并抓紧制订出具体落实措施。由此可见,适航和适航审定能力建设已上升为国家民航强国战略、国产大飞机战略的有效组成部分。

适航是民用飞机进入市场的门槛,代表了公众对民用飞机安全的认可,也是民用飞机设计的固有属性。尽管相比国外,我国的适航管理起步较晚,1987 年国务院才颁布《中华人民共和国民用航空器的适航管理条例》,但是我们一开始在适航标准的选用上就坚持了高标准并确定了与欧美国家接轨的道路,几十年国际民用飞机的发展和经验已充分证明我国适航管理道路的正确性和必要性,对于国家的大飞机战略,我们仍将坚持和选择这样的道路,只有这样,才能确保我国从民航大国走向民航强国,形成有国际竞争力的民用飞机产业。

飞机已经诞生 110 年了,国外先进的民机发展历史也有七八十年,我国民机发展历史较短,目前还无真正意义上按 25 部适航标准要求取得型号合格证的产品出现,但可喜的是从中央到企业,从民航到工业界,业界领导和专家将适航及适航能力的突破作为国产民用飞机产业发展的基础和前提,达成了共识。专家、学者、工程师和适航工作者全面探索和开辟了符合中国国情的适航成功道路的研究及实践,并直接应用到 C919 等型号研制中。我很高兴地看到上海交通大学出版社面向大飞机项目的适航技术提高和专业适航人才的培养,适时推出"民用飞机适航出版工程"系列丛书,引入、借鉴国外的优秀出版物,总结并探索我国民机发展适航技术的实践经验及工程实践道路,直接呼应了国家重大任务,应对了民机产业发展,这无疑具有十分重要的现实意义和深远的历史意义。

张红鹰

2013 年 7 月 20 日

# 民用飞机系统安全性设计与评估技术概论

主　编　修忠信

副主编　王　鹏　郭　强　肖女娥

主　审　成　伟　徐金萍

编著者　（按姓氏笔画排序）

马　赞　王　伟　包敦永　冯　臻

吕　军　刘　艳　池巧君　杨建忠

杨　林　阮宏泽　吴丽娜　张国防

郑友石　高　磊　袁天伦　阎　芳

郭　伟

# 作者介绍

**修忠信**,男,1962 年 11 月出生,黑龙江人,北京航空航天大学航空工程专业工程硕士。从事飞机研制和试飞工作近 30 年,先后参与或主持了 H410、H425、直 9 武改、直 9 武侦、运-12 和 ARJ21-700 等多个型号的研制和试飞工作。主持了 EWIS 安全性评估体系和可靠性数据获取、民用飞机试飞规划与管理等多项民用飞机试飞技术研究。参与编写了 CCAR36 部、CCAR27 部及一些军机标准。曾获中国人民解放军科学技术进步二等奖、获中航二集团科技进步二等奖、国防科工委科技进步一等奖、获国家科学技术进步二等奖、获省部级个人三等功、省部级个人一等功。于 2006 年获国务院颁发的特殊津贴证书,被评为"2011 年上海领军人才"。在我国飞机研制和试飞业内享有较高声誉。历任哈尔滨飞机制造公司副总设计师、副总工程师,现就职于中国商用飞机有限公司,担任 ARJ21-700 飞机副总设计师和 ARJ21-700 飞机外场试验队副队长职务。

**成伟**,男,多年从事航空器机载系统设计工作,在国产 Y12 飞机设计和适航验证过程中做出过富有成效的工作。自中国适航机构成立初期调入航空器合格审定部门至今,已有二十余年航空器合格审定经验,在机载系统安全性设计与评估(SSA)方面积累有丰富经验,曾参加并通过了 FAA 聘请美国麦道公司专家专为 CAAC 举办的 SSA 培训。

# 本　书　序

　　人类飞行的历史已走过一百多年，一百年斗转星移，一百年沧桑巨变，如今的飞机跟早期的飞机相比已不可同日而语。早期的飞机，结构简单，外形粗糙，功能单一，甚至以木头作为主要结构材料，设计时也乏于提及安全性概念。现代民用飞机（民机）是一个高度综合和极其复杂的庞大系统，包括动力装置、空气管理、航电、飞控、液压、电源和起落架等十几个系统，尤其是现代电子信息技术的大量使用，使得现在的飞机复杂程度大大提高，这也增加了飞机设计的难度。在民机"安全性、可靠性、经济性、舒适性"等几大特点中，安全性始终是首位的。可以说在很大程度上，民机产业的发展取决于民机系统安全性设计技术的发展。

　　如何设计出安全可靠的飞机，是所有设计师首先要考虑的问题，也是飞机能否通过适航审查，能否进入市场并具有竞争力的关键所在。近年来，ARJ21和C919两大民用飞机型号的研制取得了重大进展，在民用飞机的安全性学科领域和工程技术等方面积累了一定的经验。本书以民用飞机系统安全性为核心，结合国内外民用飞机安全性设计的工程经验，由长期从事民机安全性研究、教学、设计、试验、试飞和审查的工程技术人员和审查人员协作编写而成。

　　本书作为国内民机安全性领域的技术经验总结和理论结晶，系统地总结并提出了民机系统安全性设计与评估的流程和方法，对民机设计、试验、试飞实践具有现实的指导意义。同时，在当今国内民机的大发展背景下，该书的出版对我国民机产业的发展具有重要的参考价值，不仅有利于进一步推进国内民机系统安全性可靠性学科的发展,更将为早日让我国的民机产业走向成功打下坚实的基础。

2013 年 5 月

上海

# 前　　言

对民机而言,安全性是其首要考虑的问题,贯穿于飞机从研制、生产、运营到退役的整个生命周期。同时安全性也是民机能否通过适航审查及进入市场并获得公众信任的前提条件。民用飞机机载系统属于高度综合的复杂系统,在设计过程中运用机载系统安全性设计与评估技术是减少其事故发生概率的有效手段。

随着国内民机事业的发展,民机系统的安全性越来越受到重视,同时也面临日益增多的技术难题,可谓是机遇与挑战并行。由于国内在这方面起步较晚,工程经验的积累有限,在民机安全性设计和评估方面一直没有形成一套成熟且完备的可供参考的技术性指导材料。为解决这一问题以支持国内民机发展,编写一本系统化的指导性著作显得极为迫切。

本书的编写有以下几个特点: ⓐ强调系统化。由于飞机研制本身是一个系统化工程,因此,对其进行安全性设计和评估也是一个系统化的工程; ⓑ注重指导性。本书内容基本是概述性的,主要介绍了安全性设计和评估的相关流程和方法,以期对民机设计提供技术性的指导。ⓒ突出实用性。本书旨在为从事相关专业的工程技术人员提供一个快速有效的指导,使本书成为一本实用性较强的工具用书。

本书的作者大多是从事民机研制的工程技术人员及专家,本书是在作者大量的工程实践中不断摸索、总结以及参考国内外相关资料的情况下编写出来的,有较强的针对性。本书在编写时参考了大量的国外资料,但由于国内在民机安全性技术领域跟欧美发达国家相比还有较大差距,很难保证对引用资料理解的准确性;同时,由于能力所限,本书在内容编排和整体构架上也难免出现不合理之处;此外,由于本书的编写人员较多,且大多是忙于科研一线和不同单位的工作人员,尽管在编写过程中克服了很多协调上的困难,但由于时间紧迫,在编写中难免会出现一些差错,恳请读者提出宝贵建议。

　　根据本书技术特点,联合中国商用飞机有限责任公司、中国民航大学和中国民用航空局东北地区管理局适航审定处等单位成立了编委会,编写工作的人员分工如下:修忠信(主编、总体规划、最终审定),王鹏、郭强、肖女娥(副主编),成伟、徐金萍(主审),郭强、杨林(第1章),王鹏(第2章),袁天伦、郑友石(第3章),刘艳、吴丽娜(第4章),张国防、池巧君(第5章),马赞、阎芳(第6章),肖女娥、杨建忠(第7章),包敦永(第8章),高磊、吕军(第9章),阮宏泽(第10章),王伟、王鹏(第11章),王鹏、郭伟(第12章),郭强、郑友石(第13章)、冯臻(术语及缩略语)。参与文字处理和排版工作的人员有郑友石、杨林。全书由郭强、王鹏统稿,由修忠信、成伟、徐金萍审定。

　　本书除可作为民机设计人员的参考材料之外,也可作为高校相关专业的教材,还可供其他工程方面的安全性技术人员参考。

　　在本书策划成稿过程中,上海交大出版社的编辑钱方针博士提供了许多无私帮助,在此表示衷心感谢。

作　者

2013 年 3 月

# 目　　录

# 第1章 绪 论

## 1.1 引言

在对系统安全性技术进行探讨时,有必要先对一些基本概念和背景知识进行了解,因此,本章首先简要介绍了民用飞机(民机)系统安全性设计与评估的一些基本概念,如事故、风险、安全性、可靠性、适航性等;其次,对民机系统安全性设计与评估的背景进行了说明,包括民机安全性的发展趋势及飞机复杂性变化;然后总结了民机系统安全性设计与评估的历史发展过程及其现状,使读者对该领域有一个全面认识;最后对本书的基本构架进行了简单的描述,划定了本书的主体内容和范围。

## 1.2 基本概念

### 1.2.1 事故

事故是指一个不期望的可能导致人员伤亡、环境破坏或财产损失的事件。可用图1-1的框图描述事故的定义。

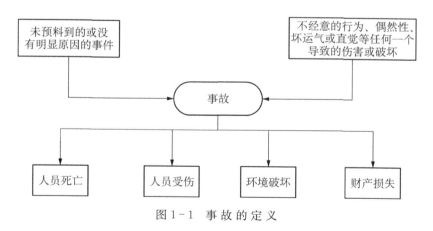

图 1-1 事 故 的 定 义

国际民用航空组织(International Civil Aviation Organization,ICAO)对事故的定义为:一个跟飞机操作相关而发生的事件,且这个事件造成了任何人员的致命伤害或严重伤害,同时造成飞机实质性损害、飞机失踪(当官方搜索已终止以及残骸没有被找到就认为飞机失踪)或者完全不可接近。其中部分关键词语解释如下。

（1）致命事故，导致一个或多个致命伤害的事故。

（2）致命伤害，从事故之日起30天内导致死亡的一个伤害。

（3）严重伤害，以下所述的任何一个伤害即为严重伤害：

① 从受到伤害之日起7天内，需要住院超过48小时的伤害；

② 导致任何骨折的伤害（除了简单的如手指、脚趾或鼻子等骨折）；

③ 导致严重出血或神经、肌肉、肌腱的伤害；

④ 涉及任何内部器官的伤害；

⑤ 涉及二级或三级烧伤，或者影响超过身体表面百分之五的烧伤。

（4）实质性损害，损害或失效对结构强度、性能、飞机的飞行特性造成的不利影响，以及通常情况下可能要求对受影响部件进行较大的修复或更换。实质性损害不包括对起落架、机轮、轮胎和襟翼的损害，也不包括空气动力学的整流装置的弯曲、飞机蒙皮的凹陷和小孔、螺旋桨叶片的地面损坏或仅仅一个发动机的损坏。

### 1.2.2　风险

根据国际标准组织对风险的定义，风险是指危害发生概率与此危害严重程度的组合。常使用公式的形式对风险的概念进行简单描述，如式（1-1）所示。

$$R = SP \tag{1-1}$$

式中：$R$ 表示风险；$S$ 表示危害所造成后果的严重程度；$P$ 表示危害所造成后果的发生概率。

$S$，$P$ 这两因素对风险的影响是正向关系，即当 $P$ 固定不变而 $S$ 变大时，$R$ 也增大；当 $P$ 固定不变而 $S$ 减小时，$R$ 也减小。相应地，当 $S$ 固定不变而 $P$ 变大时，$R$ 也增大；当 $S$ 固定不变而 $P$ 减小时，$R$ 也减小。两者关系如图1-2所示。

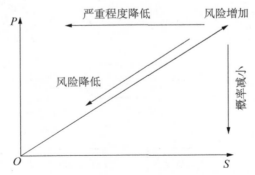

图1-2　风险、危害发生概率及其严重程度的影响关系

### 1.2.3　适航性

民机适航性是指民用飞机包括其系统及子系统整体性能和操纵特性在预期运行环境和使用限制下的安全性和物理完整性的一种品质，这种品质要求民机应始终处于保持符合其型号设计和始终处于安全运行状态。要保持适航性，民机的设计、

制造、使用和维修各方皆负有重要责任。首先,从设计图纸、原材料的选用到试验制造、组装生产,直至取得型号合格批准和生产许可的初始适航阶段,民机设计和制造单位要对适航性负主要责任。随后运营阶段,使用单位(航空公司)和维修单位(包括所属的各类航空人员——飞行人员、维修人员、检验人员等)负责保持民机始终处于安全运行状态,即对持续适航性负主要责任。最后适航监管当局作为国家的政府部门,则是在制定各种最低安全标准的基础上,对民机的设计、制造、使用和维修等环节中适航性相关工作进行科学统一的审定、监督和管理。

### 1.2.4　安全性

与航空活动相关的安全特性,其主要的因素通常为:人、机器和环境。这些安全因素的一个重要特点就是它们以串联的方式起作用,而非平行方式。如图 1-3 所示,它们可以被看作是代表飞行安全链条上的三个环节,其中单个环节的失效足以引起事故的发生。

而作为影响飞行安全的关键因素之一的机器,本文主要指飞机,飞机安全性主要是指飞机及其系统所具有的不导致人员伤亡、系统毁坏、重大财产损失或不危及人员健康和环境的能力,是其内在的一种特性。

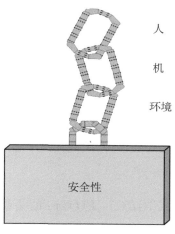

图 1-3　飞行安全的因素

### 1.2.5　可靠性

可靠性是指一个部件或系统在特定的时间内和规定的条件下完成预定功能的能力的一种特性。也可以说可靠性是时间上的一种品质,是一个产品在特定生命周期和运行条件下完成预期功能的概率,以满足或超过消费者的期望值。图 1-4 所描述的为可靠性概念各要素的关系。

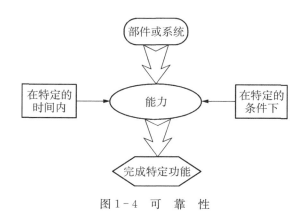

图 1-4　可　靠　性

### 1.2.6　可靠性参数

在安全性分析与评估过程中,常常会用到一些可靠性参数,如可靠度、故障率、故障的间隔时间等,通过不同的参数可从不同角度描述产品可靠性特征的度量。

#### 1.2.6.1　可靠度和不可靠度

对于一种产品,在规定的条件下和规定时间内,其完成规定功能的概率称为可靠度,可靠度是时间的单调递减函数,称为可靠度函数,记作 $R(t)$,即

$$R(t) = P(T > t) \tag{1-2}$$

式中:$R(t)$ 为可靠度函数;$T$ 为产品故障前的工作时间(h);$t$ 为规定的时间(h)。

一种产品在规定的条件下和规定的时间内,其丧失规定的功能(即发生故障)的概率称为不可靠度,或故障概率,也叫累计故障分部函数,记作 $F(t)$,即

$$F(t) = P(T \leqslant t) \tag{1-3}$$

由于产品在同一时间 $t$ 内能完成规定的功能,或者不能完成规定的功能,两者是对立事件,因此其概率和总是 1,即

$$R(t) + F(t) = 1$$

式中:$R(t)$, $F(t)$ 与 $t$ 的关系如图 1-5 所示。

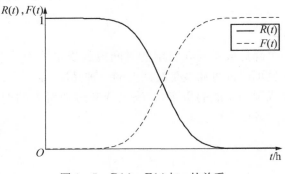

图 1-5　$R(t)$, $F(t)$ 与 $t$ 的关系

根据可靠度定义可知

$$R(t) = \frac{N_0 - r(t)}{N_0} \tag{1-4}$$

根据不可靠度定义可知

$$F(t) = \frac{r(t)}{N_0} \tag{1-5}$$

由式(1-3)可知

$$F(t) = \frac{r(t)}{N_0} = \int_0^t \frac{1}{N_0} \frac{dr(t)}{dt} dt \qquad (1-6)$$

令

$$f(t) = \frac{1}{N_0} \frac{dr(t)}{dt} dt \qquad (1-7)$$

则有

$$F(t) = \int_0^t f(t) dt \qquad (1-8)$$

称 $f(t)$ 为故障密度函数。

$R(t)$，$F(t)$ 与 $f(t)$ 之间的关系如图 1-6 所示。图中 $f(t)$ 曲线下的面积为 1。

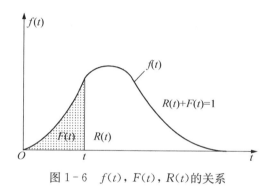

图 1-6　$f(t)$，$F(t)$，$R(t)$的关系

### 1.2.6.2　失效率或故障率

失效率(Failure Rate，FR)又称故障率，常用来衡量产品的可靠性和安全性指标，分为平均故障率和瞬时故障率。

1) 平均故障率

定义：已工作到时刻 $t$ 的产品，在时刻 $t$ 后平均单位时间内发生的故障数叫做平均故障率。它是时间 $t$ 的函数，叫做平均故障率函数，记作 $\overline{\lambda}(t)$，其定义式为

$$\overline{\lambda}(t) = \frac{\Delta r(t)}{N_s(t) \Delta t} \qquad (1-9)$$

或

$$\overline{\lambda}(t) = \frac{N_s(t) - N_s(t+\Delta t)}{\frac{1}{2}[N_s(t) + N_s(t+\Delta t)] \Delta t} \qquad (1-10)$$

式中：$N_s(t)$ 为在时刻 $t$ 残存产品数；$N_s(t+\Delta t)$ 为在时刻 $t+\Delta t$ 的残存产品数；$\Delta r(t)$ 为在$(t, t+\Delta t)$的时间 $\Delta t$ 里发生故障的产品数；$\overline{\lambda}(t)$ 为在$(t, t+\Delta t)$的时间 $\Delta t$ 里的平均故障率，其单位用 1/h 或 $10^{-5}$/h，$10^{-6}$/h，$10^{-9}$/h 等表示，$10^{-9}$/h 叫做 1 菲

特(FIT)。

注意式(1-9)和式(1-10)是有差别的,当 $\Delta t$ 越大,其相差也越大,这显示了平均故障率的缺陷。

平均故障率可理解为在时间 $\Delta t$ 内产品的故障数与在时间 $\Delta t$ 内产品的总工作时间之比,即

$$\bar{\lambda}(t) = \frac{\text{产品在某段时间 } \Delta t \text{ 内的故障数}}{\text{在 } \Delta t \text{ 内的总工作时间}} \qquad (1-11)$$

对不可修复产品来说,在 $[0, t]$ 内的总工作时间为

$$T = \sum_{i=1}^{r(t)} t_i + [N_0 - r(t)]t \qquad (1-12)$$

式中:$T$ 为总工作时间;$t_i$ 为第 $i$ 个产品故障前的工作时间;$t$ 为试验(或使用)的截止时间;$N_0$ 为投入试验(或使用)的产品总数;$r(t)$ 为产品在时间 $[0, t]$ 内发生的故障数。

对于可修复产品来说,假设发生故障就立即换上正常产品,因此,残存产品数 $N_s(t) \equiv N_0$,所以在 $[0, t]$ 内的总工作时间为

$$T = N_0 t \qquad (1-13)$$

2) 瞬时故障率 $\lambda(t)$

定义:已工作到时刻 $t$ 的产品,在时刻 $t$ 之后的瞬时平均单位时间内发生故障的产品数叫做产品在时刻 $t$ 的瞬时故障率,简称瞬时故障率,它是时间 $t$ 的函数,记作 $\lambda(t)$,其定义式为

$$\lambda(t) = \frac{1}{N_s(t)} \frac{dr(t)}{dt} \qquad (1-14)$$

从式(1-9)以及式(1-14)不难看出,瞬时故障率是当 $\Delta t \to 0$ 时平均故障率的极限,当瞬时故障率是常数时,式(1-9)和式(1-14)相等。

3) 浴盆曲线

实践证明,很多产品在全寿命周期中的故障率随时间的变化曲线形似浴盆,如图 1-7 所示,故称之为浴盆曲线(Bath-Tub Curve)。它反映了产品在其全部寿命过程中的三个不同阶段或时期。

早期故障期(DFR 型):早期故障期出现在产品投入使用的初期,其特点是开始时故障率较高,但随着时间的增加故障率较快地下降,呈递减型,如图 1-7 左边部分所示。这个时期的失效或故障是由于设计上的疏忽、材料有缺陷、工艺质量问题或检验差错而混进了不合格品、不适应外部环境等缺点及设备中寿命短的部件等因素引起的。

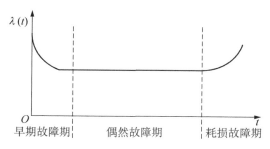

图 1-7　浴　盆　曲　线

偶然故障期（CFR 型）：在早期故障期之后，早期故障的产品的故障率就会大体趋于稳定状态并降至最低，且在相当一段时间内大致维持不变，呈恒定型，如图 1-7 中间部分所示。这个时期故障的发生是偶然的或随机的，故称为偶然故障期。偶然故障期是产品的最佳状态时期，在规定的故障率下其持续时间称为使用寿命或有效寿命。

耗损故障期（IFR 型）：耗损故障期出现在产品投入使用的后期，其特点是故障率随工作时间的增加而上升，呈递增型，如图 1-7 右边部分所示。这是因为构成设备、系统的某些零件已过度磨损、疲劳、老化、寿命衰竭所致。

**1.2.6.3　平均故障间隔时间**

平均故障间隔时间（Mean Time Between Failures，MTBF）在安全性分析中是一项重要的基本参数，对于可修复产品来说，相邻两次故障时间之间工作时间的数学期望（均值），叫做平均故障间隔时间，记为 $MTBF$。通常用如下公式计算：

$$MTBF = \frac{T(t)}{r(t)} \tag{1-15}$$

式中：$T(t)$ 为在规定时间 $t$ 内，投入试验的一批产品总工作时间，$T(t) = \sum\limits_{i=1}^{N_0} t_i$ ；$r(t)$ 为在规定时间 $t$ 内该批产品发生的故障总数。

**1.2.6.4　平均故障前时间**

平均故障前时间（Mean Time to Failure，MTTF）是指不可修复产品故障前工作时间的数学期望（均值），简称为平均故障时间，记为 $MTTF$。

若已知 $N_0$ 个不可修复同类型产品的故障前时间 $t_1$，$t_2$，…，$t_N$，则

$$MTTF = \frac{1}{N_0}(t_1 + t_2 + \cdots + t_{N_0}) = \frac{1}{N_0}\sum\limits_{i=1}^{N_0} t_i \tag{1-16}$$

式中：$t_i$ 为第 $i$ 个产品的故障前时间；$N_0$ 为观察的（试验或使用）一批产品数。

尽管 $MTTF$ 是可靠性性能的一个指标，但是在处理大部分寿命分布时它没有给出产品的任何失效分布信息，而很多不同的分布可以有相同的平均值，所以单独

用 $MTTF$ 作为衡量一个产品的可靠性是不准确的。

### 1.2.6.5　平均修复时间

平均修复时间（Mean Time to Repair，MTTR）是指在规定条件下和规定时间内，产品在任一规定的维修级别上，修复性维修总时间与在该级别上被修复产品的故障总数之比，其公式如下：

$$MTTR = \frac{\sum\limits_{i=1}^{n} \lambda_i M_{cti}}{\sum\limits_{i=1}^{n} \lambda_i} \tag{1-17}$$

式中：$n$ 为可更换单元的数量；$\lambda_i$ 为第 $i$ 个可更换单元的故障率；$M_{cti}$ 为第 $i$ 个可更换单元的平均修复时间。

### 1.2.7　寿命分布

在分析产品或系统的安全性时，我们常常是从产品的故障入手，而要全面了解产品的故障规律，常常只需知道产品的寿命分布。然而，产品寿命分布的类型是多种多样的，某一类型的分布可以适用于具有共同失效机理的某些产品。寿命分布往往与产品的类型关系不大，而与其施加的应力、产品内在的结构、物理、机械性能等失效机理有关。某些产品以工作次数、循环周期作为其寿命度量单位，如开关的开关次数，这时可以用离散型随机变量的概率分布来描述其寿命分布的规律，如二次分布、泊松分布和超几何分布等。多数产品的寿命分布要用到连续型随机变量的概率分布，常用的有指数分布、正态分布、对数正态分布和威布尔分布。

### 1.2.7.1　指数分布

指数分布最主要的特点是失效率表现为一常数，因而计算方便。它由下列函数来表达。

失效密度函数

$$f(t) = \lambda e^{-\lambda t} \quad (0 \leqslant t < \infty, \ 0 < \lambda < \infty) \tag{1-18}$$

累计分布函数

$$F(t) = 1 - e^{-\lambda t} \tag{1-19}$$

可靠度函数

$$R(t) = e^{-\lambda t} \tag{1-20}$$

失效率

$$\lambda(t) = \frac{f(t)}{R(t)} = \frac{\lambda e^{-\lambda t}}{e^{-\lambda t}} = \lambda \tag{1-21}$$

式中:$\lambda$ 是指数分布的参数,是一个与时间无关的常数,且有 $\lambda = \dfrac{1}{\theta}$,$\theta$ 是指数分布的平均寿命。指数分布的密度函数曲线和分布函数曲线如图 1-8 所示。

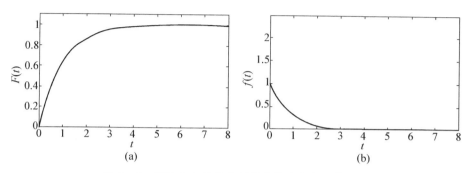

图 1-8 指数分布的分布函数曲线和密度函数曲线

### 1.2.7.2 正态分布

正态分布函数又称为高斯分布或误差分布函数。这是一个应用极为广泛的分布函数,由下式来表征。

失效密度函数:

$$f(t) = \frac{1}{\sigma \sqrt{2\pi}} e^{-\frac{1}{2}\left(\frac{t-\mu}{\sigma}\right)^2} \tag{1-22}$$

累计分布函数:

$$F(t) = \int_0^t \frac{1}{\sigma \sqrt{2\pi}} e^{-\frac{1}{2}\left(\frac{x-\mu}{\sigma}\right)^2} \mathrm{d}x \tag{1-23}$$

可靠度函数:

$$R(t) = \int_{\frac{t-\mu}{\sigma}}^{\infty} \frac{1}{\sqrt{2\pi}} e^{-\frac{x^2}{2}} \mathrm{d}x = 1 - \Phi\left(\frac{t-\mu}{\sigma}\right) \tag{1-24}$$

失效率函数:

$$\lambda(t) = \frac{f(t)}{R(t)} = \frac{\dfrac{1}{\sigma \sqrt{2\pi}} e^{-\frac{1}{2}\left(\frac{t-\mu}{\sigma}\right)^2}}{\displaystyle\int_{\frac{t-\mu}{\sigma}}^{\infty} \frac{1}{\sqrt{2\pi}} e^{-\frac{x^2}{2}} \mathrm{d}x} = \frac{\Phi\left(\dfrac{t-\mu}{\sigma}\right)/\sigma}{1 - \Phi\left(\dfrac{t-\mu}{\sigma}\right)} \tag{1-25}$$

式中:$\mu$,$\sigma$ 为正态分布的两个参数,$\mu$ 为正态分布的均值,$\sigma$ 为正态分布的标准离差。图 1-9(a)、(b)分别是正态分布的分布函数曲线和密度函数曲线。参数 $\mu$ 反映了正态曲线的位置,参数 $\sigma$ 反映了正态分布的分散程度。

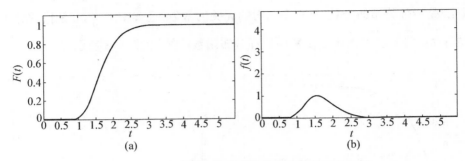

图 1-9 正态分布的分布函数曲线和密度函数曲线

正态分布的主要特点是能反映出产品失效模式的多样性和失效机理的复杂性。由于正态分布曲线下面的总面积固定是 1，所以当 $\sigma$ 不断减小时，正态分布曲线不断集中，正说明了其中某一随机的失效因素的影响不断突出，失效模式和机理不断地被明显反映出来。

### 1.2.7.3 对数正态分布

寿命 $\xi$ 的对数 $\ln\xi$ 服从正态分布。则称 $\xi$ 服从对数正态分布。

对数正态分布的失效密度函数为

$$f(t) = \frac{\lg e}{\sigma t \sqrt{2\pi}} e^{-\frac{(\lg t - \mu)^2}{2\sigma^2}} \quad (t > 0) \tag{1-26}$$

其累计分布函数为

$$F(t) = \int_0^t \frac{\lg e}{\sigma t \sqrt{2\pi}} e^{-\frac{(\lg t - \mu)^2}{2\sigma^2}} \mathrm{d}t \quad (t > 0) \tag{1-27}$$

其可靠度函数为

$$R(t) = \int_0^t \frac{\lg e}{\sigma \pi \sqrt{2\pi}} e^{-\frac{(\lg t - \mu)^2}{2\sigma^2}} \mathrm{d}t \tag{1-28}$$

其失效率函数为

$$\lambda(t) = \frac{f(t)}{R(t)} = \frac{\dfrac{\lg e}{\sigma t \sqrt{2\pi}} e^{-\frac{(\lg t - \mu)^2}{2\sigma^2}}}{\displaystyle\int_t^\infty \frac{\lg e}{\sigma t \sqrt{2\pi}} e^{-\frac{(\lg t - \mu)^2}{2\sigma^2}} \mathrm{d}t} \tag{1-29}$$

式中：$\mu$ 和 $\sigma$ 称为对数均值和对数标准离差。对数正态分布的密度函数曲线和失效曲线见图 1-10。

### 1.2.7.4 威布尔分布

瑞典科学家威布尔在研究链的强度的时候，对材料进行了疲劳寿命实验，并建立了一种分布函数，后来人们发现，凡是由于局部失效而导致整体失效的模型都可

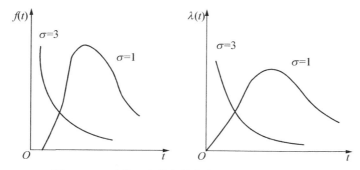

图 1-10 对数正态分布的密度曲线和失效率曲线

以采用这种分布函数来描述。这种分布函数由于具有普遍意义使其得到了广泛的应用,被称为威布尔分布。

累计分布函数为

$$F(t) = \begin{cases} 1 - \mathrm{e}^{-\frac{(t-r)^m}{t_0}} & (t \geqslant r) \\ 0 & (t < r) \end{cases} \tag{1-30}$$

失效密度函数为

$$f(t) = \begin{cases} \dfrac{m}{t_0}(t-r)^{m-1} \mathrm{e}^{-\frac{(t-r)^m}{t_0}} & (t \geqslant r) \\ 0 & (t < r) \end{cases} \tag{1-31}$$

可靠度函数为

$$R(t) = \begin{cases} \mathrm{e}^{-\frac{(t-r)^m}{t_0}} & (t \geqslant r) \\ 0 & (t < r) \end{cases} \tag{1-32}$$

失效率函数

$$\lambda(t) = \frac{f(t)}{1 - F(t)} = \frac{m}{t_0}(t - \gamma)^{m-1} \tag{1-33}$$

式中:常数 $m$ 为形状参数,其值的大小决定了威布尔分布曲线的形状,受它的影响最显著的是密度函数 $f(t)$ 曲线;$\gamma$ 为位置参数,它的值决定了曲线的起始位置;$t_0$ 为尺度参数,它的值决定了曲线在横轴上放大和纵轴上的缩小倍数,或在横轴上缩小和在纵轴上放大的倍数。图 1-11 是威布尔分布的失效率函数曲线和密度函数曲线。

表 1-1 列出了四种常见分布的适用范围。

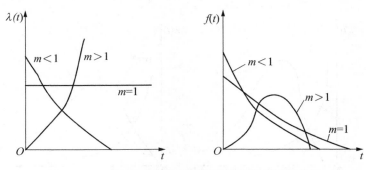

图 1-11　威布尔分布的失效率曲线和密度函数曲线

**表 1-1　常用故障时间的概率分布类型及其适用范围**

| 寿命分布类型 | 适用范围 |
| --- | --- |
| 指数分布 | 具有恒定故障率的部件、在耗损故障前进行定时维修的产品、由随机高应力导致故障的部件、使用寿命期内出现的故障为弱耗损型的部件 |
| 威布尔分布 | 滚动轴承、继电器、开关、断路器、某些电容器、电子管、磁控管、电位计、陀螺、电动机、航空发电机、蓄电池、机械液压恒速传动装置、液压泵、空气涡轮起动机、齿轮、活门、材料疲劳等 |
| 对数正态分布 | 电动绕阻绝缘、半导体器件、硅晶体管、直升机旋翼叶片、飞机结构、金属疲劳等 |
| 正态分布 | 飞机轮胎磨损、变压器、灯泡及某些机械产品 |

### 1.2.8　布尔逻辑

布尔逻辑常用来研究二分系统,如开关的通断、阀门的开关、逻辑关系的是与否等。在安全性评估时用到的故障树可以看成是引起顶事件发生的各故障事件之间图示的布尔关系。一个故障树总可以转化为完全等效的一组布尔方程。布尔代数对简化故障树及进而得到故障树最小割集很有益处。主要布尔代数计算规则如下:

交换律: $A \cdot B = B \cdot A, A + B = B + A$

结合律: $(A \cdot B) \cdot C = A \cdot (B \cdot C), (A + B) + C = A + (B + C)$

分配律: $A \cdot (B + C) = A \cdot B + A \cdot C, A + B \cdot C = (A + B) \cdot (A + C)$

吸收律: $A \cdot (A + B) = A, A + A \cdot B = A$

幂等律: $A \cdot A = A, A + A = A$

互补法: $A \cdot A' = 0, A + A' = 1, (A')' = A$

摩根定理: $(A \cdot B)' = A' + B', (A + B)' = A' \cdot B'$

与运算(逻辑乘): $A \cdot 0 = 0, A \cdot 1 = A$

或运算(逻辑加): $A + 0 = A, A + 1 = 1$

注:其中 $A'$ 是 $A$ 的非。

进行布尔代数计算时还可遵循以下三条规则：

（1）代入规则，在任何一个包含变量 A 的逻辑等式中，若以另外一个逻辑式代入式中所有 A 的位置，则等式仍然成立。

（2）反演规则，对于任何一个逻辑函数式 Y，若将其中所有的"×"换成"＋"，"＋"换成"×"，0 换成 1，1 换成 0，原变量换成反变量，反变量换成原变量，则得到的结果还是 Y。

（3）对偶规则，对于任何一个逻辑函数式 Y，若将其中的"×"换成"＋"，"＋"换成"×"，0 换成 1，1 换成 0，则得到一个新的逻辑式 Y′，成为 Y 的对偶式。若两个逻辑式相等，则它们的对偶式也相等。

### 1.2.9 合格审定

合格审定是合法地鉴定产品、服务、机构或人员对适用要求的符合性，包括技术性地检查产品、服务、机构或人员的工作，以及采用颁发合格证书、许可证、批准或其他被国家法律和程序所要求的文件证明的形式，正式认可对适用要求的符合性。在民机安全性方面主要指申请方向审查方表明飞机系统为满足 FAR/CCAR 25.1309 条（适航当局针对民机系统安全性的专门性条款，后面章节会详细介绍）安全符合性所开展的验证活动。

总之，产品的合格审定包括：

（1）评估产品设计的过程，确保其符合适用于产品型号的一整套标准，以便证明可接受的安全性水平。

（2）评估单个产品制造的过程，确保其符合已批准的型号设计。

（3）颁发国家法律要求的任何合格证件，正式认可产品已达到对适用标准的设计或制造符合性。

### 1.2.10 相似性

在系统安全性分析与评估中，在对需求进行确认时，常常会用到很多经验，也就是相似性方法。看两个系统是否具有相似性，可从以下方面来考察：

（1）设计的相似性，主要看两个系统在设计时所使用的设计方法和工具、系统功能、系统组成及架构等是否相同或相似。

（2）运行条件的相似性，主要看两个系统在运行时所需要的条件是否相同或相似，如供电、供油、控制、通信、环境温度、湿度及压力等。

相似性方法是通过比较已取证的相似系统的需求来进行需求的确认。系统的使用经验越多，相似性方法所具有的说服力则更大。只有在获得充足的使用经验时，才能使用相似性方法。在 SAE ARP4754A 中，给出了在以下情况下，可以使用相似性方法：

（1）两个系统/项目有相同的功能、失效状态等级，它们的操作环境相同，且对它们的使用也相似。

（2）两个系统/组件在等效环境下执行相似的功能。

## 1.3　民机系统安全性设计与评估背景

民用飞机安全性评估是对所实施的民用飞机的安全性进行系统性的综合评价，以表明其满足相关的安全性需求。随着航空技术的发展，航空器功能的增加，航空器设计也越来越复杂，给系统安全性评估工作带来了挑战。同时航空运输量的急剧增加，也对安全性提出了更高的要求。

### 1.3.1　民机安全的发展趋势

航空器安全是航空业的生命线。如果航空器发生事故，不仅造成不同程度的直接损失，而且会造成严重的间接损失。直接损失包括飞机损失和生命损失；间接损失是指对当事人造成的精神伤害，以及社会公众对航空器安全性的信任度降低。航空器故障所造成的严重后果使得社会公众、政府当局和航空工业及其航空公司都认识到保障航空器安全的重要性。相关各方一直紧密合作，共同致力于保障航空器的安全，并取得了可喜的成就。

在航空界各方的共同努力下，近半个世纪的航空安全得到了很大改善。这可以根据商业航空中每百万次起飞发生事故率和每百万飞行小时事故率的统计中明显看出。图1-12所示为1959年以来每年商用喷气飞机每百万次起飞中发生事故的数量统计结果。由此图可知，随着时代的推移，事故率出现了急剧下降，特别是20世纪60年代下降最为明显。目前世界上每百万次起飞发生事故数量，已经降低到少于2次。

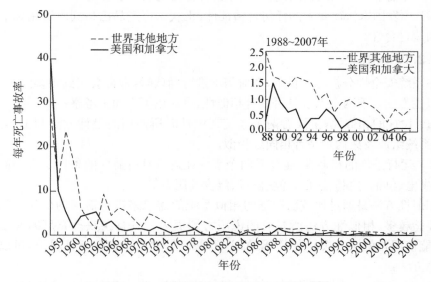

图1-12　商用喷气飞机每年死亡事故率[3]

21世纪以来，虽然航空运输量增加了近一倍，航空致命事故数和遇难人数并没有明显的变化,如图 1 - 13 所示。2003 年总共有 27 起致命事故造成 702 人遇难,2008 年 34 起事故 583 人遇难。此统计结果显示,在此期间,致命事故数量和遇难人数的变化趋势基本持平。

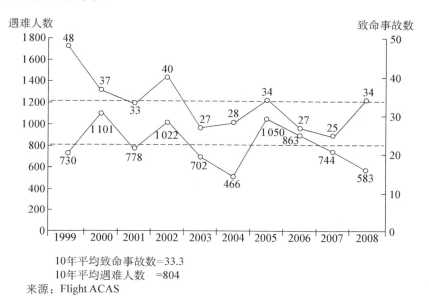

10年平均致命事故数=33.3
10年平均遇难人数　=804
来源：Flight ACAS

图 1 - 13　1999~2008 年全球航空公司致命事故数和遇难人数[3]

　航空运输量急剧增加后,是否还能维持目前的事故数和遇难人数? 航空安全将来的发展已引起了大家的注意。最近几十年,商业航空的运输量得到了迅速增加。假设事故率保持不变,运输量总量增加时,事故的总次数将会增加。图 1 - 14 示出

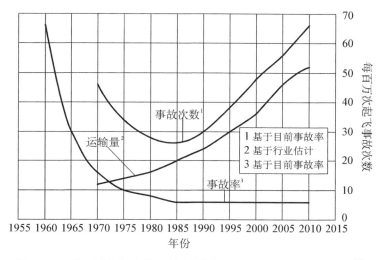

图 1 - 14　商用喷气机事故次数、事故率和运输量增长情况及预测[3]

了当前商用喷气式客机的事故率,预期的航空运输量的增长和事故发生的次数。

总之,航空安全的事故率经过一段时期的快速下降后目前进入平稳期。航空的安全性得到了极大的提高。然而,航空交通流量急速增加,使得对航空安全提出了更高要求。不能再仅仅满足于航空事故率的降低,而逐渐开始关注对航空事故发生次数的降低。

航空事故统计所表现出的变化,是人们对航空器安全性需求不断提高的结果。为了适应不断提高航空器安全性的需求,相应的航空器设计及其安全性分析技术也需要不断改进,以满足这种航空器安全性需求的变化。

### 1.3.2　航空器复杂性变化

近年来,为了提高航空器的安全性,航空器设计本身作了很多改进,在增加飞机安全应急功能的同时,也增加了航空器设计结构和功能使用的复杂性。即一旦出现事故,即使专业人员也很难快速做出合理应对。根据最近二十年的航空事故乘客存活率,可发现如下现象:20 世纪 80 年代至今,发生的致命事故中,有乘客幸存的事故比例逐渐降低。甚至 21 世纪发生的 10 次致命事故中,只有一次致命事故中有乘客幸存。可见,随着航空器设计的复杂化,一旦航空器出现事故,应对难度越来越高。

航空器复杂性变化的另外一个明显特征是软件和复杂电子硬件在航空器中的使用。软件和复杂电子硬件在许多方面具有独特的优势,例如提供更多功能和激励,改善性能,提高效率,降低成本。并且相关研究认为尽管目前存在一些问题需要解决,但软件和复杂电子硬件的使用有助于改善航空器的安全性。软件和复杂电子硬件的使用作为航空领域的新技术,需要在追求更高性能和带来更大风险中权衡后做出决定,正如历史上每次新技术的应用都是多方面综合考虑的结果。由于速度、燃油经济性、高度、机动性和全天候使用等方面的更高需求,技术进步所增加的安全性潜力并没有完全实现。将软件和复杂电子硬件首先引入控制系统和监视系统中,这主要是出于利润和风险方面的折中考虑。软件和复杂电子硬件不但参与直接控制,而且开始参与间接控制和数据处理的任务,例如防对撞系统和性能参数的计算。

航空器架构设计本身及其运行操作逐渐复杂化,再加上更多诸如软件和复杂硬件等新技术的应用,使得控制航空器危害的发生难度增加,并且这种复杂性所带来的风险越来越高,需要对航空器开展更加全面系统的安全性评估。

## 1.4　民机系统安全性设计与评估的发展过程

较早的民用航空器安全性分析是利用一些专业要求、"单故障"标准或失效安全设计概念进行的。而后,随着民用航空器的发展,航空器安全性要求更加严格,航空器设计也越来越复杂,这就催生了安全性分析的发展。

民用飞机安全性分析方法及标准是随航空工业发展而不断变化的,大致经历了以下若干转化过程:

（1）"安全性试验"到"故障模式及其影响分析"。

（2）"功能危险性分析、故障模式及其影响分析、故障树分析"，并提出了对软件的审查。

（3）FAA/EASA 又建议采用包括"功能危险性分析、初步系统安全性分析、系统安全性分析、故障模式及影响以及共因故障分析"的工具，进行系统安全性分析。目前工业界和适航当局基本都按这一最新要求及其提供的方法进行安全性分析和评估。

航空器发展的早期主要是用于军用飞行，在此阶段没有开展相关的安全性分析。由于系统安全性方法及标准与航空器设计方式息息相关。因此，通过考察某时期航空器设计方式的发展过程，能够帮助我们认识系统安全性分析的发展。实际上，安全性分析的发展过程也是沿着相似的过程进行的。

### 1.4.1　民机设计方式的发展过程

航空器的设计方式的发展过程经历了从绝对安全到失效安全的设计理念实施，大致可以区分为如下三个阶段，即追求完整性及其在完整性基础上增加有限设计特征冗余的阶段、单故障概念引入阶段、失效安全设计概念引入阶段。下面详细对这三个阶段分别进行分析。

#### 1.4.1.1　"完整性"的设计方式

完整性是第一个关于飞机系统安全性的设计方法，这种设计思想的设计原则是尽量做出好的零件和完整的系统功能。通常情况下将此阶段进一步划分为两个阶段，即追求完整性阶段、完整性基础上增加有限设计特征冗余的阶段。

完整性是在航空工业初期发展起来的原始概念，是航空先驱们不惜付出生命代价而执著追求的。其经历的时间也很长，从 1900 年到 1930 年，整整 30 年的时间。在此期间具有代表性的飞机有：1903 年的莱特飞机、1927 年的圣·路易斯的幽灵飞机和 1930 年的福特三发飞机。虽然投入了大量精力来提高飞机的完整性，但是随着飞机运行的暴露时间逐渐增加，引起了许多故障。特别是出现了许多原来未曾预计到的单故障，这就增加了飞机安全飞行的不确定性，使得这时的飞机还不能广泛应用于商业运行。

为了提高飞机安全飞行的确定性，航空界开始在完整性基础上，增加有限设计特征冗余。这种理念出现在设计中实施的时期主要体现在二战期间，即 1930 年到 1940 年之间。其实这种理念的工程技术在很早就已经被工程技术人员使用了。这段时期具有代表性的飞机是二次世界大战前的运输类飞机，如道格拉斯的 DC-3、DC-4 飞机和比齐 18 型飞机。

#### 1.4.1.2　"单故障"概念的设计方式

此方法产生的大致背景是这样的。二战结束后，军用飞机需求量急剧下降，使得航空工业将更多的精力转入到民用。为了推动民用航空的发展，就需要进一步提高航空飞行的安全性，特别是航空飞行安全的稳定性。为此，工业界和美国政府部门一起于1945年开会并制定了"单故障概念",即假设每次飞行期间至少发生一个故障,而不管其概率大小。这个概念对减少单故障型事故产生了重要影响。仅用了5年的时间,即1945～1950年,航空安全就有很大改观。公众对飞行安全的信任度也随之增加,以致空中旅行有了巨大的增长。这段时期具有代表性的飞机有洛克希德的"星座"和道格拉斯的DC-6。

### 1.4.1.3　失效安全概念的设计方式

实施"单故障"的设计标准后,事故仍然发生。通过对大量事故的调查,结果发现:发生事故的原因大多已经不是某单个故障,而是一个以上故障的组合。例如,1955年美国航空公司一架Convair240飞机坠毁在Fort Leonard Wood附近,这起事故发生的原因是:发动机失火和燃油切断阀潜在故障的组合引起机翼破损,进而导致飞机坠毁。

针对组合故障所造成的巨大损失,政府部门用"失效安全概念"取代了单故障概念,以期让航空界更加注意多重故障型事故。例如在1955年,运输类飞机的合格审定规则为涡轮动力的飞机引入了下列概念:必须考虑任一单故障加上任一可预知故障的组合。这时,失效安全设计的基本原理是:任何一次飞行期间,单故障或可预知的组合故障不会阻止飞机的继续安全飞行和着陆。此概念从1955年提出,一直沿用至今。50多年来概念虽然没有变化,但是概念的实施方式却有着不断提高,具体体现在三代商用喷气飞机中。

### 1.4.2　民机系统安全性设计与评估方法的发展过程

商用航空得到快速发展后,航空器的安全性得到关注,并开始对商用喷气飞机开展航空器的系统安全性分析工作。按照安全性分析方法普遍使用的年代的先后次序,大致可以划分为以下四个阶段。

### 1.4.2.1　安全性试验

对民用飞机进行认证首先离不开就是飞机的安全性试验,它是对飞机安全性评估及其相关理论研究的基础。第一代商用喷气式飞机是采用安全性试验的方法进行安全性设计和验证的。这一代飞机的典型为B707,Comet4,DC-8,Caravelle和Convairs机型。安全性试验的实施结果显著降低了飞机事故的发生率,进一步增加了社会公众的信心,促进了民用航空的发展。

安全性试验的安全性评估方法源自于"完整性"的设计思想,其安全性评估内容主要是以专业要求的方式给出,也就可以通过安全性试验加以评估验证。这种方法是后续安全性评估的基础。

### 1.4.2.2　失效模式及其影响分析

到了20世纪60年代末,在飞机研制过程中,虽然使用了安全性试验进行安全评估,事故发生率还是比希望的高出许多。因此,在第二代商用喷气式飞机上正式使用了故障模式及其影响分析的方法进行安全性设计和验证。这一代的代表性飞机有B727,B737-100/200,B747"classics",DC-9,L-1011,DC-10,A300等机型。进一步显著降低了事故发生率。

失效模式及其影响分析是在 20 世纪 50 年代针对战斗机油压装置频繁导致失事的现象而由格鲁曼飞机公司首先用于飞机主操纵系统的失效分析的。到 20 世纪 60 年代中期,失效模式及其影响分析发展得已经比较成熟,美国 NASA 发布了名为 NPC250 - 1 的可靠度计划,确定制造商必须实施设计审查,并且在设计审查中必须应用失效模式及其影响技术,并应用于美国的太空计划中。直到 1974 年美国军用标准 MIL - STD - 1629 中规定失效模式及其影响分析的程序,说明失效模式及其影响分析在方法上已经完全成熟,并普遍应用于安全性评估过程中。

失效模式及其影响分析方法是源自于"单故障"设计标准,其中考虑单故障,并考虑潜在故障。此时就需要对每个单故障的影响进行分析,仅仅通过安全性试验的方式难以满足安全性需求。

### 1.4.2.3　功能危险性评估、失效模式及其影响分析、故障树分析

在使用失效模式及其影响分析后,虽然在降低事故发生率方面取得了良好效果,但有关硬件仍然发生事故,例如自动飞行系统中发生的不成比例的故障组合。基于此,在 20 世纪 80 年代初新研制的飞机中开始开展更加系统性的安全性评估。

故障树分析很早就应用在航空航天的设计中,在安全性分析方面的发展主要经历了以下三个阶段。首先是 1967 年阿波罗 1 号发射台火灾后,波音公司为整个阿波罗项目做的一个全新的和全面的安全项目。其中,故障树分析是项目安全性分析的一部分,故障树分析因为阿波罗计划的顺利实现而备受瞩目。其次,是在 1979 三里岛核泄漏事故后,一些事故在调查分析过程中使用的就是故障树分析。这是由于在之前几年中,为了审查核设施设计的安全性,并向市民保证核事故的发生概率非常小,所使用的方法就是故障树分析。由于采用故障树分析的范围比较广泛,这就帮助故障树分析尽快发展为合法化的工具并进一步促进在事故调查和安全性评估中使用。最后是在 1986 年挑战者号航天飞机事故发生后,调查委员会利用故障树分析的方法来评价主发动机,以确保其具有足够的安全设计要求。这次调查中,充分显示了采用故障树分析进行安全性评估所带来的优越性,故障树分析在系统安全性评估中开始得到普遍应用。

第三代商用喷气式飞机上使用了功能危险性分析、失效模式及其影响分析、故障树分析等安全性分析工具。这一代飞机的典型机型为 B737 到 B777 所有系列型号,以及 MD - 80,MD - 90,MD - 11,A319 到 A340 等机型。相关系统的事故率出现实质性地降低,并且导致这些机型出现事故的原因主要存在于其他领域,而非机载系统的故障。例如操作者的错误、维修错误、对预期故障情况的非预期驾驶员反应等。这些新出现的故障现象,逐渐得到航空界的重视。特别是,在 1995 年,世界航线飞机中发生了 44 起航空事故。其中美国有 11 起事故共造成 251 人伤亡。这些事故大多是由机组人员错误所引起的。另外,空中相撞、巴尔干战争

中射击击落、机身结构损伤、飞控系统失效和其他的一些组合失效也是造成事故的因素。

### 1.4.2.4　功能危险性评估、初步系统安全性分析、系统安全性分析、故障模式及影响以及共因故障分析

到了 21 世纪,为了满足更高的安全需求,增加了更多的安全紧急功能,逐步扩大使用复杂电子硬件及软件。原来在飞机研制过程中通过"试验—改进—试验"的"试错"方法后获得可接受的安全性水平的理念就遇到了挑战,此时,要求在整个寿命周期中都要识别、分析和控制危险,强调在系统设计阶段应把要求的安全性设计到系统中,以保证系统在以后的试验、制造、使用和保障以及退役处置中都是安全的。这样,仅仅安全试验、失效模式及其影响分析和故障树就难以满足这种需求。

在此背景下,FAA/EASA 以发布咨询通告、认可相关工业标准等形式建议采用包括"功能危险性分析、初步系统安全性分析、系统安全性分析、故障模式及影响以及共因故障分析"的工具,进行系统安全性分析,以符合 CCAR/FAR/CS25.1309。

相关规章、咨询通告、工业标准的描述详细见第 2 章。

## 1.5　民机系统安全性设计与评估的现状及趋势

国际上,波音和空客作为当今两大航空界巨头,由于其技术上的绝对优势,多年来一直垄断着民用航空市场,同样,其在安全性设计和分析技术上也是一直处于前沿。由于我国的航空工业整体上跟国外发达国家有一定的差距,系统安全性设计技术在民用飞机上的应用与国外相比比较滞后,实际经验不足,在应用过程中存在着一些问题。但随着我国民用航空技术的发展,也逐渐引入欧美发达国家关于民机安全性设计理念并用于实践。目前国际上已经形成一套比较完善且相对成熟的安全性设计评估体系,具有代表性的主要是 SAE ARP4761《民用飞机机载系统和设备安全性评估过程的指南和方法》中阐述的评估体系和方法,其对民机系统的安全性设计评估进行了详细和系统地描述。本书将在后续章节对其进行详细介绍。

然而随着民机系统的日趋复杂化,以及评估验证技术的不断发展,民机系统安全性评估方法也在不断地改进和提升,目前主流的发展方向为基于系统工程的安全性评估方法和基于模型形式化的安全性评估方法。以下分别对这两种方法进行介绍。

### 1.5.1　基于系统工程的安全性评估方法

实践表明,由于现代飞机系统已经进入高度综合和集成时代,为了谋求飞机性能的最佳化和保证飞机安全性,在设计时绝不是靠某几项单项技术突破就可以实现的,而必须是多项技术的综合,必须要统筹协调有关专业的关系,这种综合效

果得到的总体综合性能超过了简单堆砌的局部性能之和,这正是系统工程和综合设计的意义和重要性所在。在进行安全性设计时也一样,必须运用系统工程方法。

民机作为一个庞大的系统,在对其系统进行安全性分析和评估时,拥有系统观点尤为重要。何谓系统观点,就是"相互作用的诸要素的复合体"。这个定义强调了系统的整体性和联系性,系统观点首先是整体观点。在系统科学中,系统与要素和整体与局部,实际上是同等程度的概念。整体是指由事物的各内在要素相互联系构成的有机统一体及其发展的全过程(整体性观点应用于过程系统)。局部是指组成有机统一体的各方面、要素、分支及其发展全过程中的某一阶段或某一区间。若干部分按照某种方式整合成为一个系统,就会产生出整体具有而部分或部分综合所没有的特性,如整体的形态、整体的行为、整体的状态、整体的功能等。一旦把系统分解为它的组成部分,这些东西便不复存在。系统科学把这种整体才具有、孤立的部分及其总和不具有的特性,称为整体涌现性或突现性。一架飞机由各个系统综合而成才具有各种整机的性能,飞机设计也正是如此,安全性设计是一个系统过程,整个过程由各个设计环节组成,只有每一个环节环环相扣,有理有节地进行,把安全性设计贯穿于整个过程,才能保证飞机设计的成功,才能最终保证飞机的安全性满足标准。

总之,飞机系统安全性分析与评估是全机系统工程的一个重要组成部分,其贯穿飞机寿命的整个周期。在进行安全性设计工作时,就需要安全性工程师运用系统工程理论,具有系统观点,即要把飞机当成一个系统来对待,从飞机的整体出发,考虑飞机全寿命周期,只有这样方能设计出安全的、先进的飞机。

### 1.5.2　基于模型形式化的安全性评估方法

当前的安全性评估方法基于非形式化的设计模型和具体的需求文件,并且其中的计算和分析过程均由人工完成。对于民用飞机这样一个高度复杂的综合系统,这种安全性评估主要存在以下两个问题:

(1) 基于非形式化的设计模型和具体的需求文件的分析在很大程度上都依赖于安全性工程师的经验,具有很强的主观性。

(2) 安全性评估时,必然会面对庞大的数据量,需要投入大量的人力物力,效率低下。

以故障树分析为例,对同一个系统,不同的安全工程师建立的故障树各不相同。最后的故障树常常是通过系统工程师和安全工程师之间不断反复迭代才达成共识而得出的。即使最后达成了共识,但是由于分析是基于非形式化模型的,使得分析结果往往不能够做到彻底、一致和无误。其次,由于缺少精确的系统结构模型及其故障模式,常常使得安全性工程师花费大量的精力去收集系统结构和行为信息,并把这些信息植入到故障树当中去。

为改进以上不足,欧美最近兴起了一种基于模型形式化的安全性分析和评估方法,其能对目标系统进行自动化分析并自动化生成结果,提高安全性分析效率,减少误差。虽然该方法尚未广泛应用于实践,但已经得到了国际民机系统评估领域的高度重视。欧洲和美国的相关机构分别对其进行了一定程度的研究并有了相当的进展,特别是欧洲还研制出了自己的安全性分析平台——FSAP/NuSMV-SA,运用此平台即可进行自动化安全性分析。

在基于模型的研制过程中,各种研制行为,包括仿真、验证、测试以及代码生成等都是以一个形式化的系统模型作为基础的。这种方法首先是对系统和故障模式进行形式化建模,然后在一些工具软件的支持下进行自动化分析,以达到减少成本和改进安全性分析品质的目的。具体流程如下所述。

(1) 名义系统建模。

第一步就是对系统创建一个形式化规约,即通过形式化规约语言对系统行为进行详细说明,这些语言可以支持图形化或者文本化描述。同步语言如 Lustre,图形化工具如 Simulink 和 SCADE。

(2) 形式化安全性需求。

安全性需求同样来源于传统的"双 V"模型分析过程的左半边("双 V"模型分析过程详见图 3-2)。为了达到自动化分析的目的,系统的安全特性需要被描述成形式化的符号,可以运用时序逻辑语言如 CTL/LTL 来描述。

(3) 故障模式建模。

系统故障是由零部件故障或软件故障导致的,可针对系统的数字控制部分和机械部分分别把各故障分为数字故障和机械故障,对每一个故障模式根据其不同类型的失效行为分别进行具体化建模,如运用反向失效模型、黏滞失效模型以及二进制黏滞失效模型等。同时对引起零部件失效的故障激励也进行具体化,故障模型的激励用于控制故障的发生与否。

(4) 系统模型扩展。

为了分析系统存在故障时的行为,将用故障模型来扩展名义系统模型。在此把上一步建立的各故障模型加在第一步的名义系统模型中,也就是根据各故障的产生机理为名义系统模型中每个元件可能发生的每一个故障都引入额外的输入。这样,该模型将包括:

① 元件的规范动作(正常动作)输入;

② 为激励故障而引入的额外输入,包括内部故障和传递故障。

(5) 进行安全性分析。

一旦有了系统扩展模型,安全性分析就是验证在定义的故障模式下系统的安全性需求是否得到满足。安全性工程师和系统工程师可以通过对具体组件的故障进行仿真以进行探测性分析,从而对系统行为进行观察。对于更加严格的分析,常常需要用形式化规约工具去判断安全性特性。最后还可以运用相关工具自动生成故障树形式的分析结果。

总之,基于模型的形式化安全性分析方法作为一种全新的分析方法,已初具雏形,拥有一些超前的优点,但其还处于理论探索阶段,并未得到工程实践的检验,仍然存在很多挑战和目前尚无法解决的问题,因此这种安全性分析方法离具体的实践应用还有一段距离。

## 1.6　本书构架

民机的安全性设计与评估技术是一个涉及多学科且综合性很强的技术。本书主要涵盖了当前民用飞机系统安全性设计与评估的一套系统化的较为成熟的方法和技术。由于篇幅及作者水平所限,本书不包括关于人(含飞行员、机组人员和维护人员)的可靠性安全性分析技术、人因工程等与安全性设计、评估有关的技术。本书由 13 个章节组成,分别为:

第 1 章,绪论;
第 2 章,规章、咨询通告与工业标准;
第 3 章,飞机系统安全性设计与评估体系;
第 4 章,功能危险性评估;
第 5 章,初步系统安全性评估;
第 6 章,系统安全性评估;
第 7 章,安全性概率计算分析工具;
第 8 章,故障模式及影响分析;
第 9 章,特定风险分析;
第 10 章,区域安全性分析;
第 11 章,共模分析;
第 12 章,与民机系统安全性设计与评估技术相关的其他内容;
第 13 章,安全性工作管理与规划。
本书在各章最后都列出了习题,以供读者阅读后继续深入探讨、思考。

## 练习题

**1.** 试述民机设计方式的发展过程。
**2.** 民机系统安全性设计与评估方法的发展大致分为几个阶段? 每个阶段的特征大致是什么?

# 第 2 章　规章、咨询通告与工业标准

## 2.1　引言

为确保飞机飞行安全,一些国家的适航部门颁布了相应的各类适航条例和适航指令,并要求强制执行。当前国际上主流的适航法规体系主要指的是 FAA 和 EASA 颁布的适航法规及其相应的咨询通告体系,欧美两家略有差异但思想大体相似。我国的适航法规体系主要借鉴了 FAA 的法规体系,内容基本相同。这些适航法规,规定了民用飞机的最低安全标准。各国适航当局及其他机构颁发的咨询通告与工业标准为飞机安全性设计与评估提供了有效的指导。本章将首先讲述我国的适航法规体系,然后对关于系统安全性的条款 25.1309 及其对应的咨询通告 AC25.1309进行详细的介绍,最后分别对系统安全性相关几个主要的工业标准分别进行介绍,包括 SAE ARP4754(关于高度综合或复杂飞机系统的合格审定考虑)、SAE ARP4761(民用机载系统和设备安全性评估过程的指南和方法)、DO-178(机载系统和设备审定的软件考虑)和 DO-254(机载电子硬件的设计保证指南)、DO-297(综合模块化航电研制指导和审定考虑)、DO-160(机载设备的环境条件和试验程序)和 SAE ARP5150/5151(运营阶段飞机安全性评估标准)。

## 2.2　我国的适航法规体系

适航规章是一类特殊的法规。制定适航规章的目的是为飞机安全性设计提供输入。在飞机研制过程中,制造商根据规章要求和所研制飞机的特点选取相应适用的适航条款,在经适航当局评审同意后,将所有适用的适航法规要求作为设计输入之一,纳入该产品的顶层设计需求,与其他飞机需求一同考虑,并设计实现。适航规章的符合过程就是飞机安全性的实现过程。

适航规章的符合以一套完善的适航法规体系为支撑,其上层有国家法律,其下层有用于指导适航标准实现的解释性、程序性适航文件。完整的法规体系保障了适航规章在设计中的有效实现。

适航法规体系是开展一切适航工作的基础和依据,我国的适航法规体系分为四个层次。图 2-1 为中国民航安全管理法规体系构架示意图。

第一层是我国的《中华人民共和国民用航空法》,是由全国人民代表大会常务

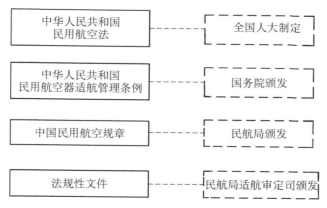

图 2-1 中国民航适航法规体系

委员会通过、由国家主席签署、主席令发布的法律,属于国家法律,是制定民航行政法规、民航规章的依据,是从事民用航空活动的单位和个人必须遵守的根本大法。

第二层是适航管理条例和国籍登记条例,是由国务院发布的行政法规。其中适航管理条例是我国第一次用行政法规明确规定了我国民用航空器适航管理的宗旨、性质、任务、范围和责任,明确中国民航局为我国民用航空器适航管理的主管部门,该管理条例的制定标志着我国法定适航工作的开始。

第三层是适航规章层级,是涉及民用航空活动的、专业性具有法律效力的适航规章,凡从事民用航空活动的任何单位或个人都必须遵守其各项规定。我国的适航规章包括管理规章、适航标准、环保标准三大类。

管理类规章是统领性的要求,包括 CCAR-21 部《民用航空产品和零部件合格审定规定》和 CCAR-183 部《民用航空器适航委任代表和委任单位代表的规定》两部,主要规定了民用航空产品和零部件合格审定的颁证程序、管理要求、持证人的权利和责任等,以及适航当局将相关适航工作进行委任的程序和管理等。

适航标准是针对民用航空产品的技术性要求,通过具体的技术要求把国家的航空安全政策具体细化和法律化,使适航管理有严格的技术性法律依据。根据航空产品不同,制定有如下不同适用性的适航标准:

(1) CCAR-23 (正常类、实用类、特技类和通勤类飞机适航规定);

(2) CCAR-25 (运输类飞机适航标准);

(3) CCAR-27 (正常类旋翼航空器适航规定);

(4) CCAR-29 (运输类旋翼航空器适航规定);

(5) CCAR-31 (载人自由气球适航规定);

(6) CCAR-33 (航空发动机适航标准);

(7) CCAR-35 (螺旋桨适航标准);

(8) CCAR-37 (民用航空材料、零部件和机载设备技术标准规定);

(9) CCAR-39（民用航空器适航指令规定）。

由于大型运输机可能造成的危险性影响最严重,因此在这些适航标准中以大飞机适航标准 CCAR-25 部《运输类飞机适航标准》的内容最多,要求最为严格,包括了对飞行性能、材料结构、机械系统、动力装置、电子电气系统、使用限制和持续适航文件等全面的技术要求。

环保标准也是技术性要求,是从环境保护的角度出发对航空产品的设计规定要求和约束。环保标准有两部:CCAR-34(涡轮发动机飞机燃油排泄和排气排出物规定)、CCAR-36(航空器型号和适航合格审定噪声规定)。

第四层是除了上述具有法律地位的三个层次以外的规范性文件层级,是用于支持适航法规的解释类、程序类适航文件,是数量最为庞大、实现适航标准不可缺少的技术和程序性指南,由适航当局的适航主管部门颁发,如我国的民航局适航审定司。为使相关人员准确理解规章要求,掌握实现要求的有效方法,使法规具有可操作性,适航当局颁布一系列的适航法规性文件,主要包括咨询通告（Advisory Circular,AC）、适航管理程序（Airworthiness Procedures，AP）、适航管理文件等。这类文件是有效开展适航工作的重要手段,但不具有法律效力。

仅凭适航标准中一个条款的文字描述,通常很难充分理解和实现条款的要求。咨询通告提供了理解适航标准的重要手段,通常包括某一适航技术要求的具体解释和说明以及实现要求的可行手段。

适航管理程序是有序、有效地开展适航审查工作的程序性文件,详细规定了在民用航空产品研制整个过程中需要开展的相关工作,通过这些工作的完成来实现适航审定工作。此类文件同时指导了适航当局和申请人的适航工作。典型的有型号设计阶段的适航工作程序、生产商申请生产许可证时的审查程序。这些程序具有技术性管理的特点,是结合产品研制的过程和审查工作特点编制。

通过这样的几层适航法规体系,保障了适航当局和航空产品设计制造人在适航工作中有法可依。适航法规文件体系的建立保证了工作的有效开展和标准化实现。

## 2.3　系统安全性相关法规——25.1309

中国民用航空规章(CCAR)在条款上与 FAR/CS 规章体系基本一致,在 CCAR-23(正常类、实用类、特技类和通勤类飞机适航规定)、CCAR-25(运输类飞机适航标准)、CCAR-27(正常类旋翼航空器适航规定)、CCAR-29(运输类旋翼航空器适航规定)四部适航标准中,均在 F 分部××.1309 条(××指 23，25，27，29)"设备、系统及安装"中对系统安全性需求进行了规定。此处针对运输类飞机需满足的条款25.1309进行详细介绍。

### 2.3.1　现行 CCAR/FAR/CS25.1309 条款内容

#### 2.3.1.1　CCAR25.1309

2011 年 11 月 7 日正式颁布的 CCAR25 R4《运输类飞机适航标准》F 分部 25.1309

条"设备、系统和安装"关于安全性方面的要求如下：

（a）凡航空器适航标准对其功能有要求的设备、系统及安装，其设计必须保证在各种可预期的运行条件下能完成预定功能。

（b）飞机系统与有关部件的设计，在单独考虑以及与其他系统一同考虑的情况下，必须符合下列规定：

（1）发生任何妨碍飞机继续安全飞行与着陆的失效状态的概率为极不可能；

（2）发生任何降低飞机能力或机组处理不利运行条件能力的其他失效状态的概率为不可能。

（c）必须提供警告信息，向机组指出系统的不安全工作情况并能使机组采取适当的纠正动作。系统、控制器件和有关的监控与警告装置的设计必须尽量减少可能增加危险的机组失误。

（d）必须通过分析，必要时通过适当的地面、飞行或模拟器试验，来表明符合本条（b）的规定。这种分析必须考虑下列情况：

（1）可能的失效模式，包括外界原因造成的故障和损坏；

（2）多重失效和失效未被检测出的概率；

（3）在各个飞行阶段和各种运行条件下，对飞机和乘员造成的后果；

（4）对机组的警告信号，所需的纠正动作，以及对故障的检测能力。

（e）在表明电气系统和设备的设计与安装符合本条（a）和（b）的规定时，必须考虑临界的环境条件。中国民用航空规章规定具备的或要求使用的发电、配电和用电设备，在可预期的环境条件下能否连续安全使用，可由环境试验、设计分析或参考其他飞机已有的类似使用经验来表明，但适航当局认可的技术标准中含有环境试验程序的设备除外。

（f）必须按照 25.1709 条的要求对电气线路互联系统（EWIS）进行评估。

### 2.3.1.2　FAR25.1309

**FAR25.1309 Equipment, systems, and installations**

（a）The equipment, systems, and installations whose functioning is required by this subchapter, must be designed to ensure that they perform their intended functions under any foreseeable operating condition.

（b）The airplane systems and associated components, considered separately and in relation to other systems, must be designed so that—

（1）The occurrence of any failure condition which would prevent the continued safe flight and landing of the airplane is extremely improbable, and

（2）The occurrence of any other failure conditions which would reduce the capability of the airplane or the ability of the crew to cope with adverse operating conditions is improbable.

（c）Warning information must be provided to alert the crew to unsafe system operating conditions, and to enable them to take appropriate corrective action. Systems, controls, and associated monitoring and warning means must be designed to minimize crew errors which could create additional hazards.

(d) Compliance with the requirements of paragraph (b) of this section must be shown by analysis, and where necessary, by appropriate ground, flight, or simulator tests. The analysis must consider—

(1) Possible modes of failure, including malfunctions and damage from external sources.

(2) The probability of multiple failures and undetected failures.

(3) The resulting effects on the airplane and occupants, considering the stage of flight and operating conditions, and

(4) The crew warning cues, corrective action required, and the capability of detecting faults.

(e) In showing compliance with paragraphs (a) and (b) of this section with regard to the electrical system and equipment design and installation, critical environmental conditions must be considered. For electrical generation, distribution, and utilization equipment required by or used in complying with this chapter, except equipment covered by Technical Standard Orders containing environmental test procedures, the ability to provide continuous, safe service under foreseeable environmental conditions may be shown by environmental tests, design analysis, or reference to previous comparable service experience on other aircraft.

(f) EWIS must be assessed in accordance with the requirements of § 25.1709.

### 2.3.1.3　CS25.1309

CS 25.1309 Equipment, systems and installations

(a) The aeroplane equipment and systems must be designed and installed so that:

(1) Those required for type certification or by operating rules, or whose improper functioning would reduce safety, perform as intended under the aeroplane operating and environmental conditions.

(2) Other equipment and systems are not a source of danger in themselves and do not adversely affect the proper functioning of those covered by sub-paragraph (a)(1) of this paragraph.

(b) The aeroplane systems and associated components, considered separately and in relation to other systems, must be designed so that —

(1) Any catastrophic failure condition

（i）is extremely improbable；and

（ii）does not result from a single failure；and

（2）Any hazardous failure condition is extremely remote；and

（3）Any major failure condition is remote.

（c）Information concerning unsafe system operating conditions must be provided to the crew to enable them to take appropriate corrective action. A warning indication must be provided if immediate corrective action is required. Systems and controls, including indications and annunciations must be designed to minimize crew errors, which could create additional hazards.

（d）Electrical wiring interconnection systems must be assessed in accordance with the requirements of CS 25.1709.

### 2.3.2　FAR25.1309 条修订历史

修正案是指国家立法机关通过一个法律案对宪法或基本法律部分条文做出修改的一种立法形式,主要用于法典化程度高、稳定性强的宪法和基本法律的修改。通过对 25.1309 相关的历次修正案的分析,可以了解该条款的修订历史,将有利于发现系统安全性评估方面的发展趋势。

CCAR25 部基本上跟踪了 FAR25 部。FAR25 部自从 1965 年由 CAR4b 整体改版为 FAR25 部以来,共经历了 134 次修订(截至 2011 年 8 月 15 日);但是我国的 CCAR25 部于 1985 年制定,1990 年第一次修订,1995 年第二次修订,2001 年第三次修订(相当于 FAR25 部第 100 号修正案水平),目前的有效版本 CCAR25 R4 版也只相当于 FAR25 部第 128 号修正案水平。因此,关于 25.1309 条款修订历史,需要对 FAR25.1309 相关的若干次修正案进行研究,这样可以更完整地体现民机安全性法规要求的演变过程。

FAR25.1309 条共经历了五次修订,分别是第 25 - 0,25 - 23,25 - 38,25 - 41 和 25 - 123 号修正案,现行有效版本是 2007 年第 25 - 123 号修正案修订后的内容。

#### 2.3.2.1　修正案 25 - 0

1965 年,美国民用航空条例 CAR4b 整体改版为 FAR25 部。其中,CAR4b.606 变为 FAR25.949,美国联邦航空局(FAA)在随后的统一更改规章编号计划过程中将 FAR25.949 变为 FAR25.1309,提出了安全性方面的总体要求。

当时的 FAR25.1309 条内容如下：

Sec.25.1309 Equipment systems and installations.

（a）The equipment, systems, and installations whose functioning is required by this subchapter, must be designed and installed to ensure that they perform their intended functions under any foreseeable operating condition.

（b）The equipment, systems, and installations must be designed to prevent hazards to the airplane if they malfunction or fail.

(c) Each installation whose functioning is required by this subchapter, and that requires a power supply, is an "essential load" on the power supply. The power sources and the system must be able to supply the following power loads in probable operating combinations and for probable durations：

(1) Loads connected to the system with the system functioning normally; and

(2) Essential loads, after failure of any one primer mover, power converter, or energy storage device.

(3) Essential loads after failure of —

(i) Any one engine, on two- or three-engine airplanes.

(ii) Any two engines on four-or-more-engine airplanes.

(d) In determining compliance with paragraph (c)(2) and (3) of this section, the power loads may be assumed to be reduced under a monitoring procedure consistent with safety in the kinds of operation authorized. Loads not required in controlled flight need not be considered for the two-engine-inoperative condition on airplanes with four or more engines.

(e) In showing compliance with paragraphs (a) and (b) of this section with regard to the electrical system and equipment design and installation, critical environmental conditions must be considered. For electrical generation, distribution, and utilization equipment required by or used in complying with this chapter, except equipment covered by Technical Standard Orders containing environmental test procedures, the ability to provide continuous, safe service under foreseeable environmental conditions may be shown by environmental tests, design analysis, or reference to previous comparable service experience on other aircraft.

### 2.3.2.2　修正案 25-23

该次修订强化了失效安全的设计原则,提出以预测概率评估为基础的设计评估的附加措施。

使用经验表明,在由许多部件组成的复杂系统中,同一次飞行可能发生一次以上的失效。新飞机的设计对复杂系统的功能变得更加依赖,例如,没有手动备份的全电动控制系统,此种系统功能完全丧失的后果将是灾难性的。所以,必须考虑由于共因引起的组合故障和多重故障,以保证充足的可靠性、冗余度和隔离,使其与机身一样不可能造成灾难性系统失效。此外,有些失效可能会导致飞机性能严重下降,机组工作量大幅增加,或应急程序难以实现,这类情况与不利的运行条件结合,也可能产生危险。因此,应尽量为关键系统提供足够的可靠性和冗余度,以减少这种失效的发生,保证在使用中可以预期发生的常见失效类型不会导致降低机组处理不利运行条件的能力。

使用经验还表明,适当考虑警告提示、系统控制和操作程序是必要的,这可以尽量减少机组差错。同时建议采用合适的测试方法来支持全面的系统失效分析,这可以确保安全目标得以实现。这些概念最初源于超声速运输机 SST 的试行适航标准,在该修正案前已在工业界会议中多次讨论,FAA 认为这些概念可以普遍适用于所有类型的运输类飞机。

该修正案通过修订 FAR25.1309(c),增加和强化了失效安全的设计原则,要求对于系统的不安全工作状态应在飞行机组仍能采取合适纠正措施时向机组提供告警。通过修订 FAR 25.1309(b)和(d),明确消除所有危害的系统实际上不可能实现,因此,提出了一个条例性的标准,以失效的严重性和可接受的发生概率目标来控制风险。

### 2.3.2.3　修正案 FAR25‐38

该次修订主要针对于规章文辞表达,没有内容方面的实质性修改。在 FAR 25.1309 的标题中,"设备"和"系统"之间与"系统"和"和"之间分别插入逗号。即改为:Sec. 25.1309 Equipment, systems, and installations.

### 2.3.2.4　修正案 25‐41

FAR25.1309(b)(2)中防止人员受伤的问题已在条款(FAR25.785,FAR25.787,FAR25.789,FAR25.801)中有详细的论述,该修正案删除短语"导致人员受伤,或者"。

该修正案认为任何使机组差错概率进行量化来表明"它们是不可能的"的企图是不大现实的,并且事实上该要求的还从未被强化到要求量化的程度。因此,将 25.1309(c)由"……机组差错是不大可能的"改为"……机组差错降至最小"。

在修正案 25‐23 中,FAR25.1309(e)(3)规定中,三发飞机的系统在两台发动机失效后不必为重要负载提供能量。此次修订升级了这个要求,规定在三发飞机的两个发动机失效后仍能够向重要负载供能。通常,三发飞机中的一个发动机有效可以实现姿态控制,因此在一台发动机有效的情况下,应对控制飞行的重要设备提供能量。FAR25.1309(e)、(f)也有相应的修订。

### 2.3.2.5　修正案 25‐123

该次修订主要为配合新增的 H 分部,强调了 EWIS 安全性需求,删除了 FAR25.1309 条的(e)款,将原来的(g)款修改为(e)款,并修改(f)款,进一步强调和明确了本条规定的线路系统设计和安装必须按照 FAR25.1709 条要求进行安全性评估,并提供了相应的评估指南,同时将对电源容量和分配要求移到了新增的 FAR25.1310 条,达到了与欧洲适航标准的协调。

## 2.3.3　FAR25.1309 条款的解释

### 适用范围的说明

FAR25.1309 条款作为一个通用要求,应适用于任何安装的设备或系统,是除以下条款外,对特定系统要求的补充要求。

（1）虽然 FAR25.1309 不适用于 B 分部的运行性能和飞行特性以及 C 分部和 D 分部的结构要求，但是它适用于以符合这些要求为基础的任何系统。例如，该条款不适用于飞机的本征失速特性或这些失速特性的评估，但是它适用于符合 25.207 条款的失速警告系统。

（2）FAR25.671(c)(1) 和 FAR25.671(c)(3) 覆盖的某些单个失效或卡阻无需满足 25.1309(b)(1)(ii) 的要求。无论失效概率大小，FAR25.671(c)(1) 都要求考虑单点失效。如果能表明单点失效概率是极不可能的，并且失效满足 CS 25.571(a) 和(b)的要求，则 CS 25.671(c)(1) 可以不考虑单点失效的影响。

（3）FAR25.735(b)(1) 所包含的单点失效无需满足 25.1309(b) 的要求。原因是刹车系统的需求（即将单点失效影响限制到刹车滚动距离加倍），该需求已经提供了一种令人满意的安全性水平而无需分析单点失效发生时的特定情况和条件。

（4）FAR25.810(a)(1)(v) 和 FAR25.812 包含的失效影响无需满足 25.1309(b)的要求。与客舱安全设备安装相关的失效状态与不同的撤离方案相关，而这些撤离方案的概率无法确定。这些情况下无法证明能够符合 FAR25.1309(b)的要求。所以，应考虑比较实用的特定设计特征或专用可靠性证明，不考虑 FAR25.1309(b)要求的设备。传统上，已经证明这种方法是可接受的。

（5）FAR25.1309 条款的要求一般适用于发动机、螺旋桨和推进系统的安装。具体的适用性和例外情况在 FAR25.901(c) 条款中进行了说明。

（6）某些系统和某些功能已经接受了评估以表明对特定失效状态特定要求的符合性。因此无需对这些特定失效状态进行附加分析，即可满足 FAR25.1309 的目的。

除上述特殊要求以外，ARAC 建议将该条款的适用范围从之前的"航空器适航标准对其功能有要求的设备、系统及安装"扩大到"任何安装在飞机上的设备或系统"。

## 2.4  AC25.1309

AC25.1309 是对 25.1309 条款的解释和说明性文件。

FAA 曾于 1982 年 3 月 9 日颁布了 AC25.1309 - 1,阐明了 FAR25.1309 的分析要求,提供可接受的符合性分析方法。1988 年 6 月 21 日又颁布了 AC25.1309 - 1A,同时 AC25.1309 - 1 被撤销。尽管在此期间 FAR25.1309 并未做任何修改,但在 AC25.1309 - 1A 中给出了以下内容:系统设计及分析的定义和安全性原则;满足 FAR25.1309 的方法;定义了失效状态、失效状态严重类别和概率术语;要求分析的深度;关于飞行机组错误和维修人员错误的考虑;环境方面的考虑;研制错误方面的考虑等。正在征求意见的 AC25.1309 - 1B(草案版)综合了新的失效状态分类和概率要求;阐明符合性方法并提供更多的细节;强调了特定风险;强调了一架飞机潜在灾难性失效状态的总概率水平;允许环境条件的概率;认可了 SAE ARP4754 和 ARP4761;认可了 RTCA DO - 178B 和 RTCA DO - 254。

随着民机复杂性及安全性技术的发展，AC25.1309－1A 版本较老，已经不完全适用于当前民机系统安全性的要求。虽然目前 AC25.1309－1B 尚未被 FAA 正式发布，但 FAA 已经在型号审定工作中已经使用。同时，与 FAA AC25.1309－1B 内容相似的 EASA AMC25.1309 已经正式发布。因此事实上，当前国际航空工业和审定部门都采用 AC25.1309－1B 对 25.1309 进行解释，以下对该文件进行介绍。

### 2.4.1　失效安全设计

失效安全设计的基本原理是任何一次飞行期间，单故障或可预知的组合故障不会阻止飞机的继续安全飞行和着陆。根据对失效状态严重程度的划分，可以理解为任何一次飞行期间，单故障或可预知的组合故障不会导致灾难性失效状态的发生。

以失效安全设计概念为基础，适航标准 25 部综合了安全性的目标和技术。在定义一种安全设计时，常需要考虑失效或多种失效相结合产生的影响。下面对这些安全性目标和技术作分别介绍。

综合到失效安全设计中的安全性目标主要有两条，具体如下：

（1）对于任何系统或子系统，在任何一次飞行期间发生的任何单一元件、组件或线路失效都应当得到假定，而不考虑它的概率。这种单一失效应当不是灾难性的。

（2）在同一飞行期间并发的失效无论是被发现的还是潜在的，或是它们结合的，也应得到假定，除非它们与首次失效相结合的概率表明是极不可能的。

为了确保安全设计，常需要在设计过程中使用各种技术。使用过程中，为解决某一问题常单独使用某一种技术，或者综合使用多个技术。下面列出一些常用的技术以供借鉴：

① 设计的完整性和性质，包括寿命限制，用以确保预定的功能实现和预防失效；

② 在某单一（或其他定义的数量）失效后，冗余或备份系统能够使功能继续；例如，两个或更多发动机，液压系统，飞行控制系统等；

③ 系统、组件和元件的隔离或分离目的是使一种失效不会引起其他的失效；

④ 证明可靠性的目的是使多重、独立的失效不可能在同一飞行期间发生；

⑤ 失效警告或失效指示提供检测；

⑥ 在失效检测后，飞行机组纠正措施的详细清单；

⑦ 检查能力，即检查组件状态的能力；

⑧ 设计的失效影响限制，包括抵御损坏的能力，限制安全性影响或失效影响；

⑨ 设计失效路径来控制和指示在限制安全性影响过程中的某一失效影响；

⑩ 安全性的裕度或安全性因素允许存在一些未被定义或未被预见的不利状态；

⑪ 在飞机设计、测试、制造、使用和维修期间,差错公差是考虑到已预见差错的不利影响。

### 2.4.2　失效状态的分类及安全性目标

安全性是风险低于风险边界的状态。因此,如需判定民机系统是否符合安全性,则要为其确定风险边界,并计算得出该系统的风险值。而确定的风险边界即为民机系统安全性目标。

IEC61508 中的风险的定义为:"combination of the probability of occurrence of harm and the severity of that harm",如公式(1-1)所示。式中两个变量相对于风险 $R$ 来说,是相互独立的,这就为确定安全性目标提供了有力工具。只要对危害的严重程度进行明确合理的划分,并制订相应严重程度的危害发生概率,即可确定安全性目标。在 AC25.1309-1B 中,危害严重程度的划分通过失效状态的分类实现,而相应概率则分别进行定性和定量的描述,详见如下。

#### 2.4.2.1　失效状态分类

失效状态是被一个或多个包括直接和相继发生的失效所引起或促使的,并考虑相关不利的运行或环境条件,且具有对飞机和其成员影响的状态。

失效状态根据其影响的严重程度可以划分为:

(1) 无安全影响:失效状态对安全无影响,如失效状态对飞机使用能力和机组成员的工作无影响,并且不增加机组成员的工作量。

(2) 轻微的:失效状态对安全性没有显著影响,机组成员的工作也在其能力范围内。次要的失效状态包括在安全裕度或功能性能方面轻微降低,机组成员的工作负担轻微增加,诸如常规飞行计划的改变,对乘客或客舱内人员造成一些身体不适。

(3) 重大的:失效状态会降低飞机的性能或机组人员处理飞机不利运行状态的能力,例如在安全裕度和功能性能显著降低,机组人员的负担显著增加或在这种状态下降低机组人员的效率,对飞行机组人员造成身体不适,对旅客造成危险,可能受伤。

(4) 危险的:失效状态降低飞机的性能,降低机组人员处理飞机不利运行状态的能力,包括:

① 急剧降低飞机安全裕度或功能性能;

② 造成身体伤害或工作负担增加使飞行机组人员不能准确或完整的完成工作;

③ 除飞行机组人员外,相当少的旅客受到严重或致命的伤害。

(5) 灾难性的:妨碍飞机继续安全飞行和着陆,将会导致多人死亡,通常会使飞机坠毁。

#### 2.4.2.2　概率术语

失效状态的定性概率术语:当使用定性的分析来决定符合 CCAR/FAR/CS

25.1309(b)要求时,在 CCAR/FAR/CS 25.1309 和 AC/AMJ 中使用且一般已经被工程上所接受的概率术语。具体如下:

（1）可能的(probable)失效状态是指那些预见到在每架飞机的整个寿命期间会发生一次或更多次。

（2）微小的(remote)失效状态是指在每架飞机的总的寿命期间内不太可能发生,但是当考虑到该类型飞机的许多飞机的总的运行寿命则可能发生几次。

（3）极微小的(extremely remote)失效状态是指在每架飞机的总的寿命期间内没有预见到会发生,但是当考虑到该类型所有飞机的总的运行寿命时则可能发生几次。

（4）极不可能的(extremely improbable)失效状态是指在某型飞机的所有飞机的整个运行寿命期间不太可能发生。

失效状态的定量概率术语:当使用定量的分析来帮助决定符合 CCAR/FAR/CS25.1309(b)要求时,在 CCAR/FAR/CS 25.1309 和 AC/AMJ 中使用的一般用来协助工程进行判断的概率术语。对于平均概率/飞行小时的可接受范围而言,其表达如下:

（1）可能的失效状态是指那些平均每飞行小时失效概率超过 $1 \times 10^{-3}$ 的失效状态;

（2）微小的失效状态是指那些平均每飞行小时失效概率等于或小于 $1 \times 10^{-5}$,但是大于 $1 \times 10^{-7}$ 的失效状态;

（3）极微小的失效状态是指那些平均每飞行小时失效概率等于或小于 $1 \times 10^{-7}$,但是大于 $1 \times 10^{-9}$ 的失效状态;

（4）极不可能的失效状态是指那些平均每飞行小时失效概率等于或小于 $1 \times 10^{-9}$。

### 2.4.2.3 安全性目标

在民机行业中,CCAR/FAR CS 25.1309 条款对安全性目标提出了要求,以确保安装在飞机上的设备和系统有一个可接受的安全性水平,其安全性目标如图 2-2 所示。图中黑带为制定的安全性目标风险(工程上也可将黑带简易认为是公差带,黑带的带宽由工程经验和特定条件等因素决定,不同的型号可以有不同的黑带带宽),黑带以下为可接受的风险,黑带以上不可接受,黑带之内的风险是否被接受需借助工程经验进行判断。平均每飞行小时失效概率和失效状态影响的严重程度之间存在一种符合逻辑的可接受的反比关系:

（1）无安全性影响的失效状态无概率要求;

（2）轻微的失效状态发生的概率是可能的;

（3）重大的失效状态发生的概率是微小的;

（4）危险性失效状态发生的概率是极微小的;

（5）灾难性失效状态发生的概率必定是极不可能的。

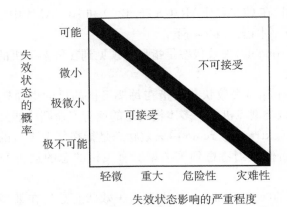

图 2-2　概率与失效状态影响的严重程度之间的关系

　　为提高衡量安全性目标的可操作性,AC25.1309-1B综合考虑失效状态对飞机的影响、乘客和机组人员的影响,共同定性确定失效状态的严重程度。表 2-1 列出了各种影响严重程度的判断标准,并对不同程度的失效状态概率目标进行量化。

表 2-1　概率与失效状态严重程度之间的关系

| 影响类目 | 影响程度(由左至右增大) | | | | |
| --- | --- | --- | --- | --- | --- |
| 对飞机的影响 | 对操纵能力或安全性没有影响 | 操纵能力或安全裕度轻微地降低 | 操纵能力或安全裕度显著地降低 | 操纵能力或安全裕度大幅降低 | 通常会机体受损 |
| 对乘客和飞行人员的影响 | 不方便 | 身体不适 | 身体遇险可能包括受伤 | 少数乘客或机组人员受伤严重或致命 | 多重的灾难 |
| 对飞行机组的影响 | 对飞行机组没有影响 | 轻微增加工作量 | 身体不适或工作量显著增加 | 身体遇险或过度的工作量,减弱完成任务的能力 | 灾难或丧失工作能力 |
| 允许的定性概率 | 无概率要求 | 可能的 | 微小的 | 极微小 | 极不可能 |
| 允许的定量概率:平均每飞行小时失效概率 | 无概率要求 | ≤$10^{-3}$① | ≤$10^{-5}$ | ≤$10^{-7}$ | ≤$10^{-9}$ |
| 失效状态分类 | 无安全性影响 | 轻微的 | 重大的 | 危险的 | 灾难性的 |

① 这里提供的数字概率范围仅供参考。申请人不必完成定量的分析,也不用通过这种分析证明。对于轻微失效状态,这个数字标准已经得到满足。目前对运输类飞机产品,仅仅采用当前普遍接受的工业惯例即认为满足这个标准。

　　与灾难性失效状态相关的安全性目标可以通过证明以下内容得到满足:
　　(1) 不存在单一失效导致灾难性失效状态;

（2）每个灾难性失效状态是极不可能的。

可能有个别情况不能满足灾难性失效状态的定量目标。对于这种情况，申请人可以提出一些替代方法以满足 FAA 的要求。一种可接受的替代方法应完成下述内容：

① 表明所考虑系统的设计和构造所采用的是已充分证明的方法；

② 使用故障树分析、马尔可夫分析、相关图分析等结构化方法来确定每一失效状态的平均每飞行小时失效概率；

③ 证明所有由系统引起的灾难性失效状态的平均每飞行小时失效概率的总和是极微小的。

### 2.4.3　25.1309 条款符合性过程概述

AC25.1309-1B 给出了系统安全性评估方法和过程概述。

（1）定义系统及其接口，确定系统要完成的功能。确定系统是否复杂的，是否常规的，是否和其他飞机上使用的系统相似。评估多个系统及其功能时，需考虑多个安全性评估之间的关系。

（2）确定和划分失效状态：所有相关的工程活动，比如系统、结构、推力、飞行测试都应当包含在本过程中。可以通过进行功能危险性评估来确定和划分失效状态，通常使用下面的方法之一：

① 如果系统不复杂，且它的相关属性与应用与其他飞机上的系统相似，那么失效状态确定和分类可能由设计和安装评估以及相似系统和已通过审定的系统的使用经验得出。

② 如果系统复杂，有必要系统地假定任何可能的失效对飞机及其人员的安全性造成的影响，既需要考虑单个失效或事件，也需要考虑与其他失效或事件组合。

（3）选择符合 25.1309 的方法。分析的深度和范围取决于系统功能的类型、系统失效状态的严重程度及是否为复杂系统（见图 2-3）。对于重大的失效状态而言，有经验的工程判定和运行判定、设计和安装评估和类似系统的相关使用经验都可以接受，或者仅使用上述方法，或者与定性分析一起使用，或者选择性地使用定量分析。对于危险性或灾难性失效状态，应进行详细的安全性评估。申请人应尽早与局方就可接受的符合性方法取得一致。

（4）进行分析，产生局方同意接受用作表明符合性的数据。为表明符合性，一个典型分析应包括下述信息：

① 系统功能、边界和接口的介绍。

② 组成系统的零件和设备清单，如有可能，应包括它们的性能规范或设计标准和研制保证等级。该清单可以参考其他文件，如技术标准规定、制造商规范或军方规范等。

③ 包括失效状态及其分类和概率（如果可以，应用定性的或定量的方法表示）陈述的结论，以表明符合 25.1309 的要求。

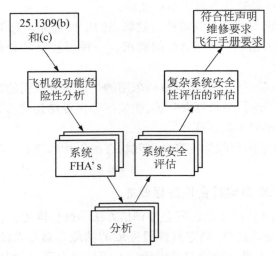

图 2-3　25.1309 条款符合性过程概述

④ 建立正确性和完全性,并追溯得出该结论的工作的一个描述。该描述应该包含每个失效状态划分的依据(例如,分析、地面测试、飞行测试或模拟器测试),还应当包括对所采用的共因失效预防措施的描述,提供一些诸如组件的失效率及其来源和适用性的数据,支持所作的假定,确定飞行机组人员或地面人员必要的措施,包括 CCMR。

(5) 对于所有飞机级失效状态,通过评估多个安全性评估的分析和结论以确定符合要求。

(6) 准备符合性陈述、维修要求和飞行手册要求。

## 2.5　系统安全性相关工业标准

为了满足系统安全性评估的目标,就要飞机符合 CCAR/FAR/CS 25.1309 条款。对于简单系统,通过常规的详尽测试、直接检查、直接验证的方式就可以完成其对 CCAR/FAR/CS 25.1309 条款的符合性。由于大量复杂新技术的使用,这些直接技术难以审定其对 CCAR/FAR/CS 25.1309 的符合性,从而出台了相应的工业标准。下面主要针对这些内容进行分析。

在 CCAR/FAR/CS 25.1309(a)条款中要求"凡航空器适航标准对其功能有要求的设备、系统及安装,其设计必须保证在各种可预期的运行条件下能完成预定功能",其中的"可预期运行条件"包括外部环境和内部环境。针对这些环境严重程度及其环境实验程序等内容,出台了 RTCA DO-160G/EUROCAE ED-14G,即《机载设备的环境条件和试验程序》。

为了满足 CCAR/FAR/CS 25.1309(b)条款,对于包含许多复杂或综合系统的飞机,可能需要设计某一方案来描述一种特定的程序。这个方案应当包括以下三方面的内容:系统间的功能干扰和外形的干扰;符合性详细方法的决定,包括设计保证技术的使用;确定完成该方案的方法。复杂或综合系统而言,因为系统的所有状态还不能确定,所以对这些系统进行详细测试是不可能的,另外进行大量的测试也是不切实际的。对于这类型的系统,符合性可以通过设计保证技术的使用给出。为此,出台了工业标准 SAE ARP4754 和 SAE ARP4761。针对软件、复杂电子硬件和综合模块化航电系统设计分别出台了工业标准 DO-178B,DO-254 和 RTCA DO-297。同时,为保证飞机安全飞行,还制定运营阶段飞机安全性评估标准 SAE ARP5150/ARP5151。这些标准的相互关系如图 2-4 所示。

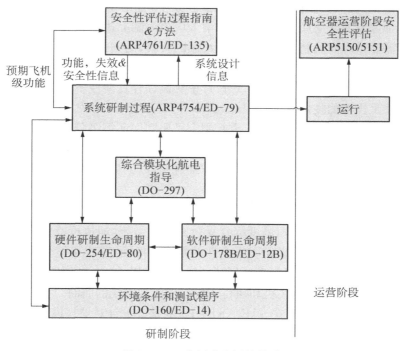

图 2-4　工业标准之间的关系

## 2.5.1　SAE ARP4754

SAE ARP4754《关于高度综合或复杂飞机系统的合格审定考虑》指导高度综合或复杂系统的开发,为局方和申请人在高度综合或复杂系统的审定方面提供指南。

对高度综合或复杂系统的合格审定需要考虑下列问题(ARP4754 含有为这些项目提供的指导):

(1) 制订需求;

(2) 分配需求;

(3) 考虑架构;

(4) 综合;

(5) 安全评估过程(高层级的);

(6) 确定具体系统的研制保证等级;

(7) 确认需求(完整性和正确性);

(8) 设计、实施和验证等情况考虑。

针对高度综合和复杂的系统,ARP4754 中建议制定的合格审定文件有:合格审定计划、研制计划、架构及其设计、需求、确认需求的计划、验证设计符合需求的计划、构型管理计划、过程保证计划;构型(配置)索引、功能危险性分析、初步系统安全性评估、系统安全性评估、共因分析、确认需求的资料、验证设计符合要求的计划、构型管理证据、过程保证证据、合格审定摘要。其中,合格审定计划、构型索引和合格审定摘要是需要提交给局方的资料。申请人应该编制上述所有资料,其中的一些资料可能还需要供应商编制。对于供应商编制的资料,局方也可能要求提供。

自 1996 年发布以来,SAE ARP4754 已经广泛应用于民用航空器高度综合复杂系统适航审定过程中。但是随着系统设计中功能综合复杂性不断提高,该标准已经无法完全满足当前的技术需求。因此,SAE 于 2010 年 12 月发布 ARP4754A,扩展了标准适用范围、完善了研制过程、重新制定了研制保证等级分配原则,并优化了文档大纲结构,将原来的第 4~10 章合并成现在的两个章节。其中,ARP4754A 中的研制保证等级分配方法在本书第 3 章中详细说明,以下具体比较两个标准在适用范围和研制过程方面的不同。

(1) 标准的适用范围。

SAE ARP4754 主要针对高度综合复杂的电子系统,即执行或影响多个飞机级功能的、且无法仅通过测试来表明安全性的系统。然而,其也可适用于发动机系统和相关设备。ARP4754A 对标准适用范围进行了扩展,增加了飞机级开发生命周期过程模型,因此同时适用于飞机和执行飞机级功能的系统的研制。

此外,SAE ARP4754A 在 SAE ARP4754 的基础上针对综合模块化航电(IMA)的新技术,提出了符合 RTCA/EUROCAE DO‐297/ED‐124 的要求。同时补充服役阶段安全性评估内容,提出满足 ARP5150"服役中运输类飞机的安全性评估"和 SAE ARP5151"服役中通用航空飞机和螺旋桨航空器的安全性评估"的要求。这表明 SAE ARP4754A 不仅仅包含飞机和系统研制阶段的内容,同时也包含运营维护阶段的相关要求。

(2) 研制过程。

SAE ARP4754A 进一步强调了在进行航空器或系统研制之前,需要完成计划过程,以确定通过何种方式使生产的航空器或系统满足相关需求,同时也可以提供与适航要求一致的置信度。与 SAE ARP4754 相比,研制计划阶段确定所有的计划内容,包括研制计划、安全性项目计划、需求管理计划、确认计划、实现验证计划、构型管理计划、过程保证计划和合格审定计划,为研制阶段的开展做了至关重要的准备。

此外,SAE ARP4754A 中要求的研制阶段包括概念设计阶段、研制阶段和生产/运营阶段,因此通过扩展研制阶段,确保和提高了航空器和相关产品的可靠性、安全性。

### 2.5.2　SAE ARP4761

1979 年 SAE 颁布了 SAE ARP926A《零件失效模式及其影响分析和故障树分析》,并于 1986 年颁布了 SAE ARP1834《数字系统的故障和故障分析》。然而从目前的需求来看,SAE ARP926A 和 SAE ARP1834 已经明显不能适应新技术的发展,其存在着诸如:为安全性目标所作的指南不完善、强调可靠性/维修性,以及内容过时(例如,不适合 DO-178B、没有强调飞机级分析、没有充分地覆盖共模分析、没有 PSSA 等)等缺陷。目前,SAE ARP926A 和 SAE ARP1834 已经被 SAE ARP4761(民用机载系统和设备安全性评估过程的指南和方法)替代。然而,AC23.1309-1C 允许在某些环境下对小飞机进行的系统安全性评估继续延用 SAE ARP926A 和 SAE ARP1834 中规定的方法。

按 ARP4761 的描述,系统安全性评估过程如图 2-5 所示。

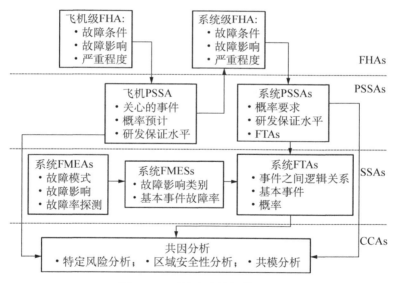

图 2-5　系统安全性评估过程

SAE ARP4761 中提出的新概念有:

(1) 更加正式地说明共因分析:区域安全分析、特定风险分析、共模分析。

(2) 飞机级功能危险性评估:失效状态、危险等级、支持材料等。

(3) 初步系统安全性评估:提供一个在设计过程的早期阶段更加系统化地评估安全性的方法,并且减少了研发计划即将结束时出现不期望的结果。

(4) 故障树分析:基于每飞行小时的故障条件概率的计算;对于特定型别的飞机,用计算概率的结果除以平均飞行时间来确定每飞行小时的概率;解决潜在故障的暴露时间和受监控故障的其他情况(对带有监控器故障的考虑)。

SAE ARP4761代表了多数人的观点,其中的技术尚未被制造商全部采用,需随着时间推移将逐步被采纳。如果满足了安全性评估的目的,在对有关内容进行附加分析(合理性分析、保守性分析和可追溯性分析)后,旧的方法或其他方法也是可接受的。

### 2.5.3　RTCA DO‒178B

设计实践表明,由于机载软件规模大、复杂度高等特性,如果不对软件开发过程进行控制,则很难判定开发出的软件是否满足系统或设备的需求。所以,软件安全性实现的关键在于对开发过程的控制。鉴于此,工业界和适航当局一致同意用DO‒178B(机载系统和设备的软件审定考虑)提出统一的软件开发和评审过程的控制要求。

由于安装在机载系统或设备中的软件是机载系统或设备中的一部分,不是独立存在的,它与系统或设备紧密相关。因此,软件审定基础和软件研制保证等级是基于系统功能危险等级和系统安全性评估确立的。软件研制保证等级是开展DO‒178相关工作的基本输入之一。

由于DO‒178B早于ARP4754发布,其中也包含软件研制保证等级的确定原则。如果在确定软件研制保证等级时遇到DO‒178B制定的等级低于ARP4754的等级,则应该按照后者明确的等级进行开发工作。

2011年12月13日RTCA发布DO‒178C,修改了B版本中描述不清楚、不一致的部分,增强了标准的可读性,尽可能保持了DO‒178B的结构和内容。同时为了补充和完善B版在软件技术应用方面的局限,同时发布了DO‒330,DO‒331,DO‒332,DO‒333,在形式化验证、面向对象技术、基于模型的开发验证、工具鉴定等新技术的使用方面给出了详细的指导,以适应机载软件技术的快速发展。

### 2.5.4　RTCA DO‒254

出于与软件开发相同的理由,需要制订一个关于复杂电子硬件研制过程控制的文件,来统一工业界和适航当局的要求,这就是DO‒254(机载电子硬件的设计保证指南)出台的背景。

"定制的微编码装置"(例如:专用集成电路、外场可编程门列阵和可编程逻辑器件等)常常像以微处理器为基础的系统控制软件那样复杂。因此,需要用一个结构化的设计方法来满足适当的功能和安全性需求,以确保这些器件具有一个适当的研制保证等级(Development Assurance Level,DAL)。DO‒254/ED‒80提供了这样一个方法。

DO‒254利用工业界现有的成熟技术,给出关于复杂硬件(包括可编程逻辑器件)设计保证过程的指南,其目的是确保能够更有效和可靠地排除硬件设计的潜在错误,以防止系统研制风险的增大。DO‒254的特点:

(1) 定义硬件研制保证等级;

(2) 为满足DAL需要的设计保证活动提供指导。值得注意的是,为满足设计保证等级所进行的活动比如何进行细节设计更为重要；

（3）对满足 DAL 需要的过程来说，允许对其进行的选择存在灵活性，以使新的过程技术变得更有效；

（4）本指南并非唯一的设计保证方法，建立在对适用规章的符合性之上的其他方法或程序在进行评估并得到适航局方认可后也可以采用；

（5）以电子硬件实施的系统功能为基础自上而下地进行观察，而不是以实施功能所使用的具体硬件为基础自下而上地观察。自上而下的方法在关注由系统和硬件设计决策造成的设计错误方面及有效验证过程方面更加有效。硬件的设计保证过程始于系统设计，其与系统功能的分配和系统级研制保证等级（DAL）存在一一对应关系。

### 2.5.5　RTCA DO‐160G

该标准定义了一系列的环境试验条件最低标准和机载设备适用的试验程序。这些试验的目的是提供一种方法，使得可以在试验室中模拟航行中设备可能遇到的环境条件，从而测试机载设备性能特性的方法。

在此包含的这些标准的环境试验条件和试验程序可能可以和适用的设备性能标准一起使用，作为在环境条件下最低规范。这可以充分确保运作中性能。对机载设备的环境条件提出了明确的要求，并规范了相应的测试程序。其中涉及的测试包括：温度试验、高度减压试验、温度变化试验、湿度试验、冲击和坠撞试验、振动试验、爆炸防护性试验、防水试验、流体敏感性试验、砂尘试验、霉菌试验、盐雾试验、磁影响试验、电源输入试验、电压尖峰试验、电源音频传导敏感性试验、感应信号敏感性试验、射频敏感性试验、辐射敏感度试验、射频能量发射试验、雷击感应瞬态敏感度试验、雷击直接影响试验、结冰试验、静电放电试验（ESD）、防火试验。这些环境条件和试验程序不必适用于所有的机载设备。选择适当的和/或另外的环境条件和试验程序是制定特定机载设备性能标准作者的任务。

### 2.5.6　RTCA DO‐297

2005 年 RTCA 发布 DO‐297，为 IMA 平台研制商、应用研制商、集成商、审定申请人，以及那些与批准和 IMA 系统持续适航相关人员提供指导。该份文件针对 IMA 模块、应用或系统的各研制阶段，提出应达到的目标、明确处理过程和执行的相关活动，以逐步提高研制保证置信度，直至获取该系统安装在型号中的批准。

综合模块化航电系统（IMA）是由一系列灵活、可重用、并可操作的硬件和软件等资源构成的共享平台，向驻留其中的飞机级功能应用等提供必要的资源和服务。与传统的联合式系统架构相比，其具有资源共享和强健分区等特性。而正是这些特性，使得架构愈加复杂，系统安全管理和安全性性分析难度大幅增加。此外，IMA 特性也迫使系统增加实现故障管理、健康监控、机组通告、维护信息报告和冗余管理等功能，也进一步增加难度。

在适航安全管理方面，明确分工和责任等前提下，采用积累式逐层审批方法，即模块、驻留应用、IMA 系统集成和整机安装逐步研制实施并获取民航当局的批准。其间,每一步骤批准都以前一步骤的顺利获批为基础。

而在安全性分析技术方面,除了需要根据 ARP4754 和 ARP4761,针对 IMA 系统进行 FHA,PSSA,SSA 和 CCA 外,还需要进行分区分析、网络保障性分析等特殊分析,以确保 IMA 的安全性。

### 2.5.7　SAE ARP5150/5151

2003 年 11 月 RTCA 发布 ARP5150 "Safety Assessment of Transport Airplanes in Commercial Service"。2006 年 10 月 RTCA 发布 ARP5151 "Safety Assessment of General Aviation Airplanes and Rotorcraft in Commercial Service"。

该标准描述运营阶段运输类/通用飞机安全性评估的指南、方法和工具,目的是支持整个安全性管理项目。文中确定了一种(并不唯一)系统地运营阶段安全性分析的方法。该标准不涉及安全性管理过程中与经济性决策相关的部分,而仅考虑安全性评估过程。此外,该标准仅关注评估过程中需要完成的工作,不涉及组织架构的确定。

## 练习题

1. 我国适航法规体系分为几层? 每一层的作用是什么?
2. FAR25.1309 经历了几次修订过程? 说明每次的修订的内容和原因。
3. 阐述对 FAR25.1309 条款的解释。
4. 如何对失效状态进行分类? 说明各类失效状态的安全性目标。
5. 论述 SAE ARP4754 与 ARP4754A 的差异。

# 第3章 飞机系统安全性设计与评估体系

## 3.1 引言

飞机系统研制过程中,安全性分析与评估是不可或缺的一部分,贯穿于整个研制周期,以确保研制结果满足安全性需求。而安全性评估过程又与研制过程紧密结合,不可孤立存在。因此,对于高度复杂综合化的飞机系统,高效、彻底和完整地实施其安全性分析与评估过程,需要一个系统化的设计和评估体系,当前比较成熟的安全性设计与评估体系是"双 V"体系。

本章针对飞机系统安全性评估体系,从技术角度和管理角度主要从以下几个方面进行分析和讲解:首先是民机安全性设计与评估工作的总体规划,重点突出"双 V"体系,然后是飞机安全性评估过程及深度、安全性需求的目标、分配、确认和验证过程,以及研制保证与研制保证等级。

## 3.2 民机安全性工作总体规划

安全性工作是飞机研制过程的重要组成部分。如图 3-1 所示,系统研发过程与安全性分析过程共同组成了飞机研制的完整内容,两者相互依存,不可分割。

"双 V"体系是当前比较成熟的安全性设计与评估体系。根据 ARP4754,"双 V"体系(Validation-Verification)流程见图 3-2,在该体系中,整个安全性评估过程提供了一套综合性方法,对飞机功能以及实现这些功能的系统设计进行评价,从而判断相关的危害是否已经得到妥善处理。"双 V"的左半边主要是为了自上而下进行指标和功能的分配及确认(Validation),右半边则是为了对设计进行自下而上的验证(Verification)。安全性评估过程可以是定性的,也可以是定量的。同时,在安全性评估过程的实施过程中,应当有相应的计划和管理,以保证所有相关的失效状态都得到确认,并且要考虑到导致这些失效状态的重要的故障组合。对需求进行确认的目的是确保其正确性和完整性,使飞机满足运营人、审定局方、供应商以及飞机/系统研制人员的需求。本章 3.6 节和 3.7 节详细介绍了对飞机研制需求的确认和验证。

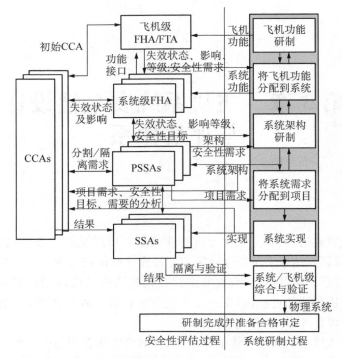

图 3-1　系统研发过程中的安全性评估过程

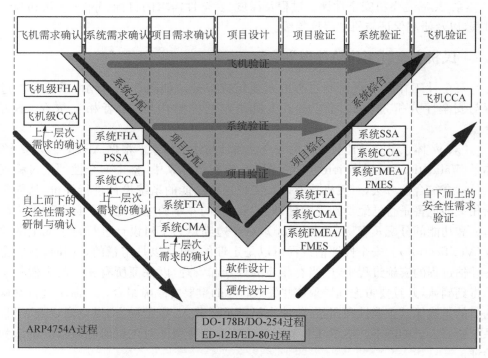

图 3-2　安全性与研制过程的交互关系（"双 V"体系）

"双 V"评估体系是一种系统化的综合性分析方法,与飞机及系统的研制工作紧密结合,包括在系统研制期间所进行的和为了修改完善进行的具体评估,并与系统其他研制支持过程相互作用,主要用于表明对 CCAR/FAR/CS 25 相关条款的符合性。根据图 3 - 2 所述,"双 V"体系中的安全性评估过程主要包括飞机级功能危险性评估(Aircraft Functional Hazard Assessment,AFHA)、系统级功能危险性评估(System Functional Hazard Assessment,SFHA)、初步系统安全性评估(Preliminary System Safety Assessment,PSSA)、系统安全性评估(System Safety Assessment,SSA)和共因分析(Common Cause Analysis,CCA)等过程,以上过程中所使用的分析方法主要包括故障树分析(Fault Tree Analysis,FTA)、故障模式及影响分析(Failure Mode and Effect Analysis,FMEA)、故障模式及影响分析摘要(Failure Mode and Effects Summary,FMES)以及马尔可夫分析(Markov Analysis,MA)等可靠性和安全性分析方法。

飞机作为一个高度综合、复杂系统,是由各分系统整合而成的,而在整合过程中所引起的衍生复杂性或其相关性都应该在评估过程中考虑到。在进行安全性评估时,只要涉及综合性系统,都需建立合理的系统安全性目标并判断设计是否满足这些目标,这一点至关重要。

## 3.3　民机安全性评估过程及深度

"双 V"体系描述了安全性分析与评估的整体思想,在安全性评估的实施过程中,不同的阶段运用不同的分析方法。本节将主要对安全性评估过程及深度进行分析。

### 3.3.1　安全性评估过程

安全性评估过程是安全性需求确定、分配、确认、设计实现(包括图纸、分析、计算和试验等)和验证(工业方 & 合格审定验证)的过程。安全性评估主要通过功能危险性评估、初步系统安全性评估、系统安全性评估和共因分析等的评估方法/流程而实施,其相关的各种分析方法在评估过程中所处的位置关系,见图 3 - 3。

研制过程本身是一个反复迭代的过程,而安全性评估过程是这个过程中必不可少的一部分。安全性评估过程始于概念设计阶段,得出其安全性需求。随着设计的推进会不断有更改产生,而这些对更改的设计又必须重新进行评估,这种重新评估又可能产生新的设计需求,新的设计需求又可能需要通过进一步的设计更改来满足。因此,安全性评估同研制过程一样,也是一个反复迭代的过程。这种安全性评估过程要持续到设计满足安全性需求为止。在图 3 - 3 中,上端给出了一条典型研制周期的时间线,体现了安全性过程与研制过程之间的时序关系。

在飞机/系统研制周期的初始要进行一次功能危险性评估(FHA),藉此查明与飞机功能及功能组合相关联的失效状态并对其进行等级分类。FHA 是对飞机和系统功能进行检查,确认潜在的功能失效,并对与特定失效情况相关的危害程度进行

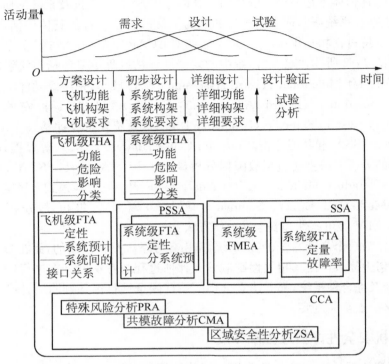

图 3-3  安全性评估过程简述-安全性评估方法的位置关系

分类。在研制过程早期进行 FHA 工作,并且随着新功能或者失效情况的确认进行更新。进行 FHA 的目的是表明每一种失效状态及其分类的原理。随着设计过程中飞机的功能被分配到各个系统,应当对每一个综合了多项功能的系统再进行 FHA 检查,此时的 FHA 应调整为考虑分配到该系统的单个功能或其组合。最后 FHA 的输出将成为初步系统安全性评估(PSSA)的起始点。

初步系统安全性评估(PSSA)是对所提出的架构进行系统性检查,以确定失效如何导致 FHA 中所确定的失效状态。同时,PSSA 对飞机/系统进行研制保证等级的分配。PSSA 的目标是完善飞机、系统或设备(即,设备、软件、硬件)的安全性需求,并确认所提出的架构能够合理地满足安全性需求。PSSA 可以确定保护性措施(如隔离、机内测试、监控、独立性和安全性维修性任务间隔等)。SSA 及其他文件应该以 PSSA 的输出作为其输入,包括但不限于系统需求、软件需求及硬件需求。PSSA 是与设计定义相关的反复迭代的过程。PSSA 在系统研制(包括飞机、系统及设备设计定义)的多个阶段进行。在最低层级,PSSA 确定了与硬件及软件安全性有关的设计需求。

系统安全性评估(SSA)是对所实现的飞机和系统的一种系统性和综合性评价,以表明其满足相关的安全性需求。PSSA 与 SSA 的区别在于:PSSA 是评价所提出的架构以及生成系统/设备安全性需求的方法,而 SSA 是验证所实施的设计满足

PSSA 定义的安全性需求的方法。SSA 综合各种分析的结果,以验证整个飞机/系统的安全性,并具体考虑了 PSSA 所确定的安全性方面的问题。SSA 通常建立在 PSSA 中 FTA 的基础上,并且要用到 FMES 所获得的定量数据。通过 SSA 应当确认 FMES 列出的所有重要的故障影响都被作为主事件在 FTA 中加以考虑。FMES 是对 FMEA 列出的故障的一个概括,其中根据故障影响对其进行了分组。另外,共因分析结论也必须包含在 SSA 之中。

为满足安全性或规章要求,功能、系统或设备的设计可能要求具有独立性。因此,设计时需用一定的方法、流程或程序来确保这种独立性真实的存在且可接受。共因分析(CCA)恰恰提供用以验证独立性或确定具体相关性的工具。通过 CCA 可排除会导致灾难性失效状态的共因事件,还可确定能够导致灾难性的或危险的/严重的失效状态的单个失效模式或外部事件。更进一步,共因分析可分为以下三个用以辅助安全性评估的研究方法:特定风险分析(Particular Risk Analysis,PRA)、区域安全性分析(Zonal Safety Analysis,ZSA)和共模分析(Common Mode Analysis,CMA)。需注意的是,在各个系统的 PSSA 和 SSA 中将要用到飞机级共因分析的结论。CCA 可在设计过程的任何阶段进行。当然,由于对系统架构和安装的潜在影响,在设计过程的早期进行分析是最经济的。然而,只有到研制最终完成时,CCA 的结论才是可行的。

### 3.3.2　安全性评估深度

系统安全性评估的深度随着所分析系统的相关设计、复杂性和失效状态影响等级而变化。民机安全性评估的分析深度由飞机 FHA 及系统 FHA 中所确定的失效状态及其影响等级、系统的复杂度性、综合性程度、新颖性等因素综合确定。当失效状态影响等级和/或设计的复杂度性增加时,评估/分析的深度一般也随之增加。图 3-4 为确定安全性评估的分析深度流程图。

## 3.4　安全性需求的目标

根据所研制飞机的合格审定基础和期望达到的安全性目标,通过 FHA 等安全性分析与评估工具/方法来建立飞机的安全性需求,并据此制定相应的安全性设计准则(包括与安装和运行相关的安全性设计准则)。通过整机层次的安全性需求、系统层次的安全性需求、系统界面、系统安装需求、设备安装需求或技术采购规范等文件,将安全性技术需求逐一传递到研制的各个环节。

通常,适航规章所规定的飞机系统安全性目标包括(见 2.4.2 节):

(1) 针对不同的失效影响等级需达到如下安全性目标:

① 灾难性的失效状态须极不可能的;

② 危险性的失效状态发生概率须不超过极微小的概率需求;

③ 重大的失效状态须不超过微小的概率需求;

④ 轻微的失效状态须不超过可能的概率需求;

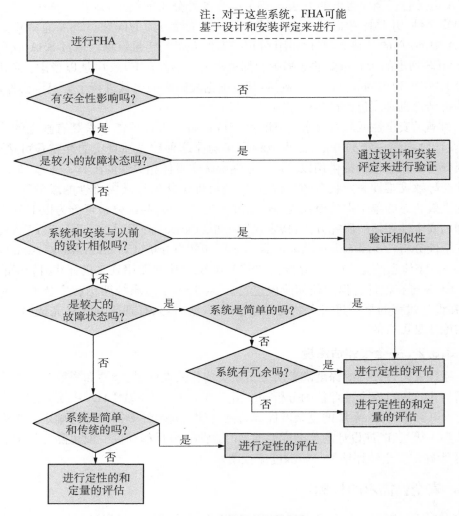

图 3-4 安全性评估深度流程

⑤ 无安全影响的失效状态无概率需求。

（2）与灾难性失效状态相关的安全性目标，必须表明：

① 单点失效不会导致灾难性的失效状态；

② 每个灾难性的失效状态必须是极不可能的；

③ 平均每飞行小时发生的所有灾难性失效状态的总发生概率是极微小的。

## 3.5  安全性需求的分配

安全性需求存在于飞机级、系统级和设备级。鉴于此，在确定了上层级安全性需求后，必然存在一个自上而下的安全性需求分配过程。通常，下层级的安全性需求来自于对上层级安全性需求分配。飞机系统设计过程中,需根据功能把安全性需求自飞机级功能至设备级进行分解。飞机级安全性需求是通过飞机级 FHA 和飞机级 CCA 而形成的。系统级安全性需求是通过分解飞机级安全性需求得出的系统级 FHA 而形成的。

为了获得系统的真实冗余,可通过共因分析得到系统独立性需求。因此,部分系统安全性需求也可以直接通过共因分析获得。

从确定安全性需求到进行安全性需求分配需要以下几个步骤:

(1) 确立基本的飞机级性能和运行需求。通过这些基本的需求,能够建立飞机级功能和这些功能的需求。同时,能够确定与外部物理和运行环境的功能接口。飞机级功能是顶层工作,未必与单个的物理系统的实现相关联。这项工作的输出是一个包括飞机级功能、相关功能需求以及这些功能接口的清单。

(2) 自飞机级功能向系统级进行分配和分解,确立适合的飞机功能分组并将这些功能的需求分配到系统。根据功能分配及相关的失效影响,确定满足安全性目标所必需的更具体的系统需求。作为功能的不同组合的结果,衍生需求及增加的假设会在此阶段产生,并应考虑将其分配到系统和人员。反过来,这些需求也可能改变飞机级的功能需求。这项工作的输出是对于每个飞机系统包括它们的相关接口的一组需求。

(3) 初步的系统架构可得到确认,该架构确立了系统结构和边界,在此结构和边界之内,实施特定设备设计以满足所有已确立的安全性和技术性能需求。然后通过使用功能和性能分析、初步系统安全性评估和共因分析等过程对候选系统架构进行迭代式的评估,以确定在满足分配到系统的功能和顶层安全性需求方面的可行性。这项工作的输出包括至设备级的系统架构,以及对于适用设备的系统功能和安全性需求的分配。

(4) 将安全性需求分配至硬件和软件。分配到每个设备中硬件的需求,包括适合的安全性目标和研制保证等级;分配到每个设备中软件的需求,包括研制保证等级。必要时应包括软硬件集成的需求。此项工作的输出也可用于更新初步系统安全性评估。

实际上,系统架构的制订和系统需求至设备需求的分配是紧密联系的、反复迭代的过程。每次循环都会加深对衍生需求的理解和确定,并且系统级需求到设备级的软/硬件的分配原理也变得更加清晰。当在最终架构中包含了所有需求时,该过程即完成。向设备分配和分解需求时,需要保证设备可以完全实现所分配的需求。随着系统架构工作的深入,由于技术、架构、系统和设备接口或设计实施选择等因素,产生的衍生需求变得更加清晰可见。需要评估这些衍生需求对较高层级需求的潜在影响。分配中产生的衍生需求可能与系统、软件或硬件有关,因此需要考虑根据所分配的需求在系统级或设备级进行设计实现的验证。

## 3.6　安全性需求的确认

安全性需求的确认过程是确定对产品(包括飞机/系统/功能/项目)的安全性要求是正确和完整的过程,即确定我们是否正在确立正确的产品。

### 3.6.1　安全性需求确认

对安全性需求进行确认的目的是为了确保安全性需求的正确性和完整性。从简化研制过程的角度看,应在设计实施开始之前进行需求确认计划的制订。在实际中,尤其是对于复杂和综合系统,确认通常是分阶段进行的,并贯穿于整个研制周期。每一阶段的确认工作都能增加对安全性需求正确性和完整性的置信度。经验表明,制订并确认一个好的安全性需求可以及早发现细微差错或遗漏,并能降低系统重新设计或系统性能不足的风险。

安全性需求的确认应对每个层级的安全性需求进行,这包括在飞机功能、系统和设备级的需求确认以及对 FHA 的确认。确认过程模型如图 3-5 所示。

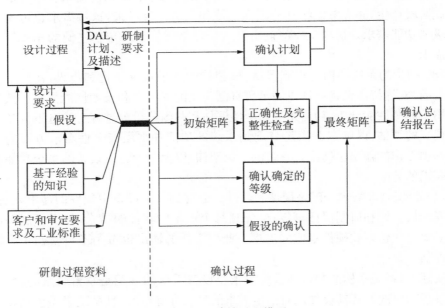

图 3-5　确认过程模型

对于不同层级的安全性需求确认,系统研制应关注以下内容。

### 3.6.2　正确性检查

在确认过程中应评审并证明失效状态类别的正确性和需求描述内容的正确性。在安全性需求体系的每个层级上都应实施正确性检查。以下问题可用于评估安全性需求的正确性,应针对具体使用场合进行调整。

(1)是否正确地说明了所有需求:

① 需求什么(与"应如何设计"相对);

② 是否明确;

③ 说明是否适合设计;

④ 与系统研制保证等级(Development Assurance Level,DAL)相匹配的严格程度是可实现和可验证的;

⑤ 说明了所有需求的环境条件;

⑥ 说明了正常模式和降级模式;

⑦ 衍生需求是正确的,并已进行了分析;

⑧ 每个确定的需求的来源。

(2) 假设是否正确:

① 假设对需求是否重要? 或假设是否是需求固有的;

② 是否用文件记录了;

③ 假设是否被追踪;

④ 是否确认了 FHA 失效状态类别的假设。

(3) 需求是否正确反映了安全性分析:

① 正确地完成了适当的安全性分析;

② 正确地确定并归类了系统所有危险;

③ 不安全的设计或设计错误的影响;

④ 可靠性、可用性及容错需求。

表 3-1 给出了正确性检查的一种样例,应对每一个需求开展这样的检查。

**表 3-1　正确性检查(样例)**

| 正确性检查标准提问 | 结果(是/否) | 问题报告编号 |
|---|---|---|
| 该安全性需求是否可追溯? | 是 | |
| 该安全性需求是否明确? | 是 | |
| 该安全性需求与其他安全性需求是否有冲突? | 否 | |
| 衍生出的安全性需求是否有原理支持? | 否 | ××××-××× |
| 安全性需求的来源是否已经明确? | 是 | |
| 划分的失效状态等级是否客观? | 是 | |
| 安全性需求是否都已确定? | 是 | |

### 3.6.3　完整性检查

完整性检查是为了确保系统的实现和执行能够在工作环境和寿命周期的每个阶段满足各方面的安全性需求,表 3-2 给出了完整性检查的一种样例,举例说明了完整性检查的基本要素。下述内容是在安全性需求体系的每个层级上评估完整性的问题举例,使用时可根据具体情况进行调整。

(1) 需求是否追溯到确定的来源?

① 预期的功能——飞机级、系统级；

② 在 FHA 中确定的所有功能、危险及失效状态类别；

③ 合并到 PSSA 中的所有失效状态；

表 3-2　完整性检查单(样例)

| 序号 | 完整性检查标准提问 | 结果(是/否) | 问题报告编号 |
|---|---|---|---|
| 1 | 各种安全性需求的追溯体系建立了吗? | 是 | |
| 2 | 是否对理论依据建立了从飞机级到设备级的可追溯性? | 是 | |
| 3 | 是否完全覆盖了合同中提出的所有需求(性能、运行、客户等等)? | 是 | |
| 4 | 是否完全覆盖了分给该系统的所有高层级功能? | 是 | |
| 5 | 该安全性需求集合中是否包含了所有安全性需求? | 是 | |
| 6 | 该需求集合中是否体现了所有规章标准和指导原则? | | |
| 7 | 在该需求集合中是否体现了行业和厂家的设计标准? | 是 | |
| 8 | 在该需求集合中是否考虑了飞行操作和地勤维护? | 是 | |
| 9 | 是否为每一项需求都确定了评审方法? | 是 | |
| 10 | 需求评审过程中对确定出的任何不一致处都作了公开报告吗? | 是 | |
| 11 | 这一整套需求是否完全涵盖了系统/部件? | 否 | ×××-××× |
| 12 | 与其他系统的所有接口需求都已经过研发人员和研发流程确定并通过了吗? | 是 | |
| 13 | 与每个接口相关的限制条件是否都已详细注明? | 是 | |
| 14 | 功能上的需求集合是否已经全部被分配给了系统架构并能够追溯? | 是 | |

④ 衍生需求——设计决策或假设；

⑤ 适用的规章标准及指南；

⑥ 预期的运行环境；

⑦ 制定的飞行运行或维修程序。

(2) 是否充分定义、证明并强调了约束和假设?

① 市场考虑；

② 安全性考虑(例如,FHA, FMEA, PSSA)；

③ 环境限制；

④ 工业及公司标准。

(3) 是否已经充分考虑了系统实现?

① 是否完全分配了所有飞机和系统的功能；

② 是否定义了所有接口——内部、外部、物理、功能、人机；

③ 确定了系统架构,并将需求分配给了软、硬件。

(4) 是否清晰地阐述了禁止的行为特征?

### 3.6.4　假设的确认

在工程研制中,特别是研制初始阶段,由于现实条件的限制,或者为了简化工程任务,需要进行合理地假设。在多数系统研制程序中需要做大量的假设(或判断),并且在需要时不能直接证明,FHA 的初始版本是基于一系列假设而制定的。这些假设的存在本身不是审定或安全性的关注点,但其基础及范围可能会错误传递,并且其结果可能影响安全性需求的执行和实现。因此,应鉴别这些假设(明确的或隐含的),并根据具体系统及其 DAL 来确定它们的合理性及基本原理。

对于在研制过程后期才能确认的内容,在研制过程的早期可用假设代替。在这种情况下,应开展的确认工作包括:假设的具体内容、假设被接受的理由,以及这些内容同相关假设之间的不一致问题都已得到解决。

假设的确认过程重点在于确保假设:

(1) 说明清晰;

(2) 发布合适;

(3) 得到支持资料的证明。

确认假设的过程包括检查、分析和试验。当安全性可能由于错误的假设而降低时,需要有一种合适的确认方法来表明:实际中,系统设计如何能够限制或约束错误假设的影响。

1) 运行及环境假设

运行假设包括与以下相关的内容:

(1) 空中交通;

(2) 维修;

(3) 货运;

(4) 人员;

(5) 飞行动力学;

(6) 空中交通管制系统;

(7) 飞机或发动机性能;

(8) 运行程序;

(9) 乘客;

(10) 营运人和有关政府机构的政策及目标。

环境假设包括飞机内和飞机周围或其预期运行的自然条件。环境假设至少应包括气象条件、电磁及闪电环境,以及危险目标和材料。

2) 与设计相关的假设

与设计相关的假设分为机组界面、系统接口和可靠性三类。这类假设的接受可通过评审已有的工业经验及实践来完成。

(1) 机组界面假设。

机组界面假设包括:机组与正常、应急状态下的设备及运行环境之间的相互作用,机组成员的执行特点(如反应时间、显示说明、物理限制),机组成员之间的相互影响。有关人机界面的假设例子有:机组对各种类型信息的响应时间,特定事件的识别时间,决策选择、感知的错误率,根据物理形状、可视形状、颜色或动态性能的识别准确性。

(2) 系统接口假设。

系统接口假设关注交换信息(如格式、综合性、等待时间、分辨率)的含意或逻辑解释的问题,或关注数据信号(如电压电平、阻抗、信噪比)的物理特性。

一些关于系统接口的假设例子:数据总线信息的误读概率,所有相关接口系统对故障信号纠正处理、容错以及对外部故障的抗扰能力。

(3) 可靠性假设。

通常使用的可靠性假设包括:

① 整个生命周期失效率模型的合适性;

② 签派的考虑;

③ 计划维修任务及其频率的合适性;

④ 零件降级的合适性;

⑤ 可能的潜在失效及暴露时间的考虑;

⑥ 失效模式分析的完整性;

⑦ 用于建立或证明 MTBF 预测的适当的试验数据;

⑧ 关于产品使用经验数据的适用性。

3) 制造及生产能力假设

制造及生产能力假设包括检验及产品试验的有效性。可通过评审公司标准及执行情况来接受这些假设。

(1) 检验假设。

工程分析通常假设检验系统符合公司及相关标准。

(2) 生产试验假设。

假设产品试验足以验证:设备制造过程在整个设备生产期间将保持设备符合规范(运行、环境及安全性方法)。生产试验同样关注正常功能试验不容易发现的性能缺陷(如保护装置的功能性)。

典型的假设包括:

① 工厂试验容差/公差确保可使用性;

② 测试容差不会使安全性降低;

③ 定义专门制造试验来探测其他未发现的残留差错。

4) 可使用性假设

通常假设规定的维护和修理不会降低安全性。可通过评审使用和维修程序以及相关设备来确认这种假设。

5) 安装假设

典型的安装假设包括:分离、隔离、电缆装配、导线型号、环境、电源连接、电路断路器大小、通风、排水、污染源、装配的完整性、接地、屏蔽等。可通过评审是否符合工业标准及实践、选择性试验和/或检查实体模型、样机或产品图纸/硬件的来确认这方面的假设。

### 3.6.5　确认的严格程度

确认实施的严格程度由需求涉及的系统、设备或分割部分的 DAL 来决定。应确认每个 DAL 及其基础,要明确确认的方法并说明其可接受的应用。

#### 3.6.5.1　确认方法

确认可能需要若干种方法来支持,包括:可追溯性、分析、建模、测试、相似性及工程判断。确认应考虑所有预期和非预期的功能。预期功能需求确认包括对客观合格/不合格标准的评估。在全部分析及测试中的警觉性有助于识别非预期的系统/设备运行状态或副作用。不能直接确认不存在非预期功能,但特殊测试及目标分析可用来降低其出现的可能性。

1) 可追溯性

可追溯性是全部确认中的一个重要组成部分。每个需求应可追溯到其来源(上层需求、设计决策或资料)。假设应可追溯到相关标准、实践、分析或试验。

2) 分析

增加分析的广度和深度有助于提高置信度。ARP 4761 中描述了几种具体的与安全性相关的分析方法。建议尽早与局方讨论关于 FHA 及 PSSA 的可接受性,这有助于安全性相关需求的确认。

3) 模拟仿真

对复杂系统的模拟仿真可用于对需求的确认。

4) 试验

特定的试验、模拟或演示证明可用于需求确认。可在研制过程的任何阶段采用实体模型、样机、模拟器或终端设备进行试验。应注意确保模拟器可充分反应实际系统、系统接口和安装环境。

5) 相似性(使用经验)

该方法允许需求的确认通过与服役中已取证的相似系统的需求相比较来进行。相似性的论据随使用经验数据的增加而增强。使用相似性论据的前提是:保证经验时间充足,并理解、解决服役中系统出现的所有安全性的相关问题。使用经验分为以下两类:

① 直接适用的相似性——两个系统/设备具有相同的功能及失效状态类别,并且在相同的环境中按照相似的方法来运行。

② 部分适用的相似性——两个系统/设备在同等环境下执行相似的功能。

#### 3.6.5.2　推荐方法

表 3-3 根据所分配的 A~E 级 DAL 确定了对应的确认方法及资料。例如,要

确认需求达到 A 级或 B 级,可使用分析、预期功能的试验及直接适用的相似性来判断正确性和完整性。某些需求的确认可能使用不同的方法分别检查其正确性和完整性。

**表 3 - 3    需求确认方法及资料**

| 方法及资料 | DAL<br>A,B 级 | DAL<br>C 级 | DAL<br>D 级 | DAL<br>E 级 |
| --- | --- | --- | --- | --- |
| PSSA | R | R | A | A |
| 确认计划 | R | R | A | N |
| 确认矩阵 | R | R | A | N |
| 确认摘要 | R | R | A | N |
| 需求可追溯性 | R | A | A | N |
| 分析、模拟仿真或试验 | R | 三种方法中 | A | N |
| 相似性(使用经验) | A | 至少 | A | N |
| 工程判断 | A | 使用一种 | A | N |
| 交联系统的实施影响 | R | A | A | N |

注:R—推荐的方法;A—协商的方法;N—不要求的方法。

对于每项需求,应确定并采用推荐和允许方法的组合,它们对于需求确认的置信度是必要的。

### 3.6.6    确认资料

### 3.6.6.1    确认计划

需求确认计划应概述需求及假设的确认方法(完整性和正确性)。确认计划应包含以下说明:

(1)使用的方法;

(2)收集或产生的资料;

(3)应记录的资料(如摘要、评审或调查);

(4)及时获取需求确认信息的方法;

(5)当对需求进行更改时,如何保持或管理确认的状态;

(6)与确认相关的任务及责任;

(7)关键确认活动的进度安排。

确认过程中也可用于验证过程的部分应与验证计划相协调。

### 3.6.6.2    支持资料及记录

如果资料及记录用于支持审定,则应满足下列准则:

(1)为以后参考引用,资料及记录应可重新获取;

(2)应充分控制资料产生的来源(如通过分析或试验)及使用的方法,保证可重现性。

### 3.6.7　确认追踪

追踪需求的目的是有效地对需求确认过程进行管理,设计保证系统对设计过程中需要确认的目标进行跟踪式管理,以确保相关设计工作不会遗漏并使确认目标最终得以确认。

对于追踪需求确认过程的状态,比较理想的方法是确认矩阵。其深度应依赖于需求所涉及功能的 DAL,且应在确认计划中说明。一般在合格审定计划中会制订一个初步追踪过程,并根据需要对其进行更新。最终的资料应包含在"确认摘要"中,具体格式由申请人确定,但至少应包含以下内容:

（1）需要确认的需求或假设;

（2）需要确认的需求的来源或假设的出处和理由;

（3）关联的功能及其 DAL;

（4）应用的确认方法;

（5）确认结论。

### 3.6.8　确认摘要

确认摘要应保证需求已被适当地确认,摘要应包含:

（1）对确认计划的索引,并说明任何与计划的重大偏离;

（2）确认矩阵;

（3）支持性的资料及其来源的确定。

## 3.7　安全性需求的验证

安全性需求的验证是指对安全性要求的实现过程进行评估,以确定设计的产品（包括飞机/系统/功能/项目）是否已满足这些安全性要求,即确定是否已确立了正确的飞机/系统/功能/项目。

### 3.7.1　安全性验证过程

实现验证是确定设计实现满足其对应需求,正确地实现了预期功能,保证系统实现满足被确认的需求。实现验证过程应在系统实现的每一层级上进行,图 3 - 6 表示通用的验证过程模型。验证包括依照验证计划进行检查、评审、分析、试验和运营经验。验证过程的输入包括系统或设备的需求集合以及待验证系统或设备的完整描述。在验证预期功能的过程中,应报告发现的任何异常情况（如非预期功能或不正常工作状态）。

验证过程包括以下三个不同的部分:

（1）计划,计划的内容包括必需的资源、活动的先后次序,产生的数据、必需信息的校对,特殊活动和评估准则的选择,需特殊验证硬件和软件的产生;

（2）方法,包括在验证活动中所使用的验证方法;

（3）数据,包括在验证过程中所产生的结果证据。

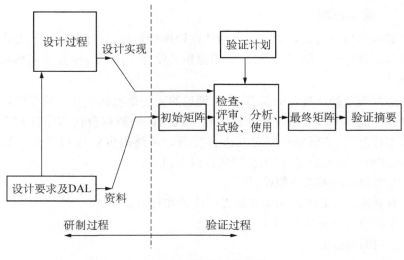

图 3-6　验证过程模型

验证的等级由功能研制保证等级（Function Development Assurance Level，FDAL）和设备研制保证等级（Item Development Assurance Level，IDAL）来确定。

验证过程的输入包括一组"需求"集合（以文件形式体现）和对已验证系统或组件的完整描述，其中这些"需求"是对已实现飞机、系统或组件的需求。验证过程可以采用多种合格审定方法来证明对需求的符合性，例如，分析可能被要求结合物理的试验来进行，以确保最坏的情况得以覆盖。在验证预定功能的过程中，应记录任何已确认的异常状态（如非预定的功能或不正确的行为），以便后续评审和处理。可以通过检查验证过程、设计实施过程和需求定义过程来确定异常状态源的可能性。应该注意的是，由于研制过程是反复迭代的，验证过程也可能在设计过程中不断反复。

### 3.7.2　验证计划编制

验证计划是定义用于验证每个需求达到验证目标的过程及准则。计划编制阶段应进行以下工作：

（1）确定系统或设备的构型，包括定义任何特殊的试验设备、工具及待验证的任何特殊硬件或软件特征；

（2）核对所有需求是否与 DAL 对应，包括衍生需求及其可追溯性；

（3）根据 DAL 确定具体的验证方法，通过这些方法来表明对需求的符合性；

（4）确定判据，评估每个验证方法所得的验证数据；

（5）确定硬件或软件验证过程中采用的支持数据。

### 3.7.3　验证方法

验证方法的目的是验证所实现的系统满足其功能及设计需求，包括预期运行环境。一般评审方法包括：

1) 自身检查及第三方评审

实施检查及评审来证明产品充分符合其需求,通常使用检查单或类似的方法。实施评审的典型类型有以下几种:

(1) 检查系统或设备满足规定的物理实现及工艺需求;

(2) 设计评审,表明正常及非正常条件下系统或设备的工作状态;

(3) 试验评审,确定适用的测试方案。

2) 分析

分析通过对系统或设备实施详细的检查(例如功能及性能)来提供符合性证据。分析方法包括:

(1) 模型分析

复杂、确定的系统的建模可能是完全数字化的,或是计算和试验的组合。建模可用于系统参数评估,以便及早地确定系统的基本信息。

(2) 覆盖分析

实施覆盖分析以决定研制及验证活动过程中需求被覆盖的程度,通常使用某些形式的可追溯性来实施这种分析。

3) 试验

试验通过实际运行系统或设备来验证满足需求,提供可重复的正确性证据。试验具有以下两个目标:

(1) 证明系统或设备能够执行其预期功能。测试预期功能包括评估由安全性需求确定的判据。

(2) 证明实现的系统不会产生影响安全性的非预期功能(即非有意识的设计部分)。特别的试验及正常试验中的特殊警惕性可被用来识别系统或设备的非预期运行或副作用。应注意:仅用试验永远不能确定非预期功能完全不存在。

应在全部(部分)物理系统(或设备或被适当确认的模型)上进行试验,使用充分详细记录的程序,以使其他试验人员可重新生成试验结果。应报告试验过程中发现的问题和跟踪纠正措施,并重新测试更改的设备。

对于每个试验,应说明以下内容:

(1) 应在试验标准的设置中考虑所需的输入;

(2) 操作程序;

(3) 预期的结果及容差。

试验结果资料应至少包含以下内容:

(1) 所使用的试验规范的版本;

(2) 被测试的系统或设备的版本;

(3) 对所使用的工具、设备、适用校准资料的种类或参考标准;

(4) 每个试验的结果,包括合格或不合格声明;

(5) 预期结果与实际结果之间的差异;

（6）试验过程的成功或失败声明，包括它与验证程序的关系。

4）相似性/使用经验

验证置信度可由设计和安装评价及在其他飞机上（使用了相同或在相关特征上相似的系统）满意的使用经验证据得出。该方法应使用证明文档，以及工程与运行判断来证明这些安装中无重大遗留安全性问题。

### 3.7.4 推荐的验证活动

表3-4是根据DAL列出多种推荐并允许的验证方法及资料。

表3-4 验证方法及资料

| 方法及资料 | DAL A,B级 | DAL C级 | DAL D级 | DAL E级 |
|---|---|---|---|---|
| 验证矩阵 | R | R | A | A |
| 验证计划 | R | R | A | N |
| 验证程序 | R | A | A | N |
| 验证摘要 | R | R | A | N |
| SSA | R | R | N | N |
| 检查、评审、分析或试验① | 试验及一种或多种其他方法 | 一种或多种方法 | A | N② |
| 试验,非预期功能 | R | A | A | N |
| 使用经验 | A | A | A | A |

注:R—审定推荐的方法;A—审定协商的方法;N—审定不要求的方法。
　① 这些工作提供了相似的验证程度;依具体系统架构或具体功能灵活选择不同方法。
　② 应表明安装及环境的兼容性。

例如，验证一个设计实现属于A级或B级可包含检查或评审及分析，并应包含某些形式的试验。根据审定的具体系统，应与局方协商每个方法需要被应用或资料被开发的范围。

### 3.7.5 验证资料

验证资料的目的是提供依据，根据计划进行验证。这些依据可用于符合性的证明，并可支持审定资料要求。应在研制过程中更新验证矩阵，并生成验证摘要报告。

验证资料至少应包括：

1）验证计划

验证计划制定策略以表明设计实现对其需求的符合性方法。典型的验证计划包括：

（1）与实施的验证活动相关的任务和责任；

（2）说明设计与验证工作的独立性；

（3）使用的验证方法；

（4）应产生的资料；

（5）关联工作的执行顺序；

（6）关键验证工作的进度安排。

验证过程的某些部分可能也支持需求的确认过程，这些部分应与确认计划相协调。

2）验证程序及结果

描述验证程序的资料及所达到的结果，以提供必要的证据表明验证工作符合性。

3）验证矩阵

应生成验证矩阵或其同等追踪文档来追踪验证过程的状态。该矩阵的深度取决于被验证的系统或设备的 DAL。具体格式由申请人决定，但至少应包含以下内容：

（1）需求；

（2）相关功能；

（3）DAL；

（4）应用的验证方法；

（5）验证的结论（合格/不合格）；

（6）验证覆盖摘要（关于对系统或设备需求的程序及结果）。

4）验证摘要

验证摘要提供用于表明系统或设备实现满足其需求的证据的可视性。摘要应包含：

（1）验证计划的索引，并说明任何对计划的重大偏离；

（2）验证矩阵；

（3）对问题报告系统的索引（与 DAL 相对应）；

（4）说明任何未解决的问题报告，并评估其对安全性的相关影响（与 DAL 相对应）；

（5）确定支持资料或资料来源（与 DAL 相对应）。

## 3.8　研制保证与研制保证等级

运输类飞机适航标准 25.1309 条款对飞机总体和各系统的安全性提出了总体目标，针对条款要求，适航当局和工业界共同制订了安全性分析和评估的指导材料 ARP4761"民用机载系统和设备安全性评估过程的指南和方法"，给出了实施系统安全性评估的指导过程和具体方法。

随着现代飞机系统综合和复杂程度的增加，要表明对 1309 条款的符合性，仅用试验或分析确定所有的系统状态几乎不可能；或者即使可能，也因所需完成的试验数量太大而不切实际。为减少并尽可能消除综合或复杂飞机系统设计过程中存在的各种可能错误,业界提出了"过程保证"的概念,即引入"研制保证等级"(Development Assurance Level,DAL)来控制系统设计的过程,并制定了指导材料 ARP4754"关于高度综合或复杂的飞机系统的合格审定考虑",用以定性地指导复杂飞机系统设计符合 1309 条款的安全性需求。即通过分配的研制保证等级和系统安全性评估中的计算分析方法,共同满足与失效状态等级相关的安全性目标。

### 3.8.1　研制保证

AC/AMC 25.1309 中给出了局方可接受的验证飞机系统安全性的符合性方法。失效状态可由一个或多个失效或者错误造成。这些失效和错误可以通过安全性设计和定性或定量分析得到有效减缓,从而满足安全性需求。失效状态通常是由于硬件的随机物理失效或研制过程中存在的错误导致。通过研制保证过程,可以确保系统研制是在足够规范的方式下进行,进而能够有效限制研制错误对飞机安全可能造成的影响。

对于飞机上高度综合的复杂系统和功能,其研制过程中引入的错误(需求和设计错误)将产生不可预期的后果。由于这些错误在民机设计过程中是不易确定的,目前为止没有适用的定量控制手段,因此现阶段需要用定性的或过程控制的方法来确保系统满足安全性需求。据此,引入了研制保证概念。

研制保证是在系统研制过程中,通过详细具体的计划安排和系统性的研制活动来控制研制过程,以保证消除或减少系统需求和研制活动中的错误及遗漏,确保系统满足适航标准的安全性需求。

研制保证活动是通过研制保证等级(DAL)来进行约束的,经分析功能失效对飞机的影响,为功能确定研制保证等级,在研制过程中保证功能系统满足为其分配的目标和需求。

研制保证等级(DAL)是针对功能或设备的失效所导致的危险状态规定的一系列等级,用于描述在功能和设备的研制过程中为了避免出错而采取的措施和方法。DAL 应在安全性评估过程中确定,其目的是在系统和设备的研制中从安全性的角度选择相应的设计和质量控制程序,为相应等级制定对应的工作程序及验证标准,以将需求或设计中的错误或遗漏减至最小。

研制保证等级包括飞机/系统的功能研制保证等级(Functional Development Assurance Level,FDAL)和设备研制保证等级(Item Development Assurance Level,IDAL)。

FDAL 等级决定了飞机和系统功能研制的严格程度,即飞机和系统所需的研制严格度。与各等级对应的研制保证工作可在项目执行文件中进行规定;IDAL 等级决定了软件和电子硬件的研制严格程度。其中,软件研制的具体目标和工作在 RTCA DO-178B《机载系统和设备合格审定中软件考虑》中有详细规定,电子硬件研制的具体目标和工作在 RTCA DO-254《机载电子硬件合格审定指南》中有详细规定。

研制保证等级根据 FHA 中确定的所有的失效状态,在初步系统安全性评估(PSSA)中确定。研制保证等级的确定还取决于系统架构,尤其是取决于独立失效和/或错误和/或外部事件的数量,因为这些独立的失效和/或错误和/或外部事件与所考虑的设备失效/错误的组合会导致所关注的失效状态。

### 3.8.2　研制保证过程与安全性评估过程的关系

研制保证过程与安全性评估过程是飞机研制完整过程不可或缺的组成。两者都有着各自相对独立的实施过程体系。在飞机研制过程中,通过研制保证过程的实施,可以确信系统研制以十分规范的方式完成,进而可确认限制了产生影响飞机安全性的研制错误的可能性。

研制保证过程和安全性评估过程在研制过程中应同时进行,并且相互间的联系十分紧密。

失效状态是研制保证等级分配的基础,而失效状态及其影响等级是在系统安全性评估(飞机级 FHA、系统级 FHA)系统性地确定的。图 3 - 7 表示系统安全性评估(包括功能、相关失效状态类别)、系统和设备需求以及相应研制保证等级分配之间的联系。

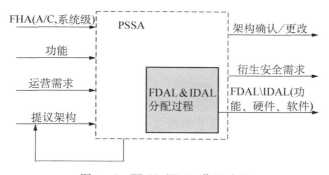

图 3 - 7　FDAL/IDAL 分配过程

将研制保证等级分配到飞机/系统功能和设备,由此通过恰当的确认和验证过程尽可能减少研制过程的错误。需要注意的是,分配的研制保证等级并不是特定的随机硬件失效概率,即当需要验证安全性需求符合性时还需要进行失效状态的概率分析。

此外,顶层 FDAL 的分配工作是通过 PSSA 过程根据 FHA 的失效状态严重等级而进行的。

### 3.8.3　研制保证等级分配的原则

研制保证等级的分配根据失效状态的严重性类别,和各研制过程间能够限制研制错误影响的可能的独立性确定。失效状态类别严重性越高,用以减缓失效状态所须的研制保证等级也就越高。

考虑到飞机级失效状态严重性类别,研制保证等级分配的原则如下:

(1) 对于灾难性(catastrophic)的失效状态,分配原则是:

① 如果该灾难性失效状态可由一个飞机/系统功能或一个设备的一个研制错误导致,则相应的研制保证过程分配为 A 级。

② 如果灾难性失效状态可由两个或多个相互独立研制的飞机/系统功能或设备的研制错误组合共同造成,则其中任一个研制保证过程分配 A 级,或者其中两个研制保证过程至少分配 B 级。其他独立研制的功能或设备的研制过程等级不能低于 C 级。用于确保功能或设备间独立性的研制保证过程应分配 A 级。

(2) 对于危险性(hazardous)的失效状态,等级分配原则如下:

① 如果危险性失效状态可由一个功能或一个设备(例如在功能级、子功能级、硬件级、软件级)的一个研制错误导致,则相应的研制保证过程至少分配 B 级。

② 如果危险性失效状态可由两个或多个相互独立研制的功能或设备的研制错误共同造成,则其中任一个研制保证过程至少分配 B 级,或者其中两个研制保证过程至少分配 C 级。其他功能或设备的研发过程等级不能低于 D 级。确保多功能或设备间独立性的研制保证过程应分配 B 级。

(3) 对于重大(major)失效状态,分配原则如下:

① 如果重大失效状态可由一个功能或一个设备(例如在功能级、子功能级、硬件级、软件级)的一个研制错误导致,那么相应的研制保证过程至少设置成 C 级。

② 如果重大失效状态可由两个或多个相互独立研制的功能或设备的研制错误共同造成,则其中任一个研制保证过程至少分配 C 级,或者其中两个研制保证过程至少分配 D 级。确保多功能或设备间独立性的研制保证过程应分配 C 级。

(4) 对于轻微(minor)失效状态,分配原则如下:

① 如果轻微失效状态可由一个功能或一个设备的一个研制错误导致,则相应的研制保证过程至少分配 D 级。

② 如果轻微失效状态可由两个或两个以上相互独立研制的功能或设备的研制错误共同造成,则其中一个研制保证过程至少分配为 D 级。

### 3.8.4　功能研制保证等级和设备研制保证等级

飞机、系统的研制过程中可以分为两个阶段:功能研制阶段和设备研制阶段。

(1) 确定功能阶段:该阶段确定功能的需求并将其分配到各设备。需求的制订过程包括对需求的确认过程(即保证功能完整性和正确性)。功能需求的研制过程严格程度由功能研制保证等级(FDAL)确定。

(2) 设备研制阶段:此阶段完成设备(软件或电子硬件)的研制。设备研制过程严格程度由硬件或软件的保证等级(IDAL)来确定。根据相应的 IDAL,DO-254 给出电子硬件需满足目标的指南,DO-178B 给出软件目标的指南(要注意的是系统和设备之间的界限并不完全一致于主机厂和供应商,或者供应商和子供应商之间的界限)。

### 3.8.4.1　顶层功能等级分配

研制保证等级分配过程中,首先对与飞机或系统 FHA 失效状态相关的功能分配 FDAL。

对相互交联构成一个飞机级功能的多个系统功能,需要以飞机功能的 FDAL 评估这些交联关系。对相互交联构成一个系统级功能的多个设备,需要以飞机功能和系统功能的 FDAL 中较高的等级评估这些交联关系。

根据顶层失效状态最严重的类别对顶层功能分配 FDAL。根据表 3-5 为飞机级或系统级 FHA 中的每个功能分配 FDAL。

表 3-5　顶层功能 FDAL 分配

| 顶层失效状态严重性类别 | 相应顶层功能 FDAL 分配 |
| --- | --- |
| 灾难的 | A |
| 危险的 | B |
| 重大的 | C |
| 轻微的 | D |
| 无安全影响的 | E |

### 3.8.4.2　不考虑系统架构情况下的等级分配

可以用表 3-5 为功能下的所有内容直接分配 DAL(即,支持顶层功能的所有功能的 FDAL 和架构中所有设备的 IDAL 均与顶层功能的 FDAL 相同)。

**注意:**对于灾难性失效状态,其系统性错误的减缓措施是单独的一个 A 级研制保证过程时,局方可能要求证明该过程有充分独立的确认、验证的活动、方法和完成准则,以确保有灾难性影响的潜在研制错误已被消除或减缓。这种情况下,需要通过研制保证过程确保研制错误在过程中被检测并纠正,而不是依靠架构中的独立性。

### 3.8.4.3　考虑系统架构情况下的等级分配

根据顶层失效状态严重性类别给顶层功能分配 FDAL 后,对顶层功能中系统功能间的架构进行检查,确定这些系统功能的等级。在考虑架构影响时,主要考虑"独立性"的问题。

当考虑系统架构时,采用功能失效集(Functional Failure Set,FFS)作为分配研制保证等级的系统性方法。用系统安全评估方法确定导致顶层失效状态的所有功能失效集(FFS)和每个 FFS 的成员(member)。给定失效状态的 FFS 通过定性安全评估(故障树分析法)来确定。

对于 FDAL 和 IDAL 分配,FFS 相当于故障树的最小割集,其成员代表了潜在研制错误而并非失效。FFS 用于确定导致每一种失效状态的成员组合,并分配适当的严格度来减少潜在的错误。一个失效状态可以有一个或多个 FFS,每个 FFS 也可以包含一个或多个成员。

1）独立性

飞机/系统功能之间或设备之间的独立性可以避免潜在共模错误的发生。同时，独立性也是分配研制保证等级时应该考虑的基本属性。

独立性的目的是确保两个或多个成员间发生共模错误的概率减小到与失效状态类别相对应的水平。

对于 FDAL 和 IDAL 分配，有两种独立性：功能独立性和设备研制独立性。

（1）功能独立性。

功能独立性是通过功能的不同，使共同的需求错误发生的概率最小。例如，两组不同的功能需求可以减少两组需求中出现相同错误的可能性。分析应表明对需求进行了和失效状态严酷度相对应的充分的检查，没有可能造成失效状态的共同点。

功能独立性将以下方面的发生可能性减至最小：

① 共同的需求错误；

② 共同的需求解释错误。

功能独立性的举例如下：

① 地面减速，采用轮刹、发动机反推和地面减速板实现；

② 地面方向控制，采用前轮控制、高速下的方向舵实现；

③ 空中飞行控制，采用飞行操纵面和矢量推力实现；

④ 提供飞机位置，通过通信系统和导航系统实现；

⑤ 导航，通过全球定位系统和惯导系统实现；

⑥ 提供迎角，通过叶片迎角探测器、通过空速和惯性数据计算实现；

⑦ 提供燃油量，通过发动机燃油流速和油箱探针实现。

**注意**：对用于加强和维护功能独立性的需求，应在整个研制周期中管理，这些需求可以对设备研制产生限制。

**功能独立性的证明**：如果将多个需求集之间共同的错误源最小化到与顶层失效状态严酷度相应的水平，则证明了功能独立性的存在。如果需求中的共同错误源的存在是不确定的，则不能声明功能独立性的存在。

（2）设备研制独立性。

设备研制独立性是通过设备的不同，使各自独立研制的设备间共模错误发生的可能性最小。

设备研制独立性可能减少错误的例子：

① 软件设计错误（包括软件需求、软件体系结构等）；

② 软件研制错误（包括软件研制过程、软件构型控制等）；

③ 硬件设计错误（包括硬件需求、硬件架构等）；

④ 硬件研制错误（包括硬件研制过程、硬件构型控制等）；

⑤ 电子硬件工具错误(VHDL 编码器、布局布线工具等);

⑥ 软件研制工具错误(编译器、连接器等)。

实现设备研制独立性的方法举例:

① 不同的技术,例如液压和电源;

② 不同的操作系统;

③ 不同的编程语言;

④ 不同的微处理器;

⑤ 不同的研制团队和研制过程。

**设备研制独立性的证明:**将多个设备之间的共同错误源减至最小,则证明了设备研制独立性。证明的严格程度与顶层失效状态类别的严酷度相对应,并且证明时需考虑最佳实践方法和产品服役经验。设备间的独立性要求应按需由系统分配给设备。如果设备间的共同错误源是不确定性的或不能被证明,则不能声明设备研制独立性的存在。

2) FDAL 和 IDAL 分配过程

FDAL 和 IDAL 等级分配是一个自上而下的过程。

首先,在 PSSA 中根据 FHA 的失效状态类别分配顶层 FDAL。在将顶层功能分解成多个子功能后,分配子功能的 FDAL。然后,将子功能进一步分解和/或分配给设备,为设备分配 IDAL。在研制新功能和新设备时,应进行 FDAL 和 IDAL 分配过程。

在根据顶层失效状态严重性类别对顶层飞机功能分配 FDAL 后,对顶层失效状态涉及的系统功能架构进行检查。如果表明飞机或系统的架构能够通过两个或多个独立成员包容研制错误的危害影响,则结合架构提供的容错措施确定研制保证等级。

系统安全性评估用于确定导致顶层失效状态的功能失效集成员。在 PSSA 和 CMA 中确定功能失效集。一个顶层失效状态可能有不止一个功能失效集(Functional Failure Set,FFS)。

FFS 成员间独立性证明的严格程度与顶层失效状态 FDAL(根据表 3-5)相同。对于 FFS 的成员,在满足功能独立性的情况下,成员可以各自分配低于顶层失效状态严重性类别的 FDAL。对于构成飞机功能的各系统间的交联,需要以飞机级功能的 FDAL 进行评估,包括对所声明的功能独立性的证明。

表 3-6 说明了为与给定的顶层失效状态类别相关的 FFS 成员分配 FDAL 的原则。表 3-6 的使用过程应用于每个功能的所有顶层失效状态,然后结合功能的所有失效状态,将最严格的 FDAL 分配给该功能。对于表 3-6 中的"选项 1"和"选项 2",根据哪个选项更适于减缓所确定的失效状态来做选择。在迭代的设计过程中会多次使用到表 3-6;但是,每一次都应该对应到飞机顶层失效状态。

IDAL 的分配总是跟随 FDAL 过程。当系统架构细化到设备层级时,使用表 3-6

分配 FFS 成员的等级。使用表 3－6 时应注意要使用分配顶层失效状态 FDAL 时的同一行。

如果 FFS 具有设备研制独立性,则使用与顶层失效状态类别相关行的选项 1 列或选项 2 列分配 IDAL。

表 3－6　FFS 成员的研制保证等级分配

| 顶层失效状态类别 | 研制保证等级②④ | | |
|---|---|---|---|
| | 单一成员的功能失效集 | 多成员的功能失效集 | |
| | | 选项 1③ | 选项 2 |
| 第一列 | 第二列 | 第三列 | 第四列 |
| 灾难性的 | FDAL A① | 对于所有适用的顶层失效状态,一个成员的 FDAL 设为 A;其他对顶层失效状态有贡献的成员,等级根据研制过程各自错误的最严重影响确定,但这些其他成员的等级不能低于 C 级 | 对于所有适用的顶层失效状态,导致顶层失效状态的两个成员 FDAL 设为 B;其他成员等级根据研制过程各自错误的最严重影响确定,但这些其他成员的等级不能低于 C 级 |
| 危险的 | FDAL B | 对于所有适用的顶层失效状态,一个成员的 FDAL 设为 B;其他对顶层失效状态有贡献的成员,等级根据研制过程各自错误的最严重影响确定,但这些其他成员的等级不能低于 D 级 | 对于所有适用的顶层失效状态,导致顶层失效状态的两个成员 FDAL 设为 C;其他成员等级根据研制过程各自错误的最严重影响确定,但这些其他成员的等级不能低于 D 级 |
| 重大的 | FDAL C | 对于所有适用的顶层失效状态,一个成员的 FDAL 设为 C;其他对顶层失效状态有贡献的成员,等级根据研制过程各自错误的最严重影响确定 | 对于所有适用的顶层失效状态,导致顶层失效状态的两个成员 FDAL 设为 D;其他成员等级根据研制过程各自错误的最严重影响确定 |
| 轻微的 | FDAL D | 对于所有适用的顶层失效状态,一个成员的 FDAL 设为 D;其他对顶层失效状态有贡献的成员,等级根据研制过程各自错误的最严重影响确定 | |
| 无安全影响 | FDAL E | FDAL E | |

① 当 FFS 只有一个成员并且系统性错误的减缓策略仅为 FDAL A 时,局方可能会要求证明该成员的研制过程有充分独立的验证和确认活动、技术和完整性标准来确保具有灾难性影响的潜在的研制错误已被消除或减缓。

② 无论功能分解成多少部分,这些部分都必须保持在表中同一行。例如,对于灾难性失效状态,不论 FDAL 为 A 的 FFS 分解为多少部分都应包含至少一个 FDAL A 成员或者两个 FDAL B 成员。

③ 如果功能失效集中各成员可用性数值的差别很大,那么通常可用性数值较大的成员分配较高 FDAL。

④ 一些 23 部的飞机 FDAL 低于表 3－6。参见 FAA AC23.1309 和相应的 EASA 政策。

#### 3.8.4.4　等级分配的其他考虑

当针对一个给定的飞机/系统架构分配 IDAL 时,在以下情况下应对架构进行评审:

（1）如果部件能够通过测试和分析完全保证消除研制错误,则可以认为其具有与 IDAL A 等效的置信度水平。例如,继电器、电子机械设备、电子阀门、伺服阀、简单逻辑设备等,可能是这种情况。

（2）对于处理灾难性或危险性失效状态,并且使用具有相同 COTS 设计的共同资源（例如计算机、网络、接口）的独立功能,可能要求考虑其他因素（例如构型控制、目标处理器上的软件测试）。

### 3.8.5　等级分配中对外部事件的考虑

对飞机设计提供外部事件（例如货仓火警）保护的系统,除了与保护功能的错误运行或错误激活相关的失效状态外,至少还要考虑以下两种失效状态:

（1）丧失保护并且发生外部事件:FHA 必须考虑失效状态的分类。保护飞机免受外部事件影响的功能的 FDAL 可根据图 3-7 分配。如果丧失对设计的保护并且发生外部事件是灾难性的或危险的,则保护功能的 FDAL 应至少为 C 级。

（2）仅丧失保护:FHA 应考虑安全裕度的减少（无减少、轻微减少、大量减少、很大减少）和对机组人员工作负担的影响,进行失效状态的分类。

当只有一个功能保护飞机免受外部事件影响时,表 3-6 不适用。如果功能由多个设备实现,则结合外部事件使用与保护丧失的失效状态相对应的行。

当仅丧失保护功能不会影响飞机或机组人员安全完成任务的能力时（通常是一个隐性错误）,可以根据外部事件的预计概率评估安全裕度的降低程度:外部事件发生越频繁,丧失保护功能时,安全裕度降低越大。图 3-8 表明了外部事件概率和等级之间的关系,为考虑保护功能丧失时的 FDAL 分配提供指导。

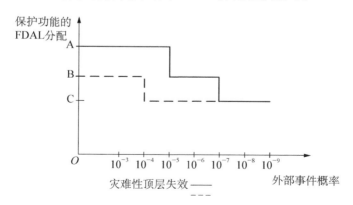

图 3-8　根据外部事件发生概率进行保护功能 FDAL 分配

有一些飞行阶段仅偶然发生,这些阶段仅在需要区分飞行条件时,才会在 FHA 中出现。任何适用的飞行阶段的环境和频率均可看作确定 FDAL 时的一个减缓因素,此处假设飞行阶段与功能或系统相独立。接近失速（超过抖杆速度）、超速或紧急下降等异常飞行状态可能影响 FDAL 分配，并且会在 FHA 相关失效状态中体现。对于有意执行的运行或运行飞行阶段（例如自动着陆或者延程运行（Extended Operations，ETOPS）不能用于证明 FDAL。

### 3.8.6 研制保证等级分配过程

本节通过图 3-8 和图 3-9 说明考虑系统架构时使用表 3-5 和表 3-6 进行 FDAL 与 IDAL 分配的过程。

每次修改飞机级/系统级架构时，每次修改 FHA 时，都应在 PASA/PSSA 过程中应用该分配过程。

重用已研制的飞机级/系统级功能和设备时，其相关的 FFS 应满足总体原则。

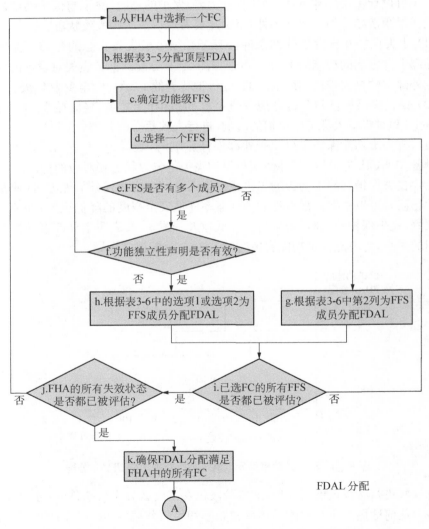

图 3-9(a)　考虑架构时的 FDAL/IDAL 分配过程图(1/2)

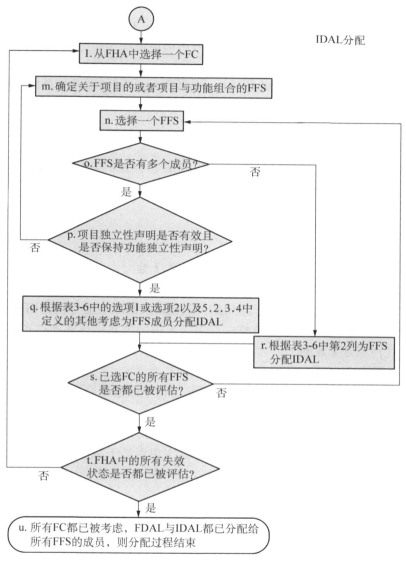

图 3-9(b)　考虑架构时的 FDAL/IDAL 分配过程图(2/2)

　　流程图中的过程为自上至下。首先对飞机级 FHA 中确定的一个失效状态类别及其相关的顶层 FDAL;然后对已确定的 FFS 及其成员分配 FDAL;再为设备(软件/电子硬件)分配 IDAL。

　　最终目的是依照下述流程使 FHA 中确定的每个失效状态(Failure Condition, FC)得到满足。飞机级/系统级功能层和设备研制层之间有交互,由此可能需要在 FDAL/IDAL 边界间的反复迭代。

　　(1) 从 FHA(功能危险性评估)中选择一个 FC(失效状态)。

飞机级或系统级功能危险性评估中定义的 FC 清单是 FDAL(功能研制保证等级)和 IDAL(设备研制保证等级)分配过程的输入。飞机级初步安全性评估/系统级初步安全性评估使用 FC 数据作为 FDAL 分配的依据。

(2) 根据表 3-5 分配顶层 FDAL。

根据失效状态类别分配顶层 FDAL。根据表 3-5 对飞机级和系统级功能危险性评估中每个失效状态进行分配。对于提供外部事件保护的系统,分配还要考虑 3.8.5 节中所述的外部事件。

(3) 确定功能级的 FFS(功能失效集)。

在研制阶段,应执行功能失效集分析以确定 FFS 及其功能成员。FFS 可以是单成员,也可以是多成员。

(4) 选择一个 FFS。

从已经确定的 FFS 中选择一个 FFS。

(5) FFS 是否有多个成员?

在此步骤中,多成员的 FFS 的各个成员功能上独立。

(6) 功能独立性声明是否有效?

对于多成员 FFS,当多个需求集中的公共错误源已减小至与顶层 FDAL 一致的严格程度时,才可声明其功能独立性。如果需求中的公共错误源的存在不确定,则功能独立性声明是无效的。

(7) 根据表 3-6 第二列为 FFS 分配 FDAL。

如果 FFS 只有一个成员(即,该成员研制过程中的错误会直接导致所评估的失效状态发生),则根据表 3-6 第二列分配 FDAL。

(8) 根据表 3-6 中的选项 1 或选项 2 为 FFS 成员分配 FDAL。

选用选项 1 或选项 2 时,应考虑何种功能实现更适于减缓失效状态。同时,还要考虑外部事件。

(9) 是否评估了所选 FC 的所有 FFS?

对所选 FFS 的成员分配 FDAL 后,应对所选失效状态的其他每一个 FFS 执行 FDAL 分配过程。

(10) FHA 的所有失效状态是否都已评估?

为所选失效状态的所有 FFS 的所有成员分配 FDAL 后,应对 FHA 中的其他失效状态执行 FDAL 分配过程。

(11) 确保 FDAL 分配满足 FHA 中的所有 FC。

编制功能清单,选择满足所有适用的 FFS 和失效状态的 FDAL 分配。

各 FFS 间可有公共成员,各 FC 间可能与公共功能相关,因此,对 FHA 中确定的所有 FC 的所有 FFS 成员的 FDAL 分配应进行评审,以确保 FHA 中每个 FC 的顶层 FDAL 都得到满足。

可能需要重新分配适当的 FDAL 和/或重新分配功能,以确保 FDAL 分配满足总体原则。

（12）从 FHA 中选择一个 FC。

需要对 FHA 中的每个失效状态进行 IDAL 分配。当飞机级或系统级的 FHA 完成后,应从 FHA 选择一个失效状态,然后依次选择其他失效状态,以完成 IDAL 分配。

（13）确定包含设备的 FFS 或包含设备和功能的 FFS。

每个功能级 FFS 有一个或多个相关的设备级 FFS,FFS 也可能是系统级/飞机级功能和设备的组合。

（14）选择一个 FFS。

从确定的 FFS 中选择一个 FFS。

（15）该 FFS 是否有多个成员?

一个有多个相互独立成员的 FFS,当成员既包括飞机级/系统级功能又包括设备时,FFS 的所有成员都应证明其功能独立性和设备独立性。

（16）设备研制独立性声明是否有效,是否保持了功能独立性声明?

当多个设备间的公共错误源已最小化至与顶层 FDAL 一致的严格程度,并且是基于最佳工程实践态和使用经验时,才可声明其设备研制独立性。如果公共错误源的存在是不确定的,则设备独立性不能被声明。

此外,功能独立性声明应如步骤 f 一样持续有效。

（17）依据表 3-6 中选项 1 或选项 2 和关于等级分配的其他考虑,为 FFS 成员分配 IDAL。

选用选项 1 或选项 2 时应考虑何种设备研制实现更适于减缓失效状态。同时,还要考虑外部事件。

（18）依据表 3-6 中第二列为 FFS 分配 IDAL。

如果 FFS 只有一个成员(即,该成员研制过程的错误会直接导致所评估的失效状态发生),则根据表 3-6 第二列分配 IDAL。

（19）已选 FC 的所有 FFS 是否都已被评估?

为所选 FFS 的成员分配 IDAL 后,应对所选的失效状态的其他 FFS 执行 IDAL 分配过程。

（20）FHA 中所有失效状态是否都已评估?

为所选失效状态的所有 FFS 的所有成员分配 IDAL 后,应对 FHA 中其他失效状态执行 IDAL 分配过程。

（21）当对所有 FC 的所有 FFS 的每个成员进行 FDAL 和 IDAL 分配,等级分配过程结束。

当考虑了 FHA 中所有失效状态,并且所有成员的 FDAL 和 IDAL 都已确定并满足总体原则,FDAL 和 IDAL 分配过程完成。

各 FFS 间可有公共成员,各 FC 可有公共的功能和/或设备,因此,对 FHA 中确定的所有 FC 的所有 FFS 成员的 FDAL 和 IDAL 分配应进行评审，以确保 FHA 中每个 FC 的顶层 FDAL 都得到满足，并且所有成员的 FDAL 和 IDAL 都已确定并满足总体原则。

　　在分配过程最后，若一个 IDAL 高于相应的 FDAL，可能表示 FDAL 分配中的功能独立性已经丧失。则申请人可能必须证明其用于支持顶层 FC 的架构的正确性。

## 练习题

1. 安全性评估过程主要包括哪几部分？
2. 定性的安全性需求有哪些？
3. 确认的方法有哪些？
4. 验证的方法有哪些？
5. 研制保证等级分配的原则。

# 第4章  功能危险性评估

## 4.1  引言

就民用飞机设计来说,CCAR/FAR/CS 25 是飞机设计应满足的基本规章。在飞机设计过程中,除了关于系统、部件、性能等相关的条款外,飞机还应满足特定的与安全性相关的需求,表明对 CCAR/FAR/CS 25.1309 条款的符合性。因此,民机适航合格审定过程中,需要对飞机整机和重要系统进行安全性评估,以期证明飞机设计满足既定的安全性需求。功能危险性评估(FHA)是对功能进行系统而全面的检查,以确定这些功能的失效状态并按其严重性进行分类的过程,是安全性评估的第一步,起着至关重要的作用。本章首先说明 FHA 的目标及分类,随后详细介绍FHA 分析过程、FHA 报告形式,最后分别介绍飞机级 FHA 和系统级 FHA,并给出分析示例。

## 4.2  FHA 目标和分类

功能危险性评估(FHA)是对功能进行系统而全面的检查,以确定这些功能的失效状态并按其严重性进行分类的过程,是新机型或改进机型设计过程中安全性评估的第一步。该评估方法起始于飞机概念设计阶段,并为飞机后续研制提供设计需求和安全性需求的重要依据。FHA 分析结果是下一步安全性评估流程(例如:初步系统安全性评估 PSSA 和系统安全性评估 SSA)的必要输入,也为后续系统、子系统设计架构提出安全性设计需求,帮助确认系统架构的可接受性,发现潜在问题和所需的设计更改,确定所需进一步分析的需求及范围。图 3 - 1 表明安全性评估过程与飞机研制过程关系。FHA 通常在两个级别上进行,分别为飞机级 FHA 和系统级FHA。

飞机级 FHA 是在飞机研制开始时对飞机的基本功能进行高层次的定性评估。飞机级 FHA 将飞机整机视为研究对象,识别飞机在不同飞行阶段,可能发生的影响飞机持续和安全飞行的功能失效,并将这些功能失效进行分类,建立飞机必须满足的安全性需求。

在飞机设计过程中,将飞机功能分配到系统后,综合了多重飞机功能的每个系统必须进行系统级 FHA。系统级 FHA 是以系统的功能为研究对象,识别影响影响飞机持续、安全飞行的系统功能失效,并根据该功能失效对飞机、机组或乘员影响的严重程度进行分类。

总的来说,FHA 主要是从飞机功能或系统功能角度出发,识别各种功能失效和影响,与飞机或系统的具体构型或组成无关。

## 4.3 FHA 过程

FHA 的目的是识别飞机/系统级别下的功能并考虑功能失效和功能异常两种情况时,建立飞机/系统的失效状态清单及其相关分类。当失效影响和分类从一个飞行阶段到另一个飞行阶段发生变化时,FHA 应识别每个飞行阶段的失效状态。

FHA 过程是一种自上而下识别功能失效状态和评估其影响的方法,应按照如下过程进行评估工作:

(1)确定与分析层次相关的所有功能(包括内部功能和交互功能);

(2)确定并说明与这些功能相关的失效状态,考虑在正常和恶化环境下的单一和多重失效;

(3)确定失效状态的影响;

(4)根据失效状态对飞机或人员的影响对其进行分类(灾难性的,危险的,重大的,轻微的和没有安全性影响的);

(5)给出用于证明失效状态影响分类所要求的支撑材料;

(6)提出用于验证失效状态满足安全性需求的符合性验证方法。

### 4.3.1 功能确定

进行 FHA 首先需要确定所分析层次相关的所有功能,包括内部功能和交互功能。应通过获取必要的原始资料,确定功能并建立功能清单。

1)获取必要的原始资料

飞机级 FHA 的输入如下:

(1)飞机顶层功能清单(例如升力、推力等);

(2)飞机目标和用户需求(例如旅客数量、航程等);

(3)初步设计决策(例如发动机数量,飞机布局等);

系统级 FHA 的输入如下:

(1)所分析系统的主要功能清单;

(2)外部接口的功能图;

(3)在飞机级 FHA 中建立的功能清单;

(4)在飞机级 FHA 中建立的失效状态清单;

(5)在系统设计需求和目标文件中定义的需求;

(6)上层的设计方案选择及其原理。

2)建立功能清单

　　应根据以上资料按照逐层展开的方式进行相应的功能分析,找出所有工作状态和模式下可能的所有功能(包括内部功能和外部功能),形成用于功能危险性评估的系统功能清单。

　　(1) 内部功能。在飞机级,内部功能指的是飞机的主要功能和飞机内部系统之间的接口功能;在系统级,内部功能指的是所分析系统的功能以及该系统内部设备之间的接口功能。

　　(2) 外部功能。在飞机级,外部功能指的是飞机与其他飞机或地面的接口功能;在系统级,外部功能指的是其他系统提供给所分析系统的功能,或所分析系统提供给其他系统的功能。

### 4.3.2　失效状态的确定和说明

　　失效状态的确定过程应从建立环境和构型清单开始,然后,考虑内部功能清单、交互功能清单以及环境和应急/非正常构型清单的所有设备。最后,再分析在正常和恶化环境下单一和多重失效,建立飞机/系统失效状态清单。

　　1) 环境和应急构型清单

　　在飞机级进行失效状态识别时应考虑环境条件清单,比如:

　　(1) 天气;

　　(2) 高强度辐射场;

　　(3) 火山灰。

　　在确定失效影响时,还应考虑影响飞机布局的应急或非正常状态清单,比如:

　　(1) 水上迫降;

　　(2) 发动机停车;

　　(3) 丧失通信;

　　(4) 座舱释压。

　　对于系统级 FHA,应考虑的环境条件清单源于飞机级 FHA 及其在系统初步设计阶段所决策的系统架构衍生出的清单。应急/非正常情况应考虑,诸如:

　　(1) 丧失液压系统;

　　(2) 丧失电气系统;

　　(3) 丧失设备冷却系统。

　　2) 失效状态的确定

　　考虑单一和多重失效,建立失效状态清单。典型的单个失效状态如下:

　　(1) 功能丧失;

　　(2) 无通告的功能丧失;

　　(3) 功能失常。

　　典型的多重失效状态如下:

　　(1) 机上有三套液压功能时,丧失其中两套;

　　(2) 同时丧失通信与导航功能。

### 4.3.3 失效状态影响

确定各功能失效状态或危险状态对飞机或人员（飞行机组、乘客、维修人员等）的影响。在飞机级 FHA 中可以直接评估功能失效对飞机、机组和乘员的影响；但是在系统级 FHA 中，由于系统功能之间的交互作用，使得某系统功能失效或故障可能对其他系统造成一定影响。因此，进行系统级 FHA，还要确定该功能故障对所分析系统以及其他系统的影响。

### 4.3.4 失效状态影响分类

失效状态分类如表 2-1 所示，灾难性的、危险的、重大的、轻微的和对安全性无影响的。失效状态影响分类应根据失效对飞机、机组和乘员的影响程度进行分类。在确定影响等级时可参考以下原则：

（1）指示系统错误一般比指示系统故障或失效的影响更严重；

（2）应了解并明确飞机对驾驶员的操作与控制要求，包括在各飞行阶段对驾驶员的工作要求，以便分析失效状态对驾驶员操作的要求和影响；

（3）如果同一功能故障在不同阶段对飞机或人员产生的影响不同，则在分析中要分别列出。

### 4.3.5 所需提供支撑材料

对于那些并不十分了解的失效状态影响，必须提供确定影响等级的支撑材料（如模拟试验、分析计算、飞行试验等），以确定失效状态的影响等级分类。

### 4.3.6 符合性验证方法

对于每个失效状态，应提出相应的符合性验证方法，以表明飞机/系统满足安全性目标。图 4-1 给出了失效状态满足安全性需求的符合性验证方法的确定原则。

### 4.3.7 功能危险性评估表格

FHA 工作的结果填入分析表格。功能危险性评估表见表 4-1 所示。

**表 4-1　飞机级功能危险性评估表**

| 功能 | 失效状态 | 工作状态或飞行阶段 | 危险对飞机或人员的影响 | 影响等级 | 影响等级的支撑材料 | 验证方法 | 附注 |
|------|------|------|------|------|------|------|------|
| (1) | (2) | (3) | (4) | (5) | (6) | (7) | (8) |

（1）功能，指要进行分析的功能。

（2）失效状态，对每个假设的失效状态作简要说明。通常对每个确定功能，从功能全部丧失、功能部分丧失、其他系统的故障及其他外部事件等危险根源进行考虑。

（3）工作状态或飞行阶段，功能失效时所处的工作状态或飞行阶段。若失效状态的影响由于飞行阶段不同而不同，必须按不同飞行阶段分别填写。

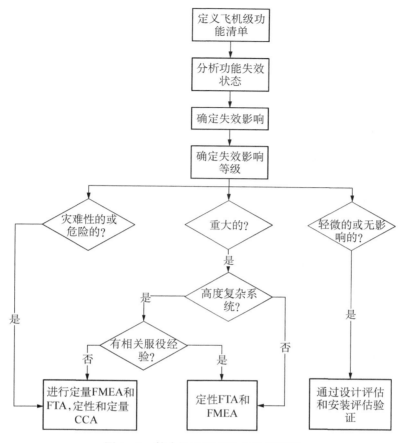

图 4-1　符合性验证方法的确定原则

（4）危险对飞机或人员的影响，危险可能使飞机和人员遭受到的有害结果。

（5）影响等级，灾难性的、危险的、重大的、轻微的及无安全影响的。

（6）影响等级支撑材料，如飞行试验、地面试验、仿真模拟等。

（7）验证方法，如定性的或定量的。

（8）附注，与该失效状态相关，但没有在其他各栏涉及的相关信息，如相似系统以前的故障资料或管理指令等。

## 4.4　FHA 报告

应对功能危险性评估过程中产生的文件，如，FHA 功能清单、环境和应急构型清单等文件进行归档，以便对 FHA 过程中所采取的步骤具有可追溯性。

FHA 报告应包括以下内容：

（1）功能说明；

（2）失效状态；

（3）运行阶段；

（4）失效对飞机、飞行机组和乘员的影响；

（5）失效状态分类；

（6）评估过程中引用的支撑材料；

（7）验证方法（为满足安全性目标而规定的设计验证方法）。

## 4.5　AFHA

### 4.5.1　AFHA 过程

图 4-2 给出了飞机级 FHA 过程，如图所示，该过程包括以下五部分：

（1）定义飞机级功能；

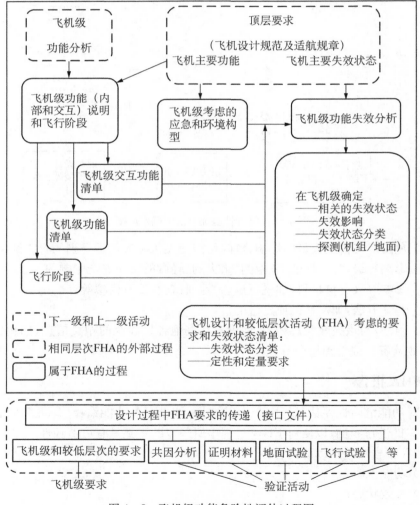

图 4-2　飞机级功能危险性评估过程图

（2）确定失效状态；

（3）确定失效状态影响分析；

（4）确定失效状态影响分类；

（5）输出评估结果（包括安全性需求、假设的确认和验证方法）。

## 4.5.2　AFHA 示例

1）确定飞机级功能

表 4-2 给出了民用飞机通用功能清单示例。

表 4-2　通用类飞机级功能清单示例

| 第一层功能 | 第二层功能 |
| --- | --- |
| 推力控制 | 推力产生控制 |
| | 推力控制 |
| 地面控制 | 地面速度控制 |
| | 地面方向控制 |
| | 提供地面构型 |
| | 为地面控制提供数据 |
| 飞行控制 | 滚转控制 |
| | 偏航控制 |
| | 俯仰控制 |
| | 提供导航数据 |
| 提供通信 | 内部通信 |
| | 外部通信 |
| 驾驶舱及货舱环境控制 | 空气控制 |
| | 提供生命保障 |
| | 提供出/入口 |
| | 提供灯照明 |
| 人机交互界面 | 提供数据、控制、指示及警告 |
| 耗材和能源供给 | 燃油供给 |
| | 水供给 |
| | 氧气供给 |
| | 液压源供给 |
| | 电源供给 |

（续表）

| 第一层功能 | 第二层功能 |
|---|---|
| 耗材和能源供给 | 气源供给 |
| | 辅助动力供给 |
| 自然和诱发环境预防功能 | 预防环境危害 |
| | 预防内部危害 |

2）确定失效状态

从表4-2中所列飞机级功能选择部分功能进行失效状态分析，表4-3给出了飞机级功能及可能考虑的相关失效状态。

表4-3　飞机级功能及其可能考虑的失效状态示例

| 飞机级功能 | 失效状态 |
|---|---|
| 推力产生控制 | 完全丧失推力 |
| | 丧失单侧推力 |
| 推力控制 | 丧失两侧推力控制能力（不含停车） |
| | 丧失单侧推力控制能力（不含停车） |
| 地面速度控制 | 完全丧失地面速度控制功能 |
| | 通告的部分丧失地面速度控制功能 |
| | 未通告的部分丧失地面速度控制功能 |
| | 非指令性地面减速 |
| 地面方向控制 | 通告的地面方向控制功能完全丧失 |
| | 未通告的地面方向控制功能完全丧失 |
| | 非指令转弯 |
| 提供地面构型 | …… |

3）确定失效状态影响分析

表4-4给出了一些失效状态影响分析示例。

表4-4　飞机级失效状态影响分析示例

| 失效状态 | 飞行阶段 | 失效状态影响 |
|---|---|---|
| 完全丧失推力 | T<br>F1～F4<br>L | 飞机：丧失绝大部分电源、液压源、气源，飞机空中或者 $v_1$ 速度之后彻底失去推力而坠毁<br>机组：飞行机组无法控制飞机保持继续飞行或者安全降落，可能因飞机的坠毁而死亡<br>乘客：可能在飞机损毁时绝大部分或者全部死亡 |

（续表）

| 失效状态 | 飞行阶段 | 失效状态影响 |
|---|---|---|
| 丧失单侧推力 | T<br>F1～F4<br>L | 飞机:丧失部分电源、液压源、气源,导致飞机空中或者高速滑跑时突然开始单发运行,安全裕度明显降低<br>机组:明显地增加了工作负担<br>乘客:无 |
| 丧失两侧推力控制能力(不含停车) | T<br>F1～F4<br>L | 飞机:$v_1$ 之后或者空中,可能出现不可控高推力,导致不能安全着陆而损毁<br>机组:驾驶员无法控制飞机推力,最终由于飞机损毁而死亡<br>乘客:可能在飞机损毁时绝大部分或者全部死亡 |
| 丧失单侧推力控制能力(不含停车) | T<br>F1～F4<br>L | 飞机:$v_1$ 之后或者空中,导致单侧推力过大或不足超出预期区间,导致飞机短时间内不能准确控制<br>机组:驾驶员短时间内无法准确操纵飞机推力,需要紧急关车,明显地增加了工作负担<br>乘客:无 |
| 完全丧失地面速度控制功能 | T<br>L | 飞机:在中断起飞、着陆时,机组无法控制飞机速度,导致飞机高速冲出跑道,甚至彻底损毁<br>机组:可能由于飞机的损毁而死亡<br>乘客:可能由于飞机的损毁而绝大部分或者全部死亡 |
| | G | 飞机:飞机不能停止在滑行道上或出入口,可能导致飞机低速与候机楼、飞机或车辆接触<br>机组:操纵飞机避开任何障碍物,并请求牵引或可移动扶梯,增加了驾驶员的工作负担<br>乘客:不舒服 |
| 通告的部分丧失地面速度控制功能 | T | 飞机:无<br>机组:无<br>乘客:无 |
| | L | 飞机:无<br>机组:选择更加适用的机场,通知紧急地面支援,并为乘员作好飞机着陆冲出跑道的准备,较大地增加了工作负担<br>乘客:无 |
| | G | 飞机:不能在障碍物前充分将飞机停止,导致飞机低速碰撞<br>机组:轻微地增加驾驶员的工作负担<br>乘客:无 |
| 未通告的部分丧失地面速度控制功能 | T<br>L | 飞机:在中断起飞、着陆时,不能在跑道端部前完全减速飞机,导致飞机可能冲出跑道,造成飞机损坏<br>机组:极大的增加了驾驶员工作负担,可能受伤<br>乘客:可能造成个别乘客受伤或死亡 |
| | G | 飞机:不能在障碍物前充分将飞机停止,导致飞机低速碰撞<br>机组:轻微地增加驾驶员的工作负担<br>乘客:无 |

（续表）

| 失效状态 | 飞行阶段 | 失效状态影响 |
|---|---|---|
| 非指令性地面减速 | T | 飞机:$v_1$后非指令减速,可能导致高速冲出跑道,甚至彻底损毁<br>机组:可能由于飞机的损毁而死亡<br>乘客:可能由于飞机的损毁而绝大部分或者全部死亡 |
| | L, G | 飞机:无<br>机组:无<br>乘客:无 |
| 地面方向控制功能完全丧失 | T, L | 飞机:飞机可能冲出跑道,飞机损坏<br>机组:通告紧急地面支援,在着陆时使用紧急着陆程序。可能导致机组伤亡<br>乘客:可能由于飞机冲出跑道造成乘客伤亡 |
| | G | 飞机:无<br>机组:机组发现飞机偏航向并操纵飞机使飞机停下,轻微地增加工作负担<br>乘客:无 |
| 非指令转弯 | T, L | 飞机:飞行员来不及做出反应,导致飞机冲出跑道与候机楼、飞机或车辆接触<br>机组:可能造成机组人员受伤<br>乘客:可能造成个别乘客受伤或死亡 |
| | G | 飞机:无<br>机组:控制飞机返回机场,较大地增加了驾驶员工作负担<br>乘客:无 |

注:G—Ground　　　　　F—In-flight
　　T—Takeoff　　　　　F1—Climb　　　　F3—Descent
　　L—Landing　　　　　F2—Cruise　　　　F4—Approach

4）确定失效状态影响分类

根据分析后的失效影响,对失效影响进行分类,并提供相应的支撑材料和验证方法。

5）输出飞机级功能危险性评估结果

在以上四步完成之后,就完成了既定功能的 FHA 分析。表 4-5 给出了飞机级功能危险性评估示例表。

表 4-5 飞机级功能危险性评估示例

| 功能 | 失效状态 | 飞行阶段 | 危险对飞机或人员的影响 | 影响等级 | 影响等级的支撑材料 | 验证方法 | 附注 |
|---|---|---|---|---|---|---|---|
| 推力产生控制 | 完全丧失推力 | T F1~F4 L | 飞机:丧失绝大部分电源、液压源、气源,飞机空中或者 $v_1$ 速度之后彻底失去推力而坠毁<br>机组:飞行机组无法控制飞机保持继续飞行或者安全降落,可能因飞机的坠毁而死亡<br>乘客:可能在飞机损毁时绝大部分或者全部死亡 | I | | 定量 FMEA<br>定量 FTA<br>CCA | |
| | 丧失单侧推力 | T F1~F4 L | 飞机:丧失部分电源、液压源、气源,导致飞机空中或者高速滑跑时突然开始单发运行,安全裕度明显降低<br>机组:明显地增加了工作负担<br>乘客:无 | III | 需性能分析与飞行试验来验证故障影响等级 | 定性 FMEA<br>定性 FTA | |
| 推力控制 | 丧失两侧推力控制能力(不含停车) | T F1~F4 L | 飞机:$v_1$ 之后或者空中,可能出现不可控高推力,导致不能安全着陆而损毁<br>机组:驾驶员无法控制飞机推力,最终由于飞机损毁而死亡<br>乘客:可能在飞机损毁时绝大部分或者全部死亡 | I | 需操稳性能分析计算的结果确定故障影响 | 定量 FMEA<br>定量 FTA<br>CCA | |
| | 丧失单侧推力控制能力(不含停车) | T F1~F4 L | 飞机:$v_1$ 之后或者空中,导致单侧推力过大或不足超出预期区间,导致飞机短时间内不能准确控制<br>机组:驾驶员短时间内无法准确操纵飞机推力,需要紧急关车,明显地增加了工作负担<br>乘客:无 | III | 需性能分析与飞行试验来验证故障影响等级 | 定性 FMEA<br>定性 FTA | |
| 地面速度控制 | 完全丧失地面速度控制功能 | T L | 飞机:在中断起飞、着陆时,机组无法控制飞机速度,导致飞机高速冲出跑道,甚至彻底损毁<br>机组:可能由于飞机的损毁而死亡<br>乘客:可能由于飞机的损毁而绝大部分或者全部死亡 | I | | 定量 FMEA<br>定量 FTA<br>CCA | |

（续表）

| 功能 | 失效状态 | 飞行阶段 | 危险对飞机或人员的影响 | 影响等级 | 影响等级的支撑材料 | 验证方法 | 附注 |
|---|---|---|---|---|---|---|---|
| 地面速度控制 | 完全丧失地面速度控制功能 | G | 飞机：飞机不能停止在滑行道上或出入口，可能导致飞机低速与候机楼、飞机或车辆接触<br>机组：操纵飞机避开任何障碍物，并请求牵引或可移动扶梯，增加了驾驶员的工作负担<br>乘客：不舒服 | Ⅲ | 需飞行试验或模拟器试验的结果确定故障影响 | 定量 FMEA<br>定量 FTA | |
| | | L | 飞机：无<br>机组：选择更加适用的机场，通知紧急地面支援，并为乘员作好飞机着陆冲出跑道的准备，较大的增加了工作负担<br>乘客：无 | Ⅲ | 需飞行试验或模拟器试验的结果确定故障影响 | 定量 FMEA<br>定量 FTA | |
| | | G | 飞机：不能在障碍物前充分将飞机停止，导致飞机低速碰撞<br>机组：轻微地增加驾驶员的工作负担<br>乘客：无 | Ⅳ | 需飞行试验或模拟器试验的结果确定故障影响 | 定性 FMEA<br>定性 FTA | |
| | 未通告的部分丧失地面速度控制功能 | T L | 飞机：在中断起飞、着陆时，不能在跑道端部前完全减速飞机，导致飞机可能冲出跑道，造成飞机损坏<br>机组：极大地增加了驾驶员工作负担，可能受伤<br>乘客：可能造成个别乘客受伤或死亡 | Ⅱ | 模拟器试验和分析材料 | 定量 FMEA<br>定量 FTA<br>CCA | |
| | | G | 飞机：不能在障碍物前充分将飞机停止，导致飞机低速碰撞<br>机组：轻微地增加驾驶员的工作负担<br>乘客：无 | Ⅳ | 需飞行试验或模拟器试验的结果确定故障影响 | 定性 FMEA<br>定性 FTA | |
| | 非指令性地面减速 | T | 飞机：$v_1$ 后非指令减速，可能导致高速冲出跑道，甚至彻底损毁<br>机组：可能由于飞机的损毁而死亡<br>乘客：可能由于飞机的损毁而绝大部分或者全部死亡 | Ⅰ | | 定量 FMEA<br>定量 FTA<br>CCA | |

（续表）

| 功能 | 失效状态 | 飞行阶段 | 危险对飞机或人员的影响 | 影响等级 | 影响等级的支撑材料 | 验证方法 | 附注 |
|---|---|---|---|---|---|---|---|
| 地面方向控制 | 地面方向控制功能完全丧失 | T，L | 飞机：飞机可能冲出跑道，飞机损坏<br>机组：通告紧急地面支援，在着陆时使用紧急着陆程序。可能导致机组伤亡<br>乘客：可能由于飞机冲出跑道造成乘客伤亡 | I | | 定量 FMEA<br>定量 FTA<br>CCA | |
| | | G | 飞机：无<br>机组：机组发现飞机偏离航向并操纵飞机使飞机停下，轻微地增加工作负担<br>乘客：无 | IV | 需飞行试验或模拟器试验的结果确定故障影响 | 定性 FMEA<br>定性 FTA | |
| | 非指令转弯 | T，L | 飞机：飞行员来不及做出反应，导致飞机冲出跑道与候机楼，飞机或车辆接触<br>机组：可能造成机组人员受伤<br>乘客：可能造成个别乘客受伤或死亡 | I | | 定量 FMEA<br>定量 FTA<br>CCA | |
| | | G | 飞机：无<br>机组：机组发现飞机偏离航向并操纵飞机使飞机停下<br>乘客：无 | IV | 需飞行试验或模拟器试验的结果确定故障影响 | 定性 FMEA<br>定性 FTA | |

注：G—Ground　　　　　F—In-flight
　　T—Takeoff　　　　　F1—Climb　　　　　F3—Descent
　　L—Landing　　　　　F2—Cruise　　　　　F4—Approach

## 4.6　SFHA

### 4.6.1　SFHA 过程

图 4-3 给出了系统级 FHA 过程。该过程与飞机级 FHA 过程类似，区别在于系统级 FHA 分析的顶层需求来自飞机级 FHA 衍生的安全性需求及系统适用的规章。

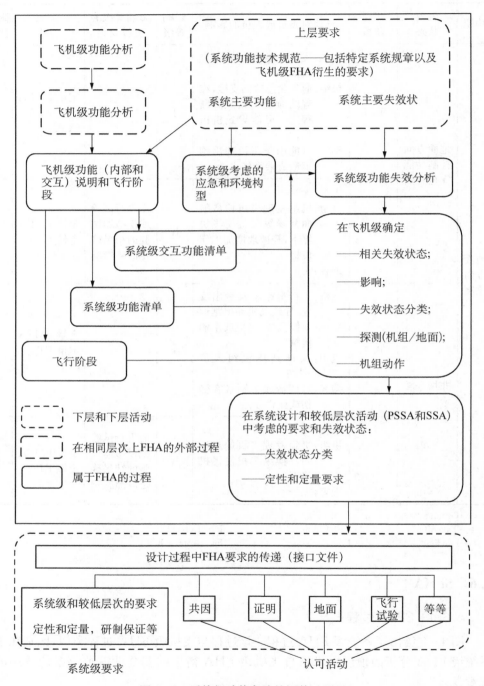

图 4-3　系统级功能危险性评估过程图

## 4.6.2　SFHA 示例

1）确定系统功能

表 4-6 给出了飞控系统的几个典型功能示例。

表 4-6　飞控系统典型功能示例

| 系统级功能 | 对应的飞机级功能 |
|---|---|
| 地面扰流板控制 | 地面速度控制 |
| 方向舵控制 | 地面方向控制 |
|  | 偏航控制 |
| 副翼控制 | 滚转控制 |
| 升降舵控制 | 俯仰控制 |
| 水平安定面控制 |  |
| 襟缝翼控制 |  |

2）确定失效状态

表 4-7 给出了表 4-6 列出的系统级功能及其可能被考虑的相关失效状态例子。

表 4-7　系统级功能及其可能被考虑的相关失效状态示例

| 系统级功能 | 失效状态 |
|---|---|
| 地面扰流板控制 | 丧失地面扰流板控制功能 |
|  | 地面扰流板控制非指令性动作 |
| 方向舵控制 | 丧失方向舵控制功能 |
|  | 方向舵非指令性偏转 |
| 副翼控制 | 丧失副翼控制功能 |
|  | 副翼非指令性动作 |
| 升降舵控制 | 丧失升降舵控制功能 |
|  | 升降舵非指令性动作 |
| 水平安定面控制 | 丧失水平安定面控制功能 |
|  | 水平安定面非指令性配平 |
| 襟缝翼控制 | 丧失襟缝翼控制功能 |
|  | 襟缝翼非指令性动作 |

3）确定失效状态影响分析

表 4-8 给出了一些失效状态影响分析示例。

**表 4 - 8　失效状态影响分析示例**

| 失效状态 | 飞行阶段 | 失效状态影响 |
|---|---|---|
| 丧失方向舵控制功能 | T, L<br>F1~F4 | 飞机:航向稳定性大幅下降<br>机组:航向控制能力大幅下降<br>乘客:可能严重受伤或个别死亡 |
| | G | 无影响 |
| 方向舵非指令性偏转 | T, L | 飞机:飞机高速时,可能偏离跑道,并与候机楼、飞机或车辆接触<br>机组:操作飞机紧急刹车,可能受伤<br>乘客:可能严重受伤或个别死亡 |
| | G | 飞机:飞机偏离航向<br>机组:机组发现飞机偏离航向并操纵飞机减速停止<br>乘客:无 |
| | F1~F4 | 飞机:飞机偏离航向<br>机组:机组发现飞机偏离航向并操纵飞机恢复正常航向<br>乘客:无 |
| 丧失副翼控制功能 | T, L<br>F1~F4 | 飞机:滚转姿态控制不足,可能坠毁<br>机组:无法控制飞机的滚转姿态,可能因飞机损毁而死亡<br>乘客:可能由于飞机损毁而死亡 |
| | G | 无影响 |
| 副翼非指令性动作 | T, L<br>F1~F4 | 飞机:可能产生不可控的横滚力矩,飞机失控,甚至彻底损毁<br>机组:无法控制飞机,可能因飞机损毁而死亡<br>乘客:可能由于飞机损毁而死亡 |
| | G | 无影响 |

注:G—Ground　　　　　F—In-flight
　　T—Takeoff　　　　　F1—Climb　　　　　F3—Descent
　　L—Landing　　　　　F2—Cruise　　　　　F4—Approach

4) 系统级功能危险性评估表示例

表 4 - 9 给出了完整的系统级功能危险性评估表例子。

**表 4 - 9　系统级功能危险性评估表示例**

| 功能 | 失效状态 | 工作状态或飞行阶段 | 危险对飞机或人员的影响 | 影响等级 | 影响等级的支撑材料 | 验证方法 | 附注 |
|---|---|---|---|---|---|---|---|
| 方向舵控制 | 丧失方向舵控制功能 | T, L<br>F1~F4 | 飞机:航向稳定性大幅下降<br>机组:航向控制能力大幅下降<br>乘客:可能严重受伤或个别死亡 | Ⅱ | | 定量 FMEA<br>定量 FTA | |

（续表）

| 功能 | 失效状态 | 工作状态或飞行阶段 | 危险对飞机或人员的影响 | 影响等级 | 影响等级的支撑材料 | 验证方法 | 附注 |
|---|---|---|---|---|---|---|---|
| 方向舵控制 | 方向舵非指令性偏转 | T，L | 飞机：飞机高速时，可能偏离跑道，并与候机楼、飞机或车辆接触<br>机组：操作飞机紧急刹车，可能受伤<br>乘客：可能严重受伤或个别死亡 | II | | 定量 FMEA<br>定量 FTA | |
| | | G | 飞机：飞机偏离航向<br>机组：机组发现飞机偏离航向并操纵飞机减速停止<br>乘客：无 | III | 需飞行试验或模拟器试验的结果确定故障影响 | 定量 FMEA<br>定量 FTA | |
| | | F1～F4 | 飞机：飞机偏离航向<br>机组：机组发现飞机偏离航向并操纵飞机恢复正常航向<br>乘客：无 | IV | 需飞行试验或模拟器试验的结果确定故障影响 | 定性 FMEA<br>定性 FTA | |
| 副翼控制 | 丧失副翼控制功能 | T，L<br>F1～F4 | 飞机：滚转姿态控制不足，可能坠毁<br>机组：无法控制飞机的滚转姿态，可能因飞机损毁而死亡<br>乘客：可能由于飞机损毁而死亡 | I | | 定量 FMEA<br>定量 FTA<br>CCA | |
| | 副翼非指令性动作 | T，L<br>F1～F4 | 飞机：可能产生不可控的横滚力矩，飞机失控，甚至彻底损毁<br>机组：无法控制飞机，可能因飞机损毁而死亡<br>乘客：可能由于飞机损毁而死亡 | I | | 定量 FMEA<br>定量 FTA<br>CCA | |

## 练习题

**1.** 开展功能危险性评估工作的目的是什么？

**2.** 功能危险性评估分几个步骤？具体是什么？

**3.** 功能危险性评估需要哪些输入？与其他安全性评估技术的关系是什么？

# 第 5 章  初步系统安全性评估

## 5.1  引言

FHA 初步完成后，需要结合系统架构，开展初步系统安全性评估（Preliminary System Safety Assessment，PSSA）。该评估是整机或系统安全性评估过程的关键环节之一，也是系统顶层安全性工作与软件/硬件安全性工作的桥梁。通过该评估，可将顶层的安全性需求向子系统及设备级分配，是实现自上而下设计理念的核心部分。本章针对 PSSA 过程进行了详细介绍，分别说明 PSSA 评估的层次与时机、分析的假设前提，以及包括输入输出在内的评估过程，最后提供简单的 PSSA 评估示例，以助于读者理解。

## 5.2  PSSA 作用与目的

PSSA 过程与设计过程相互作用、紧密关联，在整个设计周期内连续迭代进行。其通过对推荐的系统架构进行系统地检查，以确定故障是如何导致 FHA 中所确定的失效状态的，以及如何能够满足 FHA 中所确定的定量与定性的安全性目标与需求，同时将系统级功能危险性评估中产生的系统安全性需求（概率、研制保证等级等）分配给子系统/设备，将设备级安全性需求分配到软件和硬件，从而确定系统各层次级设计的安全性需求和目标，为系统设计与研制活动、SSA 等活动提供必要的输入，见图 5-1。

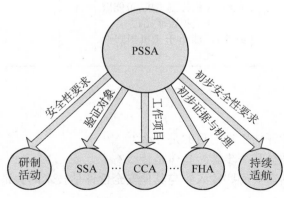

图 5-1  PSSA 对其他活动的作用

PSSA 的作用与目的主要有以下几点：

（1）探究导致 FHA 中所识别确定的功能危险性的机理，并确定满足 FHA 的途径；

（2）根据初步的数据、信息和系统详细的架构，来证明与 FHA 中失效状态相关的安全性定性和定量需求得以满足；

（3）确定系统各层次定性的和定量的安全性需求（如功能和软硬件的 DAL 需求、概率需求等），一般这些需求将包含在产品技术规范等文件中内；

（4）确定对相关活动的安全性需求，如安装、维修、运行需求手册等；

（5）确定所提出架构和所制订的方案满足飞机/系统的安全性顶层需求和安全性目标；

（6）确定对其他系统、接口和交互功能的安全性需求等；

（7）产生 FTA 中所使用的独立性假设清单，以便于确认与验证；

（8）确定共模分析的输入等。

对于所分析的系统，PSSA 阐明在 FHA 中所确定识别的所有重要的故障失效状态，分析方法可定性，也可定量，其使用的定性或/和定量分析方法将由失效状态影响危险等级、复杂程度、相似系统服役经验等综合分析来确定，详见图 3-4。

## 5.3　PSSA 分析层次与时机

PSSA 可以在多个层次上开展，最高级别的 PSSA 是从飞机级或/和系统级 FHA 展开的，较低层次的 PSSA 是从较高层次的 PSSA 展开的，并随着系统设计逐步深入与清晰，PSSA 将建立系统各层次的安全性需求，其最低能够确定安全性需求的层次是软件和硬件级层次。PSSA 通常以 FTA（有时使用 DD 或 MA）的形式进行（DD 或 MA 也可以），同时也包括 CCA 共因分析方面的内容。一般来说，PSSA 包括如下层次的安全性工作：

（1）飞机级/系统级的 PSSA 工作；

（2）子系统级 PSSA 工作（若需要）；

（3）组件级的 PSSA 工作。

概念设计阶段故障树分析是 PSSA 过程的主要内容之一，表 5-1 给出了 FTA 从飞机级到低层级包含的层次与相应的安全性活动。

表 5-1　FTA 边界实例

| FTA 约定层次 | FTA 边界 | 在约定层次上的 FTA 特性 |
|---|---|---|
| A/C | A/C 块图表 | FHA/PSSA:对组成一个 A/C 层功能的主要系统进行概率预计与 DAL 确定与分配，辩识引起 A/C 层失效状态的故障影响 |
| 系统<br>组件 | 系统框图<br>组件功能框图 | FHA/PSSA:对系统内部的组件进行概率预计与 DAL 分配<br>PSSA:对组件内部的各功能块进行概率预计和 DAL 分配（如，分配硬件和软件功能） |

（续表）

| FTA 约定层次 | FTA 边界 | 在约定层次上的 FTA 特性 |
| --- | --- | --- |
| 组件功能模块 | 组件原理简表<br><br>软/硬件功能元件 | PSSA：在组件功能模块范围内，对不同功能电路及其各自的监控器进行概率预计。将研制保证等级分配给软件和硬件。<br>SSA：在定量评估中，当一个电路组的失效率不符合安全性要求时，通过失效率对特殊部件的重要度进行评估（如，ARINC129 的失效率）。分析者也可以利用硬件的故障模式及其发生率进行评估 |

PSSA 一般开始于初步设计阶段，并在初步设计阶段结束前基本完成 PSSA 的相关活动，以为签订合同提供安全性方面的需求与依据。随着设计的不断深入，以及确认和验证活动的开展，PSSA 也在不断地完善和迭代。

## 5.4　PSSA 分析假设

在进行相关的 PSSA 相关分析的过程中，可能使用和（/或）产生了许多假设，这些假设除了需要进一步的确认与验证外，还需进行有效的管理，并以确保假设的完整性、正确性和可追溯性。其中 PSSA 中所使用或产生的假设主要包括故障树中"与"门的独立性假设、平均飞行时间、故障分布类型以及设计中的假设等，下面将对主要的上述假设做简要的介绍，以帮助理解 PSSA 中的分析假设。

### 5.4.1　故障分布类型假设

在进行 PSSA 和 FTA 的计算、预计和分配时，一般假设系统的故障服从指数分布，而指数分布里的故障率 $\lambda(t)$ 服从浴盆曲线分布，见图 5-2。从图中可看到 $\lambda(t)$ 的变化大致可分成三种类型：

（1）早期故障阶段。在产品开始使用的早期出现，其特点是开始故障率较高，但随时间增加，早期故障的排除，故障率迅速下降。

（2）偶然故障阶段。这期间故障率较低，且持续时间较长，其特点是故障率近

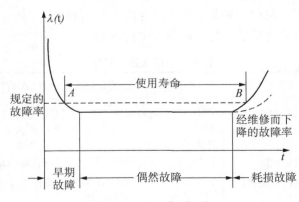

图 5-2　浴盆曲线

似常数。

（3）耗损故障阶段。产品工作较长时间后出现，其特点是随时间的增加，故障率迅速上升。

而一般来说，在进行 PSSA 过程计算时，假设 $\lambda(t)$ 为偶然故障时期的恒定值，其恒定值即为浴盆曲线盆底所对应的值（图 5-2）。

### 5.4.2　典型平均飞行时间

在计算暴露时间和进行 PSSA 定量分析时，需要确定一参数值——平均飞行时间。顾名思义，平均飞行时间是指飞机飞行一个循环（起落）所使用的时间，以小时为单位，故也称平均飞行小时。平均飞行时间根据飞机类型和任务剖面的不同而不同，其准确的数值应结合以往的经验和用户的需求，由市场统计而得出，表 5-2 给出了不同类型飞机平均飞行小时时间的示例。

**表 5-2　不同机型典型平均飞行时间示例**

| 飞机类型 | 支线飞机 | 窄体飞机 | 宽体飞机 |
| --- | --- | --- | --- |
| 平均飞行时间 | 1h 左右 | 2~4h | 4h 之上 |

### 5.4.3　"与"门的独立性假设

"与"门的独立性假设是深入进行故障树分析（FTA）和将 PSSA 进行到最底层级的条件和基础。对于危险影响等级比较高的"与"门故障树，还需要进行独立性的进一步确认和验证，主要通过 FMEA，CMA，PRA，ZSA 等方法来进行。以"所有处理器和所有总线失效"为例（见图 5-3），在"与"门的独立性假设前提下，当"所有处理器失效"和"所有总线失效"这两个事件中全部发生时，在"与"门的独立性假设的前提下，其顶事件"所有处理器或所有总线失效"顶事件概率计算如下：

$P$（所有处理器和所有总线失效）＝所有处理器失效（$\mathrm{prob}(P_0)$）×所有总线失效（$\mathrm{prob}(B_0)$）

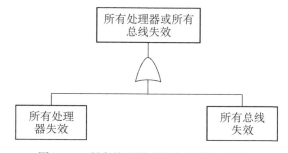

图 5-3　所有处理器或所有总线失效示例

### 5.4.4　其他分析假设

PSSA 中所使用和产生的假设很多，需要在分析和设计时进行一一辨识和确

认。除前面所叙述的分析假设外,还存在其他一些分析假设,主要包括:

(1)故障树定量分析中的一些假设,如假定软件和人的操作是完全可靠的,其故障率为零。

(2)产品特定的假设,产品的存储环境等。

(3)运行环境的假设,包括运行高度,温度、湿度等。

(4)对于机械零部件或电气元件,可参考 NPRD-95《非电子零部件可靠性数据》和有关的国内外资料。

(5)对飞机级 FHA,PASA 和系统级 FHA 所使用的假设,在 PSSA 中进行分配给的相应确认工作。

(6)设计方面的假设。如故障监控探测范围的假设,当监控包含在故障树里时,可以进行两个假设:

① 监控器对执行功能的组件提供 100% 有效范围的故障探测;

② 监控器验证的"擦净"效果,验证监控器是完全工作的。

不过令人遗憾的是,现实中监控器不可能提供 100% 有效范围,分析人员应微调故障树,以计入未涉及的范围。

(7)其他假设。

## 5.5 PSSA 输入

在进行 PSSA 时需要具备必要的条件和输入,其主要包括以下几个方面:

(1)飞机级 FHA 所确定识别的失效状态及相关需求(包括 DAL、概率需求等);飞机级 FTA。

(2)系统级 FHA 所识别确定的失效状态及相关需求。

(3)初步的 CCA。

(4)推荐或确定的系统架构。

(5)与其他系统的接口和相互关系。

(6)系统设备清单及其功能等。

PSSA 的输入包含的内容比较广泛丰富,也很复杂,并且在不同的层级其 PSSA 的输入及相互关系也有所不同,以 PSSA 过程中的 FTA 顶事件来源为例,其可能来源于飞机级 FHA、PASA、系统级 FHA、上一级的 FTA 等,其各层级 FTA 顶事件来源示例见表 5-3。

表 5-3 顶事件的来源

| FTA 约定层次 | 顶事件的来源 | FTA 约定层次 | 顶事件的来源 |
| --- | --- | --- | --- |
| 飞机级 | 飞机级 FHA | 组件级 | 系统级 FTA |
| 系统级 | 系统级 FHA 和/或飞机级 FHA 和/或飞机级 FTA | 组件功能块 | 组件级 FAT |

## 5.6　PSSA 分析过程

　　PSSA 是一种自上而下的分析方法,根据系统级 FHA 失效状态等级对预期的架构及其实施情况进行系统性的评估,输出系统/组件的安全性需求。在对系统架构进行初步评估时,应充分进行 CCA,对系统设计实施的功能冗余度、功能隔离和功能独立性进行评判。

　　PSSA 主要输入有两个:一是系统级功能危险性评估,二是系统架构。系统级功能危险性评估主要产生 PSSA 过程中要分析的失效状态及其类别;系统架构则给出了系统的组成、设备清单及相应功能。

　　由 PSSA 中的故障树底事件产生的安全性需求应传递到故障模式与影响分析的分析者手中。这些信息可以帮助分析者决定 FMEA 分析的重点和深度。

　　系统级 PSSA 的实施过程如图 5 - 4 所示,图中给出了各过程需要完成的工作和目标。

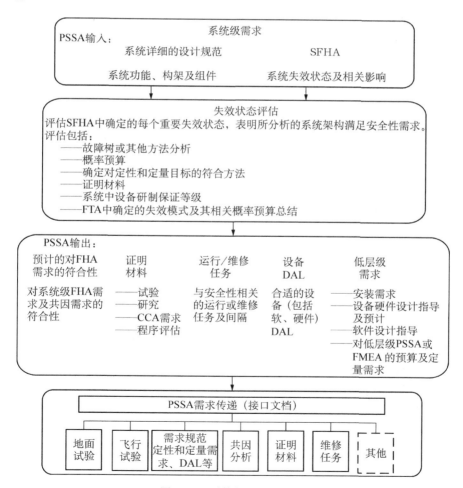

图 5 - 4　系统级 PSSA 过程

由图 5 - 4 可见, PSSA 过程主要包括以下三个部分:

(1) 分析系统的安全性需求;

(2) 评估失效状态;

(3) 输出底层设计的安全性目标及需求。

### 5.6.1　分析系统安全性需求

飞机级功能危险性评估(FHA)和初步共因分析(CCA)过程为飞机设计制定初始的安全性需求;同样,系统级功能危险性评估(SFHA)和初步共因分析(CCA)过程也为系统设计制定初始的安全性需求。

实施 PSSA,首先要分析这些初始的安全性需求以及系统的初步设计/架构决策,形成一套完整的系统安全性需求。

#### 5.6.1.1　获得必需的原始资料

PSSA 的主要输入是系统级 FHA 以及系统架构,因此实施 PSSA 的第一步是获得所必需的原始资料包括:

1) 系统功能和定义

这方面的资料应能够说明系统的主要功能和性能、各功能可能的工作模式、功能的复杂性和新颖性、飞机运行剖面、与运行有关的特殊飞机构型、功能对飞机运行的限制、系统与其他关联系统的界面等内容。如相关技术文件和图纸等。

2) 系统架构设计

这方面的资料应能够说明系统初步设计的方案,实现系统功能的初步架构,为满足系统设计需求和安全性目标所采取的基本原则、保护措施等方面的内容。

3) FHA 功能危险性评估结果

评估结果主要指飞机级功能危险性评估(AFHA)和系统级功能危险能性评估(SFHA)的结论,重点关注灾难性的和危险的失效状态。若有必要,重大的失效状态也应纳入考虑。

4) 初步共因分析 CCA 结果

共因分析(CCA)包括区域安全分析(ZSA)、特定风险分析(PRA)和共模分析(CMA)。

在实施初步系统安全性评估 PSSA 的过程中,应根据工程经验及系统初步设计方案分析所有可能的共因源,作为系统初步方案选择和安全性评估的依据之一,如保护措施、安装位置确定等。

5) 支持数据

这方面的资料包括对系统进行定性和定量评估所必要的数据,包括设备、部件和元件的基本失效率、失效模式以及设备或部件的 MTBF 等,如可靠性预计报告、FMEA/FMES 等。

在这些支持数据不能完全获取时,应根据工程经验数据的积累和供应商的支持获取相应数据。

### 5.6.1.2　安全性需求及目标

根据输入获得的原始资料,应列出系统所有的安全性需求及目标,作为系统初步安全性评估 PSSA 的依据。通常安全性需求及目标重点关注灾难性的和危险的失效状态,可采用表 5-4 所示的形式给出。

表 5-4　安全性需求及目标

| 序号 | 失效状态编号 | 失效状态 | 影响类别 | 安全性目标 |
|---|---|---|---|---|
| 1 | 27-50-01 | 襟缝翼系统非指令性动作 | I | $10^{-9}$/fh DAL A |
| 2 | 27-50-02 | 外襟翼操纵面非对称放下 | I | $10^{-9}$/fh DAL A |
| … | … | …… | … | … |

在系统架构和设备(硬件或者软件)中,各功能的实现或综合可能会导致新的功能出现,从而产生新的失效状态,这些新的失效状态应反馈到 FHA 中进一步考虑。各种功能的实现也可能会衍生出新的需求(如隔离需求和使用需求)。这些新的需求和失效状态可能需要在 PSSA 或 FHA 中附加材料来证明其正确性。

### 5.6.2　初步评估失效状态

对系统功能危险性评估(SFHA)中的每个重要的失效状态(包括灾难性的、危险的、重大的失效状态)进行安全性评估。PSSA 通常采用 FTA 作为分析工具,此外也可使用 DD 或 MA,但 FTA 更有利于技术/审定当局评估和审查。采用 FTA 分析方法的评估过程主要完成两部分工作:

(1) 建立每个失效状态的故障树;

(2) 评估预期系统设计/架构的符合性和安全性需求。

#### 5.6.2.1　建立失效状态的故障树

故障树分析(FTA)是实施 PSSA 和 SSA 的重要分析方法和有力工具。FTA 在安全性评估中的作用如下:

(1) 量化故障树中顶事件(FHA 中确定的失效状态)发生的概率;

(2) 将顶层的安全性目标向下分配给较低层;

(3) 通过定性评估和定量评估的结合,查看研发错误的影响;

(4) 评估单个和多个故障的影响;

(5) 评估暴露时间、隐蔽潜在故障和处于风险的时间对系统的整体影响;

(6) 评估共因故障源;

(7) 故障安全设计属性的评估(故障容许和错误容许);

(8) 评估设计更改对安全性的影响。

建立失效状态的故障树的目的是表明部件失效或外部事件如何组合导致所考虑失效状态的发生。失效状态故障树的建立应按照以下步骤实施:

（1）确定分析的范围和边界。

应透彻掌握系统设计意图、结构、功能、边界（包括人机接口）和环境状况，必要时，给出功能方框图或详细的系统架构图。应注明，分析包含哪些失效和不包含哪些失效。

（2）定义约定规则。

这些约定规则包括建树的程序以及故障树中的事件和门的命名规则，还包括特定部件失效、人为错误和共因失效的建模方式的统一规则。这些约定规则的建立有助于不同的人建立故障树时保持良好的一致性，保证故障树易于理解和分析。

（3）根据失效机理建立故障树。

由失效状态即故障树的顶事件开始，自上而下，逐层分析系统中每个部件的功能失效及其组合是如何导致顶事件发生的。根据分析的失效机理，采用故障树规定的逻辑符号，建立一棵完整的故障树。故障树分析的方式方法将在本书第 7 章进行详细介绍。

### 5.6.2.2　评估系统构架

根据每棵重要的失效状态的故障树，对系统架构实施初步安全性评估。评估包括：

（1）表明设备的组合失效是如何导致失效状态的发生。

（2）确保故障树中"与门"的独立性。为确保独立性应确定以下工作：

① 所有分离/隔离需求以及共因分析中相关的验证需求；

② 通过试验（地面或飞行试验）来验证独立性；

③ 共因失效分析（包括区域安全性分析、特定风险分析和共模分析）。

（3）表明建议的系统架构和失效概率预算能够满足相关失效状态的定性和定量需求及目标。

（4）确定故障树中潜在故障的最大维修任务间隔周期。

（5）确定故障树分析中相关设备、软件及硬件的研制保证等级。

（6）对软件和硬件研制中产生的重要衍生需求进行评估（如适用）。

（7）误操作。

在系统设计过程中，实施 PSSA 过程时并不一定能获得设备级的详细设计数据。因此，对 PSSA 中失效状态评估必须部分依赖于工程判断和具有相似设计的机型运营经验。这一过程反复迭代，在设计进展中不断完善。

### 5.6.3　产生低层级设备设计的安全性需求

在系统级衍生出的每个安全性设计需求应分配到组成系统的各个设备。需求的分配包括：

（1）更新的失效状态清单，包括所选系统架构如何满足安全性需求（定性和定量）的基本原理；

（2）分配到各个设备（包括软/硬件）的安全性需求（定性的和定量的）；

（3）安装设计的需求（分隔、隔离、保护等）；

（4）硬件/软件研制保证等级；

（5）安全性定量概率需求；

（6）安全性维修任务及最大维修时间间隔。

在系统级 PSSA 故障树分析中确定的失效模式及其相关的概率预算是低层级设备详细设计的基础。

## 5.7　PSSA 的输出结果

### 5.7.1　输出文件

通过进行和完成 PSSA 过程，将产生各层级的 PSSA 分析结论，并为系统设计、低一层级的 PSSA 和 SSA 验证提供输入。其中分析结论包括：

（1）低层级的系统或设备的安全性需求（故障概率、环境合格鉴定要求、闪电/HIRF 要求等）；

（2）安装需求（隔离、分离等）；

（3）功能和软/硬件的研制保证等级；

（4）安全性维修任务和运行任务等。

将这些结果形成文件进行归档，以便对完成 PSSA 报告的步骤进行跟踪。相关保留文件和信息包括：

（1）计划对 FHA 需求的符合性方法；

（2）更新的 FHA；

（3）支持失效状态分类的材料；

（4）失效状态清单；

（5）低层级的安全性需求（包括研制保证等级）；

（6）定性的 FTA；

（7）初步 CCA；

（8）运行需求（飞行和维修）。

### 5.7.2　输出给低层级的 PSSA

PSSA 可能在子系统或设备上实施。低层级 PSSA 的输入是在上一层级 FHA/PSSA 中确定的相关失效影响、定性需求、概率预算和研制保证等级。在获得上一层级 PSSA 的输出后，低层级的 PSSA 可按照以上过程实施。

### 5.7.3　PSSA 与 SSA 之间的联系

系统安全性评估（SSA）是验证 SFHA 中重要失效状态的安全性需求和目标已被满足的一种自下而上的方法。PSSA 的输出应作为 SSA 过程的输入之一。对于不同层次上所实施的每一 PSSA，应存在相应的 SSA。

## 5.8 机轮刹车系统 PSSA 简单示例

### 5.8.1 系统描述

机轮刹车系统(Wheel Brake System，WBS)安装在两个主起落架上面,在飞机滑行、着陆及中断起飞(RTO)阶段可通过其对主轮的制动来达到飞机安全停止的目的。该型飞机的机轮刹车系统的初步原理如图 5-5 所示,其功能还包括防止飞机停场时的无指令动作,以及飞机滑行时通过对主轮采取微小的制动对其运动方向进行控制,同时 WBS 还能在主轮被收起时防止主轮转动。

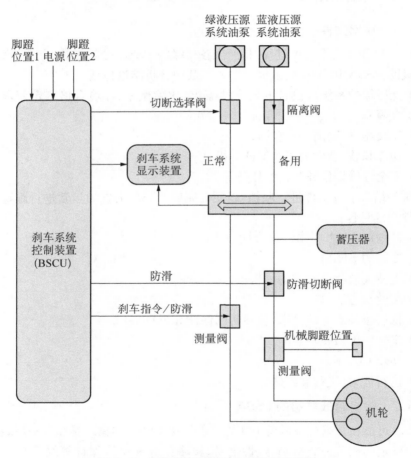

图 5-5   机轮刹车系统初步设计框原理图

地面刹车可以通过刹车踏板脚蹬进行人工控制,也可以在没有刹车踏板脚蹬输入的情况下通过自动刹车进行控制,飞行员可以在飞机起飞或着陆之前为自动刹车预先设置好减速率。只有主用刹车系统工作时自动刹车才能使用,备用与应急刹车模式下都没有自动刹车。

　　该型飞机的八个主轮均采用多片式碳刹车。根据系统级 FHA 确定的安全性需求,所有机轮的刹车功能失效的概率应当小于 $5 \times 10^{-7}$ /飞行次数,每一个刹车都由两套相互独立的液压系统来控制。一套是绿色液压系统,在正常模式下为主用刹车系统提供液压源;另一套是蓝色液压系统,为备用刹车系统提供液压源,当正常刹车系统故障时将自动切换到备用刹车系统进行工作,此系统也可以由蓄电池提供动力来驱动刹车。在紧急刹车模式下(蓝色液压系统失效同时主用刹车系统也不可用时),蓄电池将为备用系统提供动力。在不同的故障情形下,控制开关可自动转换,也可人工选择。当绿色液压供应系统本身的损失或刹车系统控制组件(Brake System Control Unit, BSCU)的移动存在故障时,绿色液压系统压力将减少到初始值以下,这时自动选择器会启用备用刹车系统。无论在正常模式和备用模式下,当所有机轮的速度超过 $2\,\mathrm{m/s}$ 时,必须启用防滑功能。

　　在正常刹车模式下,八个主轮均通过各自的伺服阀独立完成刹车与防滑功能。当启用备用系统时,一个双测量阀通过四个伺服阀执行刹车功能,四个伺服阀为四对主轮提供防滑功能。当正常模式下主用刹车系统工作时,备用刹车系统的不工作。

　　在正常模式下,刹车踏板脚蹬的位置会通过电信号反馈到刹车系统控制计算机中,然后转换成相应的控制信号输给刹车。此外,刹车系统控制计算机会监控飞机及其系统状态的各种信号,从而实现正确刹车的功能,并改善系统容错能力。刹车系统控制计算机通常被称为"刹车系统控制组件(BSCU)",它会自动实现如下功能:

　　(1) 代替人工刹车(通过刹车踏板脚蹬),或实现自动控制(着陆过程中,通过自动驾驶仪指令驱动自动刹车);

　　(2) 控制与飞机其他系统的接口;

　　(3) 依照收到的指令和系统的状态发出刹车命令;

　　(4) 自动避免飞机主轮滑动;

　　(5) 传输有关 BSCU 的状态信息(通过显示器指示、报警灯、警告音等方式)给驾驶舱以及飞机的各种控制计算机。

### 5.8.2　PSSA 输入

PSSA 的输入为飞机级、系统级 FHA 以及共因故障分析(CCA)中确定的各项安全性需求(注:本书中假定飞机平均飞行持续时间为 5 小时)。

　　(1) 在飞机着陆或 RTO 阶段,"机轮的刹车功能完全丧失(包括通过通告与未通告)"的发生概率必须小于 $5 \times 10^{-7}$ /飞行次数;

　　(2) 在飞机的着陆过程中,"机轮刹车非对称失效同时前轮与方向舵控制功能丧失"的发生概率必须小于 $5 \times 10^{-7}$ /飞行次数;

　　(3) 在飞机起飞过程中,所有锁定机轮发生"$v_1$ 速度前无指令刹车"的概率必须小于 $5 \times 10^{-7}$ /飞行次数;

　　(4) 在飞机起飞过程中,所有锁定机轮发生"$v_1$ 速度后无指令刹车"的概率必须小于 $5 \times 10^{-9}$ /飞行次数;

（5）在飞机起飞过程中，任一锁定机轮发生"未通告的无指令刹车"概率应小于 $5 \times 10^{-9}$ / 飞行次数；

（6）机轮刹车系统和反推系统的设计方案应能排除共因故障（疲劳爆裂、火灾、结构失效等）的发生；

（7）机轮刹车系统和反推力系统的设计应排除所有可能发生的共模故障（液压系统、电子系统、维修、维护、操作、设计、制造等）。

飞机刹车系统设计特性必须满足的安全性需求如表 5-5 所示。

表 5-5　机轮刹车系统安全性需求与设计方案

| 安全性需求 | 设计方案 | 备注 |
| --- | --- | --- |
| （1）在飞机着陆或 RTO 阶段，"机轮的刹车功能完全丧失（包括通过通告与未通告）"的发生概率必须小于 $5 \times 10^{-7}$ / 飞行次数。 | 一套以上液压系统驱动，双通道 BSCU 和多模式刹车操作。 | 完整的机轮刹车系统总的可用性能够相当地合理地满足这一需求。可参见下面的 PSSA FTA。 |
| （2）在飞机的着陆过程中，"机轮刹车非对称失效同时前轮与方向舵控制功能丧失"的发生概率必须小于 $5 \times 10^{-7}$ / 飞行次数。 | 将方向舵和鼻轮前轮操纵系统从与机轮刹车系统隔离中分离出来。使每一边平衡两侧机轮刹车系统的液压供应达到平衡源。 | 应表明机轮刹车系统与方向舵和前轮操纵系统是充分独立的。在区域安全性分析和特定风险分析中表明这些系统之间的隔离情况。 |
| （3）在飞机起飞过程中，所有锁定机轮发生"$v_1$ 速度前无指令刹车"的概率必须小于 $5 \times 10^{-7}$ / 飞行次数。 | 无 | 要求（4）e. 更加严厉严格，因此将推动飞机的设计工作从而产生该设计。 |
| （4）在飞机起飞过程中，所有锁定机轮发生"$v_1$ 速度后无指令刹车"的概率必须小于 $5 \times 10^{-9}$ / 飞行次数。 | 单一失效不应导致此情况发生。 | 无 |
| （5）在飞机起飞过程中，任一锁定机轮发生"未通告的无指令刹车"概率应小于 $5 \times 10^{-9}$ / 飞行次数。 | 单一失效不应导致此情况发生。 | 无 |

### 5.8.3　派生衍生的安全性需求

根据表 5-5 中所描述的 WBS 系统设计方案，可派生衍生出如下的安全性需求（包括可用性、集成性与安装等方面）。

（1）机轮刹车系统和反推系统的设计方案应能排除共因故障（疲劳爆裂、火灾、结构失效等）的发生；

（2）机轮刹车系统和反推力系统的设计应排除所有可能发生的共模故障（液压系统、电子系统、维修、维护、操作、设计、制造等）。

总之，关于 WBS 系统派生衍生的安全性需求总结为如表 5-6 所述。

表 5 - 6　派生衍生的刹车系统安全性需求

| 安全性需求 | 设计方案 | 备注 |
| --- | --- | --- |
| （1）a. 机轮刹车系统和反推系统的设计方案应能排除共因故障（疲劳爆裂、火灾、结构失效等）的发生。<br>（2）b. 机轮刹车系统和反推力系统的设计应排除所有可能发生的共模故障（液压系统、电子系统、维修、维护、操作、设计、制造等）。 | 在主起落架支柱前面和后面安装刹车液压供应系统源。<br><br>选择两套不同的液压系统给刹车提供液压能源,应急刹车没有电源。 | 用 ZSA 和 PRA 表明符合性。（注:此例仅仅针对起落架主轮舱区域和疲劳爆裂一类的特殊危险。）<br>用 CMA 表明符合性。 |

### 5.8.4　失效状态评估

飞机级和系统级 FHA 中识别确定的故障失效状态如下所示,本部分将对每一个故障失效状态进行一个初步的分析。

（1）在飞机着陆或 RTO 阶段,"机轮的刹车功能完全丧失（包括通过通告与未通告）"的发生概率必须小于 $5 \times 10^{-7}$/飞行次数;

（2）在飞机的着陆过程中,"机轮刹车非对称失效同时前轮与方向舵控制功能丧失"的发生概率必须小于 $5 \times 10^{-7}$/飞行次数;

（3）在飞机起飞过程中,所有锁定机轮发生"$v_1$ 速度前无指令刹车"的概率必须小于 $5 \times 10^{-7}$/飞行次数;

（4）在飞机起飞过程中,所有锁定机轮发生"$v_1$ 速度后无指令刹车"的概率必须小于 $5 \times 10^{-9}$/飞行次数;

（5）在飞机起飞过程中,任一锁定机轮发生"未通告的无指令刹车"概率应小于 $5 \times 10^{-9}$/飞行次数。

PSSA 的故障树分析如图 5 - 6,图 5 - 7 和图 5 - 8 所示:

图 5 - 6 为 PSSA 顶层故障树,反映了刹车系统顶层的安全性需求,描述了三个

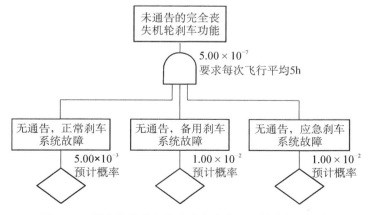

图 5 - 6　所有机轮刹车故障功能丧失且无故障指示通告

子刹车系统并且对每个子系统发生"未通告的功能丧失"的概率进行了预计。

图 5-7 展示了向下延伸的"正常刹车"系统设计,通过预计故障概率来识别确定"正常刹车系统故障"的类别(绿色液压供应系统故障、液压元件故障以及 BSCU 不能按指令控制刹车的故障)。BSCU 不能按指令控制刹车的故障很大程度上来源于两个主要方面:BSCU 元件故障以及 BSCU 电能电源供应出现故障。对飞机电源故障率的预计可适当地应用到 BSCU 故障率预计中来,对 BSCU 每飞行小时 $6 \times 10^{-6}$ 的故障率预计的总要求将通过逆运算来满足 BSCU 预计的高一层损失。作为系统的设计要求,应该完成对 BSCU 能源供应的完整性预计。

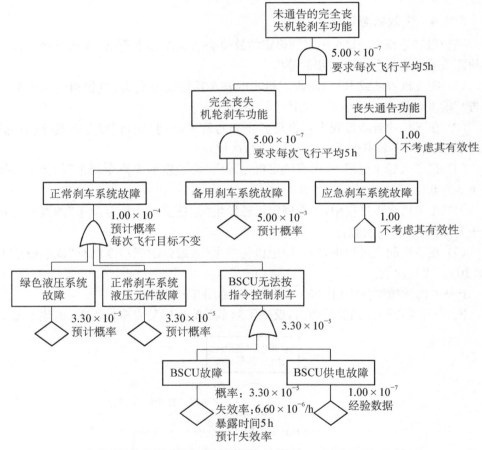

图 5-7　所有机轮刹车故障功能丧失,但无故障指示通告

BSCU 供应商的历史经验表明,对 BSCU 某一复杂功能的设计来说,$6.6 \times 10^{-6}$ 的故障率预计是不现实的。因此,为了达到这一故障率的预计,BSCU 的能源供应来自于对冗余的 BSCU(概率)计算的要求。图 5-8 中的故障树描述了改进设计后的冗余 BSCUs,用"与"门连接,每个通道的故障率预计为 $1.15 \times 10^{-3}$ /飞行次数。

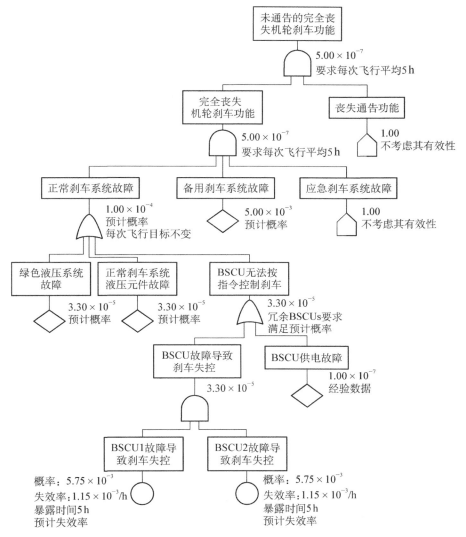

图 5-8　所有机轮刹车故障功能丧失，但无故障指示通告

### 5.8.5　安全性需求的建立

从以上所确立列出的安全性需求中，(归纳总结)建立了如下更低一层的安全性需求。

1）安装需求

主要和次要液压供应源系统进行物理应被隔离，且应进行区域安全性分析（ZSA）和特定风险分析来验证。

2）组件级需求

（1）"BSCU 故障引起导致刹车指令失控"的概率应小于 $3.3 \times 10^{-5}$/飞行次数；

（2）"单个 BSCU 故障"的概率应小于 $5.75 \times 10^{-3}$/飞行次数；

（3）"正常刹车系统液压元件故障"的概率应小于 $3.3 \times 10^{-5}$/飞行次数；

（4）"由 BSCU 而引起意外的无意识刹车"的概率应小于 $2.5 \times 10^{-9}$ / 飞行次数；

（5）BSCU 的单个故障单一失效不会引起导致"意外刹车"；

（6）在"由 BSCU 而引起意外识刹车"的为灾难性的影响级别等级的基础上，将 BSCU 开发为研制保证等级定为 A 级。

3）对其他系统的要求

"丧失正常刹车系统绿液压源"的概率应小于 $3.3 \times 10^{-5}$ / 飞行次数。

4）安全性维护需求

当正常刹车系统处于正常工作状态时，备用刹车系统有无故障是潜在的。因此，有必要安排一项维修任务对备用刹车系统进行功能检查，并确定此项维修任务的维修周期以达到满足"备用刹车系统的故障率小于 $5 \times 10^{-3}$ / 飞行次数"的要求。

## 5.9 刹车系统控制组件 PSSA 简单示例

### 5.9.1 系统描述

为了满足可用性与集成性要求，该飞机起落架刹车系统控制组件（BSCU）由两套完全独立的 BSCU 所组成，各 BSCU 包含独立的检测通道。提出的 BSCU 体系结构初步原理图如图 5-9 所示。

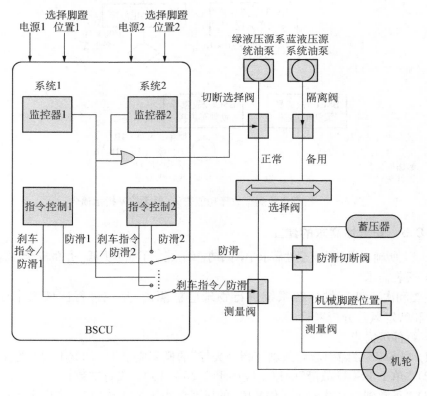

图 5-9 BSCU 体系结构图初步原理图

任一 BSCU 系统由其自身电源供应其工作所需的电压,电源监控器用来监测输出电压状态,信号通过刹车踏板脚蹬输入,监控通道通过计算将其转化为所需的刹车指令。每条监控通道发出的指令将进行比较分析以判断是否一致;若不一致,将给出故障指示信息。电源监控器和比较仪的分析结果将提供给系统有效性监控器,任何一个 BSCU 系统报告的故障将引起系统输出故障,并且将系统有效性监控器置为失效状态。任一 BSCU 有效性监控器会将信息提供给一个 BSCU 系统有效性总监控器,当 BSCU 系统 1 和系统 2 都发生故障时,选择阀将选择备用刹车系统。

在正常工作情况下,BSCU1 系统提供刹车与防滑指令给机轮刹车系统。当 BSCU1 系统通过它的系统有效性监控器发现存在故障时,将会自动切换到 BSCU2 系统来输出控制指令。如果 BSCU2 随后也发生故障,那么所有的 BSCU 输出将失效,BSCU 有效性监控器也将失效。

### 5.9.2　PSSA 输入

下面列出的安全性需求来源于机轮刹车系统的 PSSA。

(1) "BSCU 故障引起导致刹车指令失控"的概率应小于 $3.3 \times 10^{-5}$ / 飞行次数;

(2) "单个 BSCU 故障"的概率应小于 $5.75 \times 10^{-3}$ / 飞行次数;

(3) "由 BSCU 引起的意外刹车"的概率应小于 $2.5 \times 10^{-9}$ / 飞行次数。

(4) BSCU 的单个故障单一失效不会引起导致"意外刹车";

(5) 在"由 BSCU 而引起意外刹车"为灾难性的影响等级的基础上,将 BSCU 研制保证等级定为 A 级。

下面有关某型飞机正常运行需要考虑的数据是由飞机结构制造商提供。

(1) 平均飞行时间:5 h;

(2) 平均供电时间间隔:100 h;

(3) 飞机寿命:100 000 h;

(4) 发动机启动时刻和达到第一飞行速度 $v_1$ 时刻之间的时间间隔:15 s (0.004 167 h)。

下面计划展示了 BSCU 如何满足特定的安全性需求,如表 5-7 所示。

**表 5-7　BSCU 安全性需求/设计决策**

| 安全性需求 | 设计决策 | 备注 |
| --- | --- | --- |
| (1) a. "BSCU 故障引起导致刹车指令失控"的概率应小于 $3.3 \times 10^{-5}$ / 飞行次数 | 双通道 BSCU 设计 | BSCU 系统总的可用性能合理满足这一安全性需求。可参见图 5-10 中 FTA |
| (2) b. "单个 BSCU 故障"的概率应小于 $5.75 \times 10^{-3}$ / 飞行次数 | 设计要有足够的可靠性 | 无 |
| (3) c. "由 BSCU 引起的意外刹车"的概率应小于 $2.5 \times 10^{-9}$ / 飞行次数 | 每一个 BSCU 系统包含独立的指令和监控器通道 | BSCU 完整性能够达到这一要求。可参见 BSCU FTA 图 5-11 |

（续表）

| 安全性需求 | 设计决策 | 备注 |
|---|---|---|
| （4）d. BSCU 的单一失效不会引起导致"意外刹车" | 单一失效不应导致此状态 | 必要时可进行 CMA 和 FMEA |
| （5）e. BSCU 将被设计为研制保证等级 A 级 | 开发指令通道到为保证等级 A 级，开发监控器通道为等级 B | 无 |

### 5.9.3　失效状态评估

对于失效状态下的故障树，BSCU 失效和由于 BSCU 而引起的意外刹车都是被延伸扩展并进行评估的，进而确定 BSCU 设计的可行性。结合有关设计和过去经验方面的所有可用信息，进行故障概率的分配。

图 5 - 10 中的故障树描述了 BSCU 的失效状态。BSCU 能源供应商决定：

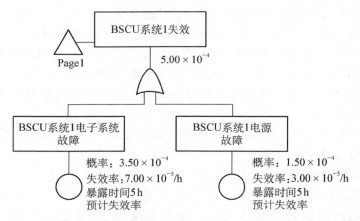

图 5 - 10(a)　"BSCU 故障引起导致刹车指令失效"状态下的故障树（page 1）

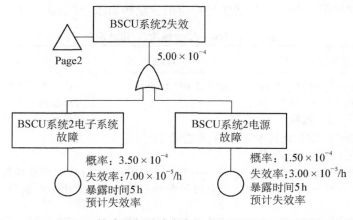

图 5 - 10(b)　"BSCU 故障引起导致刹车指令失效"状态下的故障树（page 2）

BSCU 冗余由两个带有 BSCU LRU 的独立的 BSCU 系统来完成,一个监控器/开关装置能够选择一个有效的 BSCU 指令将所需信息传递给刹车系统。如图 5－10 故障树所述,如果 BSCU 有效性监控器故障(如误报两个 BSCUs 故障)或者 BSCU 系统 1 和系统 2 在同一次飞行中都发生经验性故障(BSCU 系统 1 和系统 2 都没有正常运作)或者连接选择通道的特效开关发生故障(开关故障将导致 BSCU 刹车指令失效),那么所有的 BSCU 运行将出现故障。此故障树深入描述了 BSCU 开关故障概率的组合以及伴随的 BSCU 系统故障引起的刹车失效。同时,故障树也展示了由于计算通道或能源电源供应而引起的单个单一系统 BSCU 系统故障或崩溃的失效的分解和失效率概率预计。

　　图 5－11 中的故障树描述了由 BSCU 所引起的机轮意外刹车。仅仅当正常刹车系统处于工作状态时,BSCU 才会引起机轮的意外刹车。这一故障树没有处理飞机级方面的分析。故障树假设:不会出现未察觉的 BSCU 故障而引起一个意外刹车指令。为了达到这个要求,这一假设应当通过 FMEA 和/或 CMA 来证明是正确的。故障树的另一分支处理的是 BSCU 故障和监控器故障的组合问题。能够察觉的BSCU 故障是能源供应故障,它可以由能源供应监控器和输入/输出通道来检测输出的特殊电压伏特数;或者 CPU 故障引起一个无意识刹车指令,这可以由比较仪探测出来。监控器 I/O 和 CPU 故障不包括在故障树中,因为监控器通道不能提供刹车指令。如果比较器处于工作状态,那么监控器通道故障将会引起比较器发出一个错误的刹车开关指令给其他的 BSCU 系统。如果比较器不处于刹车状态,那么监控器通道故障将不会引发意外刹车。

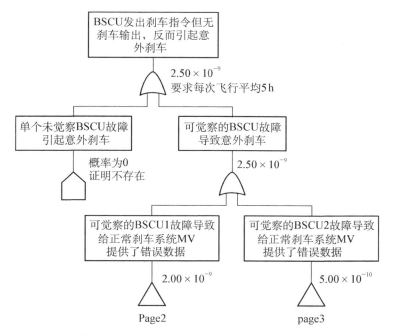

图 5－11(a)　"BSCU 发出刹车指令但无刹车输出反而引起意外刹车"状态故障树(Page 1)

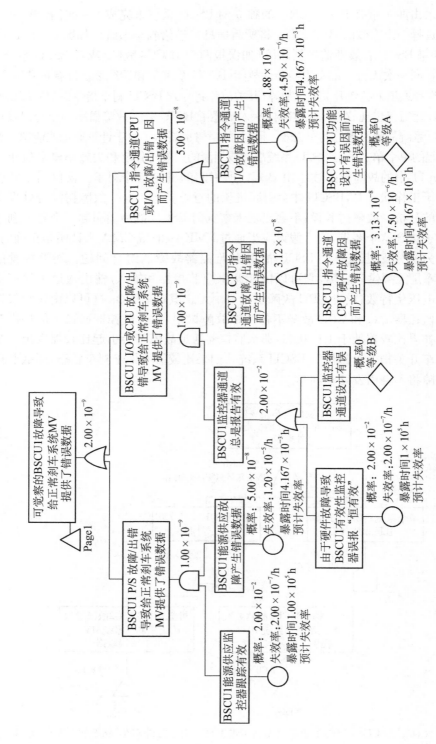

图 5—11(b) "BSCU 发出刹车指令但无输出反而引起意外刹车输出"状态故障树 (Page 2)

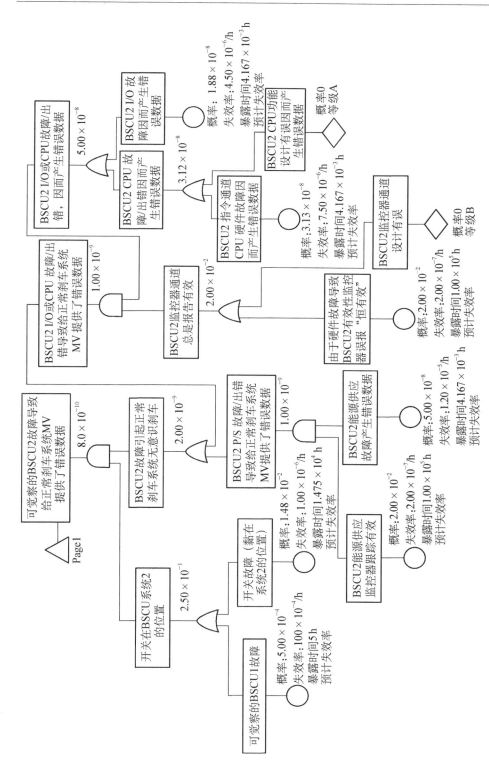

图 5 - 11（c）　"BSCU 发出刹车指令无刹车输出，反而引起意外刹车"状态故障树（Page 3）

　　由于 BSCU 系统 1 是正常活动的通道,所以 BSCU 系统 1 若发生未察觉的能源供应故障,则必将引起无意识刹车,就像可以计算的通道故障一样准确无误,如故障树(page 2)所示。图 5-11(c)故障树(page 3)包含了和 BSCU 系统 2 相关的同样的 BSCU 故障信息,但是 BSCU 系统 2 没有应用到刹车系统中,除非监控器/选择开关是活动的;因此,在位置 2 的开关事件与 BSCU 系统 2 故障是与门关系。这两种情形(一个被较早察觉的 BSCU 系统 1 故障,或一个独立的监控器/开关故障)可能导致开关被激活。

### 5.9.4　安全性需求的建立

　　从以上所确立和罗列的安全性需求中,(归纳总结)建立了如下更低一层的安全性需求。

　　1) 安装需求

　　每套系统需具有各自完全独立的电源供给功能。

　　2) 组件级需求

　　为了满足飞机所有工作阶段安全性目标的需求,组件级须满足以下 BSCU 系统的硬/软件需求:

　　(1) 每套 BSCU 失效的概率应小于 $1 \times 10^{-4}$/飞行次数;

　　(2) 必须达到图 5-9 和图 5-10 故障率树分析中规定的初始故障率。任何不能满足给定的值的事件必须得到系统机组设计的支持;

　　(3) 必须没有不可探测的 BSCU 故障导致的无指令刹车;

　　(4) 必须没有指令故障和 BSCU 系统监控通道相同的故障引起产生错误的刹车指令;

　　(5) BSCU 系统的监控通道应该被设计达到发展的安全等级 A;

　　(6) BSCU 系统的指令通道应该被达到发展的安全等级 B。

　　3) 安全性维护需求

　　系统 1 和 2 的转换开关装置的检测间隔不能超过 14 750 h。

## 练习题

**1.** 试述 PSSA 的流程。

**2.** 试述 PSSA 深度的主要因素和流程。

**3.** 试述 PSSA 在安全性评估过程中的作用与意义。

**4.** 试述 PSSA 过程中所使用的主要假设。

**5.** 试述 FTA 在安全性评估中的作用。

**6.** 试述 PSSA 的输入和输出的含义。

# 第6章　系统安全性评估

## 6.1　引言

初步系统安全性评估(PSSA)是自上而下分配安全性需求的过程,而系统安全性评估(SSA)则是自下而上验证这些安全性需求的过程。对于在不同层级实施的PSSA,都有一个SSA过程与之对应。本章将首先概述SSA过程,然后阐述SSA评估的过程,并明确评估的输出结果形式。

## 6.2　SSA概念

系统安全性评估是对系统、架构及其安装等实施的系统化、综合性的评估,以证明相关的安全性需求得到满足。

系统安全性评估是评估所有重要失效状态及其对飞机的影响,其分析过程类似PSSA,但在范围上有所不同。PSSA是结合系统架构,自上而下地将FHA中的需求分配给子系统/设备,再将设备级需求分配到软件和硬件,导出系统各层级设计的安全性目标和需求,同时表明系统如何满足FHA中确认的失效状态的定量和定性安全性需求。SSA是自下而上验证可实现的设计方案是否已满足FHA和PSSA中所定义的定性和定量安全性需求的过程。

SSA过程与系统研制过程的交互关系见本书第3章图3-3。SSA是一个连续反复的过程,贯穿于飞机整个研制周期。SSA可在不同层级上实施的,对于在不同层级实施的PSSA,都有一个对应的SSA。最高层级的SSA是整机级SSA,由整机级FHA和整机级PSSA或整机级FTA引出,低层级的SSA是根据系统级SSA的输出展开得来。

系统级SSA的目标是:

(1) 验证SFHA中安全性需求(设计需求)和目标是否满足;

(2) 验证在系统架构、设备、软件及飞机安装的设计中所考虑的安全性需求是否已经满足;

(3) 确认在FHA/PSSA中确定的所有证明材料是否已经关闭。

## 6.3　SSA过程

对每个待分析的飞机系统,SSA应总结所有重要的失效状态及其对飞机的影响,采取定性或定量分析的方法来验证其符合性。系统安全性评估的具体分析需求

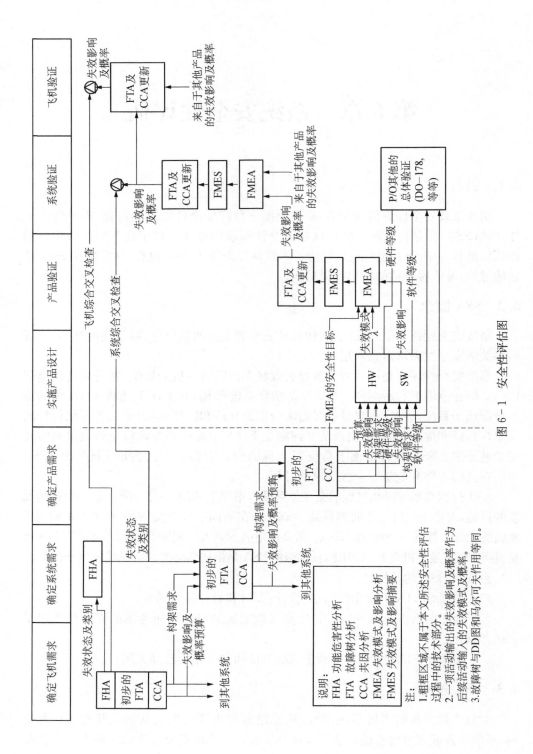

图 6 - 1 安全性评估图

可能不同,这取决于设计、复杂性和被分析系统要实现的功能类型,应根据相应的 PSSA 来建立分析需求。

图 6-1 中虚线的左侧部分是 PSSA 过程中的推荐步骤顺序。图 6-1 虚线的右侧部分表示在 SSA 过程中推荐的步骤顺序。并不是上述每个步骤都必须执行,应考虑每个步骤的适用性。

通过图 6-1 右侧这些自下而上的分层验证,根据在 PSSA 过程中提出的安全性需求可以验证硬件可靠性需求、架构需求和软/硬件研制保证等级。低于规定级别的设计应当执行第二次评估来决定其是否符合原来的需求。RTCA DO-178B 标准用来验证软件实现是否满足要求的研制保证等级。RTCA DO-254 标准用来验证硬件实现是否满足要求的研制保证等级。

设备级 FMEA 及其 FMES 用来支持设备 FTA/CCA 中考虑的失效模式所对应的失效率。系统级 FMEA 及其 FMES 用来支持系统 FTA 中考虑的失效模式对应的失效率。通过对 FTA/CCA 中系统的重新评估来确定飞机级 FTA 中的失效模式和失效概率。飞机 FTA/CCA 通过与 AFHA 对比,以确认是否与飞机级的失效状态及其安全性目标一致。由设备综合到系统,系统综合到飞机,并与 AFHA 中所确定的失效状态进行对比,这就是图 6-1 中右侧的"综合交叉检查"。

综上,SSA 过程包括以下几部分内容:

(1)验证系统设计需求;

(2)评估失效状态;

(3)输出底层设计的安全性目标及需求。

图 6-2 是实施 SSA 的过程示意图,图中给出了 SSA 过程各部分需要完成的工作和目标。

### 6.3.1　验证系统设计需求

验证系统设计需求需获取必要的数据源,具体输入如下:

(1)系统架构的描述及其设计原理;

(2)与相邻系统的设备之间的接口和相互作用;

(3)在 SFHA/PSSA 中确定的需求及失效状态;

(4)来自 SFHA 的功能和原理清单;

(5)共因分析结果包括 ZSA 的结果、PRA 的结果、CMA 的结果;

(6)FHA/PSSA 中所有支持性材料和更低层级的材料(来自设备供应商的 FMEA/FMES、飞行测试结果、研究分析等)。

### 6.3.2　失效状态评估

在 FHA 中确定的每种失效状态必须按照图 6-3 来实施验证方法的评估,具体应包括如下内容:

(1)使用故障树分析,表明设备的失效组合如何导致不希望的失效状态发生。

(2)使用故障树分析,表明失效状态的定性和定量需求及目标如何被满足。

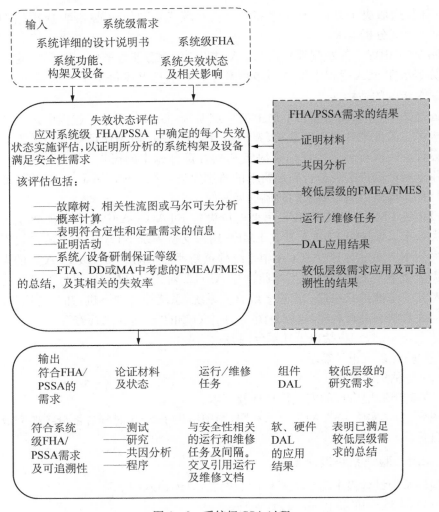

图 6-2　系统级 SSA 过程

（3）对于隐蔽故障,检查并确认维修文件中对应的维修检查间隔小于故障树分析中的计算值。

（4）验证从 FTA 中推导出来的设备研制保证等级得到满足。

（5）通过测试来证明失效状态符合需求。

（6）证明飞机在给定的失效状态下能执行预期功能。

### 6.3.2.1　确认失效状态的分类

在 FHA/PSSA 中建立的需求与这些需求的说明文档之间应具有可追溯性,这些文档应包括如下几项:

（1）飞机设计需求与目标文档;

（2）系统需求文档;

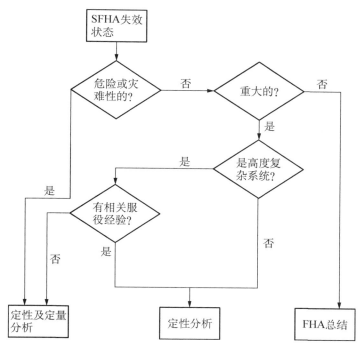

图 6-3　安全性需求/目标的验证方法

（3）测试计划（地面测试，飞行测试等）；

（4）维修手册；

（5）共因分析文档。

完成该任务的一种方法是通过建立一个矩阵来表示具体需求及其相应的验证方法。

### 6.3.2.2　证明飞机需求文档中确定的安全性需求被满足

飞机需求文档包含关于飞机设计的所有需求。这包括所有 CCAR/FAR 和所有公司的需求。这些需求的验证可由四种标准方法（即测试，分析，演示证明和检查）中的一个或多个来完成。

### 6.3.2.3　证明 CCA 中确定的设计需求被满足

CCA 文档包含关于系统和部件的分离、隔离（来自区域安全性分析）、外部事件（来自特定风险分析）和共模失效（来自共模分析）的需求。这些需求的验证必须通过四种标准方法（即测试，分析，演示证明和检查）中的一个或多个来完成。

## 6.4　SSA 的输出

### 6.4.1　输出文件

应将 SSA 过程的结果形成文件进行归档，以便对完成 SSA 报告的步骤进行跟踪。值得保留的信息可能包括：

（1）已更新的失效状态清单或 FHA，包括用来表明符合安全性需求（定性和定量）的基本原理。

（2）表明系统设备安装（分隔、保护等）的设计需求如何被组合的文档。

（3）用来确认失效状态分类的材料。

（4）安全性维修任务和与之相关的维修时间间隔。

（5）表明系统和设备（包括硬件和软件）是如何开发使其与所分配的研制保证等级相一致的文档。

### 6.4.2　系统级 SSA 与 SFHA 的联系

在安全性评估过程终止之前，每个 SSA 必须对照 AFHA 和 SFHA 中的基本需求进行再次审查。失效影响及其在飞机级发生的概率应该对照 AFHA 的失效状态和 AFHA 的分类来验证。

## 练习题

1. 阐述 SSA 与 PSSA 的关系。
2. 分别列举 SSA 过程的输入和输出。
3. 概述 SSA 的分析过程。

# 第7章 安全性概率计算分析工具

## 7.1 引言

本章主要介绍系统安全性设计与评估中的概率计算分析工具,包括三种:故障树分析、相关图分析和马尔可夫分析。前两种分析工具因为简单、易于工程化处理,所以在航空工程领域应用较为广泛,马尔可夫分析虽然更适应复杂、动态系统的分析,但因其应用相对复杂,并且大多工程问题都可以进行合理的简化,所以使用较少。考虑到本书的大多数读者从事航空系统安全性评估工作,为保证读者在后续工程应用中能更好地符合适航要求,本章的编写引用了许多 SAE ARP4761 标准内的基础内容。如读者面临更为复杂的一些特殊案例时,建议查阅可靠性方面的专业论著,按照本书中介绍的基本原则进行具体分析。

## 7.2 故障树分析

故障树是描述系统中各种事件之间的因果关系,表明系统哪些组成部分的故障或外界事件或它们的组合将导致系统发生一种给定故障的逻辑图。它是一种逻辑因果关系图,构图的元素是事件和逻辑门,逻辑门的输入事件是输出事件的"因",逻辑门的输出事件是输入事件的"果"。

故障树分析法(Fault Tree Analysis,FTA)是一种图形演绎的分析方法。它把系统不希望出现的事件作为故障树的顶事件,通过对可能造成系统故障的各种因素(包括硬件、软件、环境、人为因素等)进行分析,用规定的逻辑符号自上而下,由总体至部分,按树枝状结构逐层细化,分析导致各事件发生的所有可能的直接因素及其相互间的逻辑关系,并由此逐步深入分析,直到找出事故的基本原因,即故障树的底事件为止,或者直到满足顶事件的分析要求为止。

### 7.2.1 故障树分析法的基本理论

#### 7.2.1.1 故障树基本符号和定义

所有故障树由逻辑符号和事件符号组成。符号使用的一般原则是尽可能简单。符号类型越简单,故障树就越易于审查理解。逻辑符号用来连接故障树的各个分枝。逻辑符号不能直接相连,其输入和输出必须为事件。

1) 门和门的符号

一个门可以有一个或几个输入事件,但只能有一个输出事件。

与门:所有输入事件同时发生才有输出事件发生,输入事件可以任意多个。

或门:所有输入事件中至少有一个输入事件发生,输出事件就发生,输入事件可以任意多个。

禁止门:仅当输入事件和条件事件都发生时,输出事件才发生,有时为了方便起见,禁止门可用与门代替。

顺序与门(优先与门):逻辑上等效于一个与门,各个输入事件以一个特定的先后顺序,即各输入事件从左至右依次发生时才有输出。顺序与门有两种表示方法:一是使用顺序与门,将输入事件按先后顺序从左至右排列;二是使用与门,原输入事件不分顺序排列,但是加入一个表示原输入事件发生顺序的事件。

异或门:当且仅当一个输入事件发生时,输出事件才发生。

组合门:也叫 $m/n$ 表决门,即 $n$ 个输入事件中至少有 $m$ 个输入事件发生时,输出事件才发生。

转移符号:对于大型复杂系统,其故障树若画在一张图上可能会显得很繁杂。为简化起见,在故障树中使用转入符号将其分出若干子故障树,对应在子故障树中为转出符号,利用转移符号把子故障树与主故障树联结起来,其符号表示为三角形。

以上符号见图 7-1。

2) 事件和事件的符号

事件是故障树的主体,事件分为两类:初始事件和中间事件,相应有初始事件符号和中间事件符号。

初始事件是指那些不需要再分解或由于种种原因不能再做进一步分解的事件。要计算顶事件的发生概率,就必须给出这些初始事件的概率。初始事件又分为以下四类:

(1) 基本事件:不需要再做进一步分析的事件,即有能力引发故障,其符号表示为圆形。

(2) 未进一步分解的事件:由于事件本身不明或缺乏相关信息,不能再做进一步的分解,其符号表示为菱形。

(3) 条件事件:常用作逻辑门(如禁止门或顺序与门)的特定条件或限制,其符号表示为椭圆形。

(4) 外部事件(房形事件):表示期望事件的发生,如动态系统的状态变化,并不表示其本身的故障,其符号表示为房形。

中间事件是各逻辑门的输出结果,其符号表示为矩形。

以上各逻辑门和事件符号见图 7-1。

| 符号 | 名称 | 定 义 |
| --- | --- | --- |
| | 与门 | 输入事件全为"真"时,输出事件才发生 |
| | 或门 | 至少有一个输入事件为"真"时,输出事件才发生 |
| | 禁止门 | 当右边的条件事件发生时,输出事件才发生 |
| | 优先与门 | 当输入事件从左至右依次发生时,输出事件才发生 |
| | 异或门 | 当且仅当一个输入事件发生时,输出才发生 |
| | 中间事件、说明框 | 说明某个逻辑符号或逻辑门的输出 |
| | 基本事件 | 不需要再做进一步分析的事件 |
| | 未进一步展开事件 | 由于事件本身不明或缺乏相关信息,不能再做进一步分析的事件 |
| | 条件事件 | 发生某个故障所必须的条件 |
| | 外部事件(触发事件) | 表示期望事件发生,并不表示系统本身的故障 |
| | 转入符号 | 故障树信息的转入 |
| | 转出符号 | 故障树信息的输出 |

图 7 - 1 故障树的逻辑门和事件符号

### 7.2.1.2 故障树定性分析

1) 最小割集

(1) 最小割集的概念及定义。

最小割集是故障树定性分析的结果之一。最小割集可用于定性重要度的确定,共因可能性的评价,还可以用作定量分析。

割集是故障树一些初级事件的集合,当这些初级事件同时发生时,顶事件必然发生。若将割集中所含的初级事件任意去掉一个就不再成为割集了,这样的割集就是最小割集。换句话说,故障树最小割集是为使顶事件发生而必须全部发生的那些初级事件的最小集合。

　　对故障树进行定性和定量分析,其中的一个假设就是初级事件之间相互独立。凡是相同的初级事件出现在故障树中的一个以上位置或某些单一失效导致一个以上的失效事件时,则事件"没有独立性"。对于大多数民用机载系统和设备,都属于这种情况。当确定事件"没有独立性"时,则可运用布尔代数法对其进行简化,产生最小割集。可见,对故障树进行布尔代数得到最小割集的过程能够确保初级事件之间相互独立,保证故障树定性和定量分析的准确性。

　　此外,最小割集对降低顶事件发生即系统失效的概率具有重大意义。如果能使每个最小割集中至少有一个初级事件不发生或发生概率极低,则顶事件恒不发生或发生概率极低,从而降低了系统潜在事故风险。一阶最小割集是单点故障的来源,民用机载系统和设备不允许有单点故障,方法之一就是在设计时进行故障树分析,找出一阶最小割集,在其所在的层次或更高的层次增加"与门",并使"与门"尽可能的接近顶事件。系统中某一故障模式发生一定是该系统中与其对应的某一个最小割集中的底事件全部发生了,因此,使用最小割集可以指导系统的故障诊断和维修。

　　(2) 最小割集的确定。

　　① 概率运算和布尔代数简化的基本法则。

　　事件 $A$ 发生的概率用 $P(A)$ 表示,事件 $B$ 发生的概率用 $P(B)$ 表示,其他事件依次类推。

　　若事件 $A$ 和 $B$ 作为与门的输入,则与门的输出表示为 $AB$,其输出概率表示为 $P(AB)$;若事件 $A$ 和 $B$ 相互独立,则有:

$$P(AB) = P(A) \cdot P(B)$$

　　对于三个或三个以上独立事件,采用相同的逻辑。

　　若独立事件 $A$ 和 $B$ 作为或门的输入,则或门的输出表示为 $A+B$,其输出概率表示为 $P(A+B)$,则有

$$P(A+B) = P(A) + P(B) - P(A) \cdot P(B)$$

　　若或门的输入是 A, B 和 C 三个独立事件,则有

$$P(A+B+C) = P(A) + P(B) + P(C) - P(A) \cdot P(B) - P(A) \cdot P(C) - P(B) \cdot P(C) + P(A) \cdot P(B) \cdot P(C)$$

　　对于四个或四个以上的独立事件,采用相同的逻辑。

　　若两个事件为互斥事件,即当一个事件发生时,另一个不发生,则有两输入的或门的输出概率表达式简化为

$$P(A+B) = P(A) + P(B),其中 P(AB) = 0$$

　　此方程也适用于两个低概率的非互斥事件的近似算法,概率值偏保守。

对于展开的表达式,有以下布尔逻辑规则:

$$A + A = A; A \cdot A = A; A + AK = A;$$

通过这些逻辑,可以减少表达式中总的项数,确定故障树的最小割集。

② 直接分析技术示例。

直接分析技术适用于故障树中没有相同的初级事件的情况。

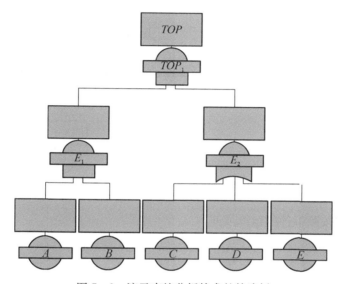

图 7 - 2　演示直接分析技术的故障树

由图 7 - 2 的故障树得

$$TOP = E1 \cdot E2 = A \cdot B \cdot (C + D + E)$$

对上式展开得

$$TOP = ABC + ABD + ABE$$

从该式可以看出,$ABC$,$ABD$ 和 $ABE$ 是该故障树的三个最小割集。

③ 布尔代数简化技术示例。

对于图 7 - 3 所示的故障树结构,初级事件在故障树中出现不止一次。对于这种故障树结构不能采用直接分析技术,必须通过布尔代数简化分析,否则将造成计算出来的顶事件发生的概率大于或者小于其真实值。

a. 使用直接分析法,确定"外显"的顶事件表达式。在这里使用"外显"一词是因为初级事件 $A$ 在故障树中出现了两次,其顶事件表达式并不是直接用于确定最小割集。

$$TOP = E1 \cdot E2 \cdot E3 = (A + B + C + D) \cdot (E + F + G + A) \cdot (H + J)$$

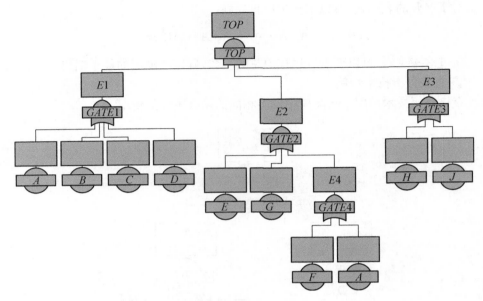

图 7-3　演示布尔简化技术的故障树

b. 将上式按照事件的运算展开。

$$TOP = AEH + AEJ + AFH + AFJ + AGH + AGJ + AAH + AAJ + BEH + BEJ +$$
$$BFH + BFJ + BGH + BGJ + BAH + BAJ + CEH + CEJ + CFH + CFJ +$$
$$CGH + CGJ + CAH + CAJ + DEH + DEJ + DFH + DFJ + DGH + DGJ +$$
$$DAH + DAJ$$

c. 使用布尔代数逻辑规则,有 $AAH = AH$,$AAJ = AJ$,$AH + AEH = AH$,$AH + AH = AH$,$AJ + AEJ = AJ$,$AJ + AJ = AJ$,可将步骤 b 中的式子简化为

$$TOP = AH + AJ + BEH + BEJ + BFH + BFJ + BGH + BGJ + CEH + CEJ +$$
$$CFH + CFJ + CGH + CGJ + DEH + DEJ + DFH + DFJ + DGH + DGJ$$

可以发现,$TOP$ 的表达式减少了 12 项,并且有两项的设备数由三个减少至两个。上式说明该故障树有 18 个最小割集。

d. 将步骤 c 中的各最小割集合并,以画出简化后的故障树。本步骤是可选的,若仅为求最小割集,则该步骤多余,若需要定量分析,该步骤将非常有必要。

$$TOP = (J + H) \cdot [A + (E + F + G) \cdot (B + C + D)]$$

简化后的故障树如图 7-4 所示。

2) 定性重要度的确定

定性重要度给出了每个初级事件或割集对顶事件发生贡献大小的"定性等级"。

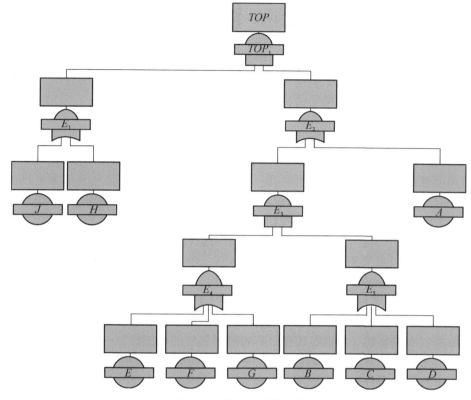

图 7 - 4　简化后的故障树

对割集中初级事件的个数进行排序,割集中初级事件的个数越少,如单点故障,割集越重要,反之,则相对不那么重要。另一方面,定性重要度的方法也可以确定某一初级事件对顶事件发生的相对重要度,这取决于该初级事件在所有割集中出现的次数和它与其他初级事件的组合方式。

对故障树进行定性重要度分析之后,分析者可以得到割集重要度的排序,判断高层次事件中是否有相关的单点故障,并且能够知道任何一个初级事件引起顶事件发生的频率。故障树定性重要度的分析方法对同一故障树中硬件失效/研制错误,软件研制错误以及这两者的结合非常有用。

此外,通过对所有基本事件相关的硬件部件假设一个标准的失效率值(如 $1 \times 10^{-6}$ )和一个标准的暴露时间(如 100 h),分析者可以得到任何一个割集相对重要度的粗略值,如包含两个基本事件的割集的失效概率 $P_f$ 约为 $1 \times 10^{-8}$ ,包含三个基本事件的割集的失效概率 $P_f$ 约为 $1 \times 10^{-12}$ 。通过类似上述的粗略分析,分析者可以快速地得出结论:包含五个或五个以上基本事件的割集对顶事件失效概率的相对影响非常小。

该评价方法存在下列一些缺陷:

（1）如果在高于部件级以上的约定层次中存在着与基本事件有关的硬件，为得到可信的失效概率估计值，必须要执行一个附加的可靠性分析。

（2）由于监测周期、监测的暴露时间、维修间隔等因素，不同基本事件之间的暴露时间可能有非常大的区别。所以，用衡量一个割集对另一个割集的相对重要度的失效概率估计方法并不优于粗略估计。暴露时间的变化可能导致估计的失效概率值与定量计算得出的失效概率值存在两或三个数量级的差异。

3）共因脆弱性

故障树的另外一种定性评价方法是共因敏感度。共因敏感度分析也是基于提供导致顶事件发生的一系列初级事件的组合的最小割集，分析者通过检查每个割集得出顶事件对共因失效的敏感性。单一失效引起割集中一个以上的初级事件发生时，被称作一个共因失效。一般来说，那些导致整个割集中初级事件发生，也即导致顶事件失效发生的共因失效更让我们关注。

显然，割集中包含相似初级事件比不含相似初级事件更有可能对共因失效敏感。例如，假设 1♯ 割集中含三个初级事件，这三个初级事件对应的实体具有相同的 CPU 号，它们构成一个三重相似余度架构系统。假设 2♯ 割集中也包含三个初级事件，但这三个初级事件对应的实体具有不同的 CPU 号，它们构成一个三重非相似余度架构系统。通过检查这两个割集，分析者可以很快得到，对类似一般微码错误的共因故障，1♯ 割集比 2♯ 割集具有更高的共因失效的可能性。

应对每个导致共因失效的可能进行检查，以确定是否存在将会引起这些失效组合并引发所列出事件的单个原因。只有当不能排除在系统设计之外时，才应分析这些共因故障发生的概率并且将他们放在故障树中。

### 7.2.1.3　故障树定量分析

故障树定量分析技术产生三种类型的结果：数值概率、定量重要度和敏感度评价。这三种定量分析的结果均基于故障树最小割集。

1）数值概率计算

故障树定量计算是基于最小割集的。如在直接分析技术示例中，顶事件为 $TOP = ABC + ABD + ABE$，$ABC$，$ABD$ 和 $ABE$ 是该故障树的三个最小割集。顶事件发生概率的计算为

$$
\begin{aligned}
P(TOP) &= P(ABC + ABD + ABE) \\
&= P(ABC) + P(ABD) + P(ABE) - P(ABCD) - P(ABCE) - \\
&\quad P(ABDE) + P(ABCDE) \\
&= P(A)P(B)P(C) + P(A)P(B)P(D) + P(A)P(B)P(E) - \\
&\quad P(A)P(B)P(C)P(D) - P(A)P(B)P(C)P(E) - \\
&\quad P(A)P(B)P(D)P(E) + P(A)P(B)P(C)P(D)P(E)
\end{aligned}
$$

对前面布尔代数简化技术示例中的故障树，最小割集已得出，但由于最小割集数目过多，直接计算较麻烦，因此，另外一个方法是通过最小割集得出简化后的故障

树,故障树的定量运算可直接根据简化后的故障树进行。

简化后的故障树的顶事件为:$TOP = (J+H) \cdot [A+(E+F+G) \cdot (B+C+D)]$。

这样,就可根据布尔运算法则:$P(A+B) = P(A) + P(B) - P(A) \cdot P(B)$,$P(AB) = P(A) \cdot P(B)$ 直接计算 $P(TOP)$。

2) 定量重要度分析

定量重要度与定性重要度方法相似,都是通过对最小割集进行简单地排序以确定它们对顶事件发生的相对重要度。定量重要度有多种形式,每种方法都能得出不同类型的信息。

(1) Birnbaum 重要度。

Birnbaum 重要度也即概率重要度。事件 $A$ 的 Birnbaum 重要度是假设事件 $A$ 发生时顶事件发生概率与事件 $A$ 不发生时顶事件发生概率之差,表示为

$$Birnbaum = P_f(TOP/A = 1) - P_f(TOP/A = 0)$$

Birnbaum 重要度度量了事件 $A$ 所导致的顶事件发生概率的变化,它并没有直接考虑事件 $A$ 实际发生的概率。

(2) 关键重要度。

为考虑那些不仅对顶事件的发生起关键作用,自身发生概率也很高或者能够改进的事件,就需要采用一种修正 Birnbaum 重要度的关键重要度分析法。

事件 $A$ 的关键重要度定义为

$$关键重要度 = [P_f(TOP/A = 1) - P_f(TOP/A = 0)] \cdot \frac{P(A)}{P(TOP)}$$

事件 $A$ 的关键重要度是以一定概率发生的关键事件 $A$ 的发生对顶事件发生概率的影响。相对于 Birnbaum 重要度,关键重要度还考虑了事件 $A$ 自身的发生概率。

(3) Fussell-Vesely(FV)重要度。

计算 Fussell-Vesely 重要度与 Birnbaum 重要度或关键重要度很不相同,它由最小割集构成,用包含事件 $A$ 的所有最小割集的联合概率除以顶事件发生概率度量事件 $A$ 的重要度。它表示为

$$FV = \frac{P_f(TOP) - P_f(TOP/A = 0)}{P_f(TOP)}$$

如果分析的目的是使初级事件对顶事件发生的贡献最小化,则可以使用这种重要度分析方法选择需要改进的初级事件。

(4) 第 $i$ 个割集的重要度。

提供与顶事件发生概率相关的割集失效概率的百分比。表示为

$$\%(i) = \frac{P_{\mathrm{f}}(i)}{P_{\mathrm{f}}(TOP)}$$

对每一个割集的实际失效概率进行降序排列的简单割集排序方法,这种方法与定性重要度密切相关。定性重要度的分析方法仅能得到粗略的割集排序,而定量重要度的分析方法可精确地确定割集排序。

3) 敏感度评价

敏感度评价可分为两类,一类是模型或数据的变化;另一类是形式化误差分析。

分析者可以利用数据或故障树模型的变化来确定一个系统设计对单个初级事件特定方面的敏感度。通过一个特定的初级事件插入不同的失效率,分析者可以判断为一个可靠度更高的组件/部件投入额外的费用是否值得。通过插入不同的暴露时间,分析者提供输入以协助确定设备的维修间隔。

形式化误差分析是基于概率统计的技术,分析者可以利用其来确定 FTA 结果对初级事件变化,如部件失效率和维修间隔的敏感度。蒙特卡罗方法就是这样的一种适合故障树分析的技术。

### 7.2.2　故障树分析法在安全性评估中的作用和目的

故障树分析法(FTA)可以作为发生重大故障或事故后进行故障调查的有效手段;指导故障诊断、改进使用和维修方案等;也可用于发现可靠性和安全性薄弱环节,采取改进措施,以提高产品的可靠性和安全性。

FTA 的图形表示是分层级的,并且按其分支命名,这种方式可读性强,易于理解,使得 FTA 成为工业部门和审定当局进行安全性设计与评估的有力工具。在安全性评估过程中,FTA 的用途如下:

(1) 依据系统架构,分析顶事件的失效机理;

(2) 量化顶事件发生的概率;

(3) 将顶层的安全性目标向下分配给较低层;

(4) 通过定性评估和定量评估的结合,查看研制错误的影响;

(5) 评估单个和多个故障的影响;

(6) 评估暴露时间,隐蔽故障和处于风险的时间对系统的整体影响;

(7) 评估共因故障源;

(8) 故障安全设计属性的评估(故障容许和错误容许);

(9) 评估设计更改对安全性的影响;

(10) 相对其他安全性分析方法,FTA 更有利于技术/审定当局评估和审查。

图 7-5 为安全性评估图。FTA 应该在功能危害性评估(FHA)过程、初步系统安全性评估(PSSA)过程和系统安全性评估(SSA)过程中执行。

其中,FHA 过程中的 FTA 用于确定 AFHA 中的失效状态是如何发生的,其顶事件是 AFHA 中的失效状态,底事件对应 SFHA 中的失效状态。

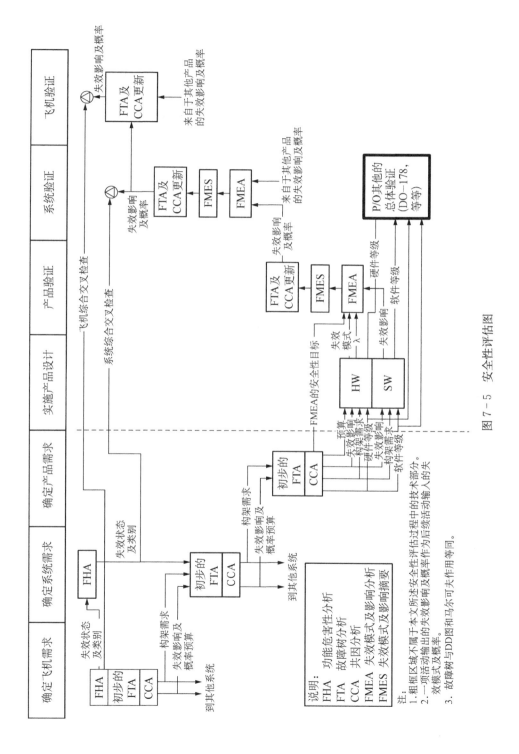

图 7 - 5　安全性评估图

PSSA 过程是图 7-5 的虚线以左部分。PSSA 过程中的 FTA 是一个这样的过程，它结合所提出的系统架构，以及共因分析结果，对 SFHA 中确定的失效状态的安全性目标向较低层次往下分配，并确保该目标被满足。将 PSSA 过程中故障树的底事件产生的安全性需求提供给 FMEA 分析人员，这有助于 FMEA 分析人员确定 FMEA 分析的重点和深度。

SSA 过程是图 7-5 的虚线以右部分。由于详细设计中所获得的认识会引起故障树更改，在该过程中，来自 FMEA 或其他的失效率信息将插入至故障树底事件，计算得出故障树顶事件即 SFHA 中确定的失效状态发生的失效概率，从而证明系统设计符合安全性目标。

另外，在原型机测试过程和飞行测试过程中暴露的问题而导致的硬件或软件设计的更改，也会引起故障树的更改，最终的故障树将作为安全性评估文档的一部分。

### 7.2.3 故障树分析在安全性评估中应用的假设前提

产品的失效率随着工作时间的变化具有不同的特点，在前文已提到，大部分产品失效率曲线的典型形态如图 5-2 的浴盆曲线。浴盆曲线将产品的失效率分为三个阶段，分别是早期失效期，偶然失效期和耗损失效期。早期故障可通过装机前的磨合避免，老化故障可通过预防性维修避免，因此，认为正常使用中的产品处于偶然失效期，其失效率近似为常数。这样就可认为产品均服从指数分布。

对于指数分布，有下列函数。

概率密度函数为 $f(t) = \lambda e^{-\lambda t}$

累积失效概率为 $F(t) = \int_0^t f(x)\,dx = 1 - e^{-\lambda t}$

可靠度函数为 $R(t) = 1 - F(t) = e^{-\lambda t}$

失效率函数为 $\lambda(t) = \dfrac{f(t)}{R(t)} = \dfrac{\lambda e^{-\lambda t}}{e^{-\lambda t}} = \lambda$（常数）

在进行 FTA 定量运算时，涉及 $P(TOP)$ 即 TOP 事件发生的失效概率 $F(t)$。指数分布的累积失效概率 $F(t) = 1 - e^{-\lambda t}$，如果用该表达式直接进行安全性概率运算，显然计算过于复杂。我们知道，对于较小的 $\lambda t$，可将上式近似为：$F(t) = \lambda t$。使用该近似方法存在一定的误差，其误差表示为 $\left| \dfrac{F(t) - \lambda t}{F(t)} \right|$。

$$F(t) = 1 - e^{-\lambda t} = 1 - \left[ \left( 1 - \lambda t + \frac{\lambda^2 t^2}{2} + o(\lambda^2 t^2) \right) \right] = \lambda t - \frac{\lambda^2 t^2}{2} + o(\lambda^2 t^2)$$

从上式可以看出，$1 - e^{-\lambda t} < \lambda t$。因此，出于保守估计，可用 $\lambda t$ 代替 $1 - e^{-\lambda t}$。对误差有

$$\left| \frac{F(t) - \lambda t}{F(t)} \right| = \frac{0.5\lambda^2 t^2 + o(\lambda^2 t^2)}{\lambda t + o(\lambda t)} \approx \frac{\lambda t}{2},$$

并且该误差值是偏于保守的。由 $\lambda t$ 近似表示 $F(t)$ 的误差如图 7-6 所示。

一般认为：当 $\lambda t = 0.1$ 时，误差值为 5.08%，$\left|\dfrac{F(t)-\lambda t}{F(t)}\right| = 5.08\%$，这是可以接受的最大误差。因此，当 $\lambda t < 0.1$ 时，失效概率 $F(t) = 1 - e^{-\lambda t} \approx \lambda t$。在本书的公式中，计算局限于小 $\lambda t$ 假设。

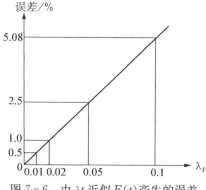

图 7-6　由 $\lambda t$ 近似 $F(t)$ 产生的误差

其次，在故障树建立过程中，对于包含监控器的情况，通常进行以下两个假设：

（1）监控器对执行功能的组件提供 100% 有效范围探测；

（2）监控器验证的"擦净"效果，验证监控器是完全工作的（即，"擦净"效果提供监控器 100% 的检测有效范围）

然而，现实生活中的监控器，不可能提供 100% 有效范围。分析人员应该在清晰有效范围后，调整 FTA 结构，以计及未涉及的范围。

### 7.2.4　故障树分析在安全性评估中应用的实施过程

故障树分析包括六个基本步骤。

1）定义 FTA 目标和分析深度

在安全性评估中，FTA 主要用于完成下列两大目标：

（1）在 PSSA 过程中，当以失效概率 $P_f$ 为工作对象时，分配失效概率 $P_f$（也称为 $P_f$ 预计）。分配的失效概率 $P_f$ 应小于安全性分析所要求的概率目标值。当以定性的失效安全目标为工作对象时，建立系统架构设计要求。

（2）在 SSA 过程中，验证对 PSSA 过程中 FTA 确定的安全性目标的符合性，即确定 PSSA 中的安全性设计需求是否满足。

故障树本身是一个定性模型，但故障树的分析有定性方式或定性与定量相结合的方式。确定故障树分析是定性的、定量的还是二者兼顾，在安全性评估中，这由故障树顶事件所对应的失效状态类别决定。对于故障树分析深度，可参考如图 3-4 的分析流程。

2）定义所要求的分析层次

分析人员实施安全性分析应进入到系统的哪个层级。

3）定义不希望事件

不希望事件可以直接来自 FHA 中的失效状态；当系统分为多个层级时，也可来自另一故障树中的初级事件。如果是后者，则在故障树集成时，必须检查所有子故障树之间的独立性。

分析人员应建立一份不希望事件清单，每个不希望事件将成为故障树中的顶事件。根据分析所属的不同约定层级，顶事件具有不同的来源，如表 7-1。

表 7-1　顶 事 件 来 源

| FTA 约定层级 | 顶事件来源 |
| --- | --- |
| 飞机 | AFHA |
| 系统 | SFHA 和/或 AFHA 和/或飞机功能 FTA |
| 组件 | 系统 FTA |
| 组件功能模块 | 组件 FTA |

4) 收集能得到的最完整的系统数据,并对其进行分析,以确定引发事件可能的故障和失效事件以及事件的组合

分析人员应从以下两个主要方面获得信息:一是系统功能方框图,二是设计描述文档或设计需求文档。

为了确保 FTA 成为安全性分析的有效工具,分析人员应在设计过程中进行 FTA 分析,而不是在设计完成后。

5) 构建以不希望事件为顶事件的故障树

构建故障树应遵循以下四个步骤:

(1) 以清晰简明的方式描述不希望顶事件,若可行,还应描述顶事件的失效率目标值或失效概率目标值。

分析人员应将顶事件填入说明框,描述不希望事件是什么,何时发生。对于大多数故障树,顶事件的描述直接来源于 FHA 中失效状态的描述或一个更高层级的故障树中的初级事件,则只需要复制原描述即可。对于其他情况,分析人员应做到使顶事件的描述简明清晰。

(2) 展开故障树的上层和中间层,确定引发顶事件的最小、最直接、最必要的中间失效及其组合,并用故障树的逻辑符号连接这些失效及其组合。按照同样的方法对故障树进行扩展。

分析人员在构建故障树的上层时,应从以下两个方面考虑:

① 是否存在将要导致所列事件为"真"的任何单个失效?

② 是否存在将要导致所列事件为"真"的任何多重失效的组合?

故障树上层的构建如图 7-7 所示。

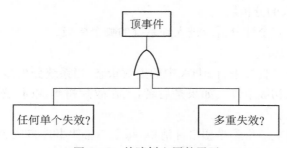

图 7-7　故障树上层的展开

如果不存在任何单个失效导致顶事件的发生,则故障树的第一层如图 7 - 8 所示。

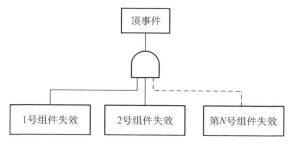

图 7 - 8　无单个失效的故障树上层的展开

此外,多重失效组合的发生还存在一个失效顺序的问题,这些事件必须按照遵循的顺序发生,才能导致顶事件的发生,则与门的输入必须包含一个不可展开事件,以描述这一失效顺序的需求。例如,假设一个系统包含 3 个组件,必须按照特定的顺序,如先 1 号组件,再 2 号组件,最后 3 号组件失效才有导致顶事件的发生。则故障树展开后如图 7 - 9 所示。

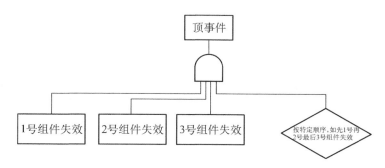

图 7 - 9　考虑失效顺序的故障树上层的展开

对于一种可能的失效顺序,概率为 $P = k/n!$,$k$ 为可能的顺序数,$n$ 为此顺序中的组件个数。

另外,分析人员在多重失效组合的基础上,还应考虑失效-安全设计的失效的可能,即组件功能失效的同时,保护机制也失效的情况。如图 7 - 10 所示。

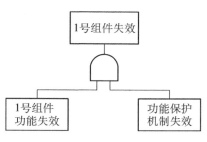

图 7 - 10　失效安全设计系统故障树的扩展

需要注意的是,在整个故障树构建的过程中,分析人员应遵循规定的命名约定,确保涉及某系统的所有分析人员能够按照相同的方式构建故障树。命名约定如下:

① 防止不同的事件使用相同的名字,防止

相同的事件使用不同的名字,若违反这一约定,则经布尔代数化简的结果将产生错误;

② 命名应明确,使得阅读故障树的人能够清楚理解,而勿需查阅相关资料才能理解;

③ 命名应具有充分的扩展能力,以避免由于将来新事件的增加而对所有事件重新命名。

若使用市面上的故障树软件,则定义的命名约定应与故障树软件相兼容,如有些软件要求对所有中间事件命名,以识别各逻辑门的输出。

(3) 通过对系统详细的了解,向下展开每一故障树事件,直到根本原因已确定或不再需要进一步展开为止。

通过系统功能方框图、设计说明文件和设计需求文件,分析人员对系统有详细的了解,此时,可进一步向下展开并完成故障树,直到故障树底层为初级事件为止,如基本事件、外部事件和未展开事件等。这些初级事件是第一级故障树的根本原因。导致顶事件发生的根本原因一般是硬件失效/错误或软件错误,这些硬件失效/错误或软件错误已证明系统设计符合安全性目标所必需的。

FTA 分析的目标决定了 FTA 的分析范围。如果 FTA 是一种定性分析,则除非需要进一步的定性分析,则不需要收集故障树基本事件的信息,如失效率和暴露时间等。如果 FTA 是一种定量分析,则必须收集故障树基本事件的失效率、处于风险的时间和暴露时间等信息。

(4) 对失效概率值进行分配,即失效概率预计,评估现有系统设计是否满足安全目标值,若不满足,则需要对系统进行重新设计,即 PSSA 过程。或者,以定性或定量的方式对故障树进行分析,即 SSA 过程。

6) 分析并综述结果

故障树建立并分析之后,分析人员应对故障树的数据进行规范化和总结,并专门在文件中注明当前架构设计满足顶事件的安全性目标。

适航审定部门要求安全性需求和目标以"平均每飞行小时失效概率"为单位,分析人员必须将故障树顶事件的发生概率以"平均每飞行小时失效概率"为单位规范化,以便确定安全性需求和目标是否满足。

在基于一架飞机寿命是由一系列"平均飞行"组成的假设前提下,计算某一失效状态的"平均每飞行小时失效概率"的过程分为以下四个步骤:

步骤 1:确定"平均飞行";

步骤 2:对某一"平均飞行",计算某一失效状态的概率;

步骤 3:计算某一失效状态的"平均每次飞行失效概率";

步骤 4:计算某一失效状态的"平均每飞行小时失效概率"。

(1) 确定"平均飞行"。

"平均每飞行小时失效概率"基于"平均飞行"。申请人应当估计待审定飞行机队的平均飞行时间和平均飞行剖面。应根据申请人的预期和相似机型的历史经验确定平均飞行时间。"平均飞行"时间应当是申请人对同型号飞机的累积飞行时间除以飞机服役期限内的累积飞行次数的最优估计。"平均飞行"剖面基于普通飞机在国际民用航空组织(ICAO)标准大气中飞行一个平均飞行时间的运行重量和性能期望。在"平均飞行"中,每个飞行阶段(例如:起飞、爬升、巡航、下降、进近和着陆)的持续时间应当以平均飞行剖面为基础。在适当的时候应考虑在普通机场离开地面和到达地面的滑行时间,并且将其加入至平均飞行时间。在安全性评估过程中,"平均飞行"时间和"平均飞行"剖面应作为确定"平均每飞行小时失效概率"的基础。

(2) 对某一"平均飞行",计算失效状态概率。

应当通过结构化方法来确定发生在某一"平均飞行"中的失效状态概率 $P_{\text{Flight}}$ (失效状态),且应考虑所有能引起失效状态的重要因素(例如,失效和事件的组合),还应考虑以下内容:

① 在计算"平均每飞行小时失效概率"过程中使用的单个零件、部件和组件失效率应当是早期失效期之后、耗损失效期之前的成熟恒定失效率,且应当基于所有的失效原因(运行的、环境的等)。可能的话,应当采用相同或相似环境中的相同部件或相似部件的使用历史数据。

② 如果失效仅仅与某个飞行阶段相关,应当以在"平均飞行"中相关的"风险时间"内的失效概率为基础计算失效概率。

③ 如果系统中一个或多个失效的元件会持续存在于多次飞行中(即潜在失效或隐蔽失效),计算时应当考虑相关的暴露时间(例如,维修和操作检查/检测之间的时间间隔)。这种情况下,失效状态的概率在潜在周期内随飞行次数增加。

④ 如果一个元件的失效率在不同飞行阶段内改变,计算时应当考虑在相应情况下的失效率和相应的时间增量,以便确定发生在某一"平均飞行"的失效状态概率。假设"平均飞行"能够分成 $n$ 个阶段(阶段 $1, \cdots$, 阶段 $n$)。令 $T_{\text{F}}$ 为"平均飞行"持续时间, $T_j$ 为第 $j$ 阶段的持续时间, $t_j$ 为 $T_j$ 和 $T_{j+1}$ 间的过渡点, $j = 1, \cdots, n$。即

$$T_{\text{F}} = \sum_{i=1}^{n} T_j \text{ 且 } t_j - t_{j-1} = T_j, \ j = 1, \cdots, n \tag{7-1}$$

令 $\lambda_j(t)$ 为在第 $j$ 阶段的失效概率,即 $t \in [t_{j-1}, t_j]$;

注意:对于某一具体阶段 $j$,所有的 $t \in [t_{j-1}, t_j]$ 内, $\lambda_j(t)$ 可能等于 0;

令 $P_{\text{Flight}}$(失效)为某一飞行(包括不飞行时间)期间元件失效的概率, $P_{\text{Phase}j}$(失效)是在第 $j$ 阶段元件失效的概率。

有两种可能情况:

a. 某次飞行的起始阶段检查该元件是正常的,那么

$$P_{\text{Flight}}(失效) = \sum_{j=1}^{n} P_{\text{Phasej}}(失效) = \sum_{j=1}^{n} P(失效 \mid t \in [t_{j-1}, t_j])$$

$$= 1 - \prod_{i=1}^{n} \exp\left(-\int_{t_{i-1}}^{t_i} \lambda_i(x)\mathrm{d}x\right) \tag{7-2}$$

b. 在某次飞行的起始阶段，该元件的状态是未知的。那么 $P_{\text{Prior}}$（失效）为该元件在该次飞行前已经发生失效的概率：

$$P_{\text{Flight}}(失效) = P_{\text{Prior}}(失效) + (1 - P_{\text{Prior}}(失效))\left(1 - \prod_{i=1}^{n} \exp\left(-\int_{t_{i-1}}^{t_i} \lambda_i(x)\mathrm{d}x\right)\right) \tag{7-3}$$

⑤ 如果按照某种顺序发生的各种失效只有一种影响，计算时应当考虑条件概率（按产生失效状态需要依次发生多个失效）。

（3）计算某一失效状态的"平均每次飞行失效概率"。

下一步是计算失效状态的"平均每次飞行失效概率"。即，在相应时间段内（如，暴露时间的最小公倍数或飞机寿命）内，计算每次飞行（尽管所有飞行都是"平均飞行"，但仍可能是不同的）的失效状态概率，并相加起来，再除以该时间段内的飞行次数。计算的原理描述如下：

$$P_{\text{average per Flight}}(失效状态) = \frac{\sum\limits_{k=1}^{N} P_{\text{Flight}k}(失效状态)}{N} \tag{7-4}$$

式中：$N$ 为相应时间段内的飞行次数；$P_{\text{Flight}k}$ 是在第 $k$ 次飞行中发生失效状态的概率。

（4）计算某一失效状态的"平均每飞行小时失效概率"。

计算"平均每次飞行失效概率"后，将它除以"平均飞行"持续时间（飞行小时）$T_{\text{F}}$，得到"平均每飞行小时失效概率"。该定量值应与功能危害性分析（FHA）确定的失效状态分类及其影响相比较，以确定该值是否符合所分析失效状态对应的安全性目标。

$$P_{\text{Average per FH}}(失效状态) = \frac{P_{\text{average per Flight}}(失效状态)}{T_{\text{F}}} \tag{7-5}$$

若顶事件单位为"平均每次飞行失效概率"，则分析人员应将该值除以平均飞行时间或其他时间，以得到"平均每飞行小时失效概率"。

建议以图表的形式将 FTA 数据表达出来，提供给工程人员或适航审定当局评审人员。

### 7.2.5　安全性概率运算方法

AC25.1309 - 1B(Draft)中规定，定量安全性评估的指标以"平均每飞行小时失效概率"为单位。

故障树定量分析是 PSSA 和 SSA 过程中的安全性分析方法。它的输入来自 PSSA 和 SSA 过程中建立的故障树以及相关信息,计算结果直接用作判断 FHA 中失效状态的安全性目标是否满足。

故障树定量分析必须基于一个系统工作时间。在民机机载系统及设备的安全性评估过程当中,顶事件发生概率是表示在每次飞行任务期间内发生的概率,因此,系统工作时间一般设置为平均飞行时间。该值在计算前必须明确。

故障树定量分析必须基于最小割集,最小割集是底事件的组合,因此进行故障树定量分析必须要确定故障树基本事件的数据模型。在安全性评估中,较常见的事件数据模型有以下两种:风险时间模型和定期维修隐蔽故障模型。这两种模型的关键是确定风险时间和隐蔽故障的暴露时间。

综上,在安全性评估中,故障树定量分析分为以下六大步骤进行:

(1) 获取输入信息;

(2) 确定故障树的最小割集;

(3) 确定基本事件的失效率;

(4) 确定基本事件的风险时间和暴露时间;

(5) 执行 FTA 数值计算;

(6) 输出分析结果。

### 7.2.5.1　获取输入信息

FTA 是安全性评估过程中的分析方法,定量 FTA 一般作为 PSSA 和 SSA 过程的辅助手段。因此故障树定量分析的输入来自 PSSA 或 SSA 过程中所建立的故障树,以及 PSSA 或 SSA 过程中产生的其他相关信息。

通常,PSSA 或 SSA 过程中建立的故障树比较"大",它经常会包含一些研发错误等无法量化的信息,在开始定量运算前,分析人员需将这些信息进行处理,或者删除,或者将其失效率值设为零,以形成一棵"小"的故障树。

### 7.2.5.2　确定故障树的最小割集

确定故障树最小割集的方法请参考本书 7.2.1 节内容。

### 7.2.5.3　确定基本事件的失效率

故障树中基本事件的失效率数据一般通过供应商提供的 FMEA/FMES 和/或公司数据库(如适用)获取。如果不能通过上述方法获取,则可参考工业界的失效率和失效模式分布的广泛来源,包括 MIL - HDBK - 217,MIL - HDBK - 338,MIL - HDBK - 978,罗姆实验室的"可靠性工程师的工具箱",美国可靠性信息分析中心 RIAC(2005 年 RAC 更名为 RIAC)的"非电子元件可靠性数据"(NPRD)、"电子元件可靠性数据"(EPRD)和"失效模式/机制分布"(FMD),政府工业数据交换计划 (GIDEP)等。

对于 PSSA 过程的 FTA,基本事件的失效率可以参照相似设备的统计数据进行初步分析。对于 SSA 过程中的 FTA,基本事件的失效率一定要保证其有效性。从可追溯性角度出发,故障树中每一基本事件,应与 FMEA/FMES 直接对应。

### 7.2.5.4　确定基本事件的处于风险的时间或暴露时间

在确定每个基本事件的失效率后,分析者还应确定每一个基本事件的处于风险的时间。当存在隐蔽故障时,要考虑其暴露时间。

处于风险时间的确定与基本事件的使用情况有关:

(1) 基本事件对应的部件在整个飞行阶段都使用。

这种情况时,基本事件的处于风险的时间等于平均飞行时间。

(2) 基本事件对应的部件仅在特定飞行阶段才使用。

这种情况时,其基本事件的处于风险的时间则不再是平均飞行时间,而是从地面测试至基本事件对应部件开始使用这一飞行阶段,也可能是中间一个特定的飞行阶段。例如,假设所考虑事件为"起落架放下",通过地面测试知道用于放下起落架的设备装置是正常工作的,则用作放下起落架的设备装置的处于风险时间为:从地面测试到飞行中"起落架放下"这一时间段。又例如,假设所考虑事件为"自动着陆",并且通过模式约定的初始化测试中可以知道用于飞机自动着陆的设备装置是正常工作的,这时,处于风险的时间为:从初始化测试到飞机接地时的时间段。

隐蔽故障的暴露时间的确定如下:

隐蔽故障也称潜在故障,是指那些故障已经发生,但对飞机没有可察觉的影响,并且不可被监控措施检测到,它只能通过维修任务被检查和修理(日检、预防性维修、校验、定检等)。隐蔽故障总是有一个相应的检查时间。隐蔽故障本身并不会导致危害,但是它会使保护机制功能丧失或降低安全裕度,从而增加后续失效条件引起危害的风险。隐蔽故障仅影响正常工作所不依赖的功能,但它提供故障安全覆盖和/或非正常条件的保护。

隐蔽故障持续的时间间隔可能大于或者小于飞行时间,这段时间间隔就是前面所说的暴露时间。正常工作可通过验证测试,维修检查,监控器周期和上电测试等验证。隐蔽故障的暴露时间一般为它对应的检查间隔时间。隐蔽故障管理的核心在于快速地检测和维修相应的失效状态,以缩短暴露时间。

### 7.2.5.5　执行 FTA 定量运算

对顶事件的发生概率,有

$$P(TOP) = P(G_1 + G_2 + \cdots + G_n)$$

$$= \sum_{i=1}^{n} P(G_i) - \sum_{1 \leqslant i < j \leqslant n} P(G_i G_j) + \sum_{1 \leqslant i < j < k \leqslant n} P(G_i G_j G_K) + \cdots$$

$$+ (-1)^{n-1} P(G_1 G_2 \cdots G_n)$$

其中,$G_i (i = 1, 2, \cdots, n)$ 为第 $i$ 个最小割集。

在工程上,由于最小割集中一般包含多个基本事件,上式中第二项及后面各项相对第一项都可以忽略,因此上式可以近似为

$$P(TOP) = P(G_1 + G_2 + \cdots + G_n) \approx \sum_{i=1}^{n} P(G_i)$$

本书的运算都是采用上述工程上的近似算法。

顶事件的发生概率等于各个最小割集的概率之和。因此，FTA 的定量运算关键就是各个最小割集概率的计算。

在安全性评估过程中，最小割集中的基本事件可能含有隐蔽故障，是否包含隐蔽故障对最小割集的计算非常重要。根据这一点，最小割集概率的计算分为以下三种情况：ⓐ全为显性故障；ⓑ包含隐蔽故障，采取保守计算；ⓒ包含隐蔽故障，采取精确计算。

涉及隐蔽故障时，由于计算较为复杂，而且市面上的商用分析软件要么没有处理隐蔽故障的功能，要么处理的模型不满足要求，因此才有第ⓑ种与第ⓒ种的分类。对隐蔽故障采取保守计算时，可以直接使用市面上的商用分析软件，与显性故障相同处理。如果保守计算能满足安全性目标，那显然是可以的，而且意味着留有了一定的安全裕度。若不能满足安全性目标，再采用精确的方法单独对该最小割集进行计算。

1）最小割集中基本事件全为显性故障

这种情况的计算可直接采用的故障树定量分析方法。其方法是将最小割集中各基本事件发生的概率值简单相乘即可，得到平均每次飞行的失效概率，将上式值除以 $T_0$ 即可得到平均每飞行小时的失效概率。

图 7-11 是一个简单的示例，以说明这种情况下的计算。

故障树的最小割集有两个，分别为 $AB$ 和 $CD$。$A$，$B$，$C$，$D$ 四个基本事件对应的都是显性故障，对应的失效率和处于风险的时间分别为 $\lambda_A$，$\lambda_B$，$\lambda_C$，$\lambda_D$；$T_{Ra}$，$T_{Rb}$，$T_{Rc}$ 和 $T_{Rd}$。

$$\begin{aligned}
P(TOP) &= P(GATE1 + GATE2) \\
&= P(GATE1) + P(GATE2) \\
&= P(AB) + P(CD) \\
&= P(A)P(B) + P(C)P(D) \\
&= \lambda_A \lambda_B T_{Ra} T_{Rb} + \lambda_C \lambda_D T_{Rc} T_{Rd}
\end{aligned}$$

平均每飞行小时的失效概率为

$$\overline{P}_{\text{fh}} = P(TOP)/T_0 = (\lambda_A \lambda_B T_{Ra} T_{Rb} + \lambda_C \lambda_D T_{Rc} T_{Rd})/T_0 \qquad (7-6)$$

分析者也可以使用 $T_0$ 直接代替 $T_R$ 进行保守估算（这样做的好处是，分析者不必确定对应的处于风险的时间，减少了工作量）。这也适用于以下各节。

2）最小割集中包含隐蔽故障的保守计算

这种情况与上一种方法的计算方法相同，唯一的区别是：将该隐蔽故障对应的暴露时间"当作"隐蔽故障对应的基本事件的处于风险的时间。

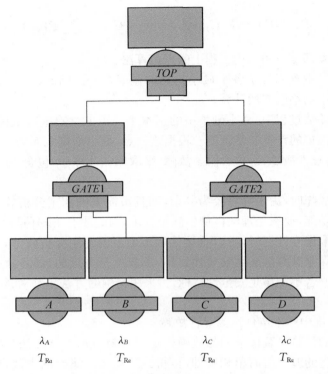

图 7 - 11　最小割集中基本事件全为显性故障的计算示例

图 7 - 12 是一个简单的示例,以说明这种情况下的计算。

故障树的最小割集有两个,分别为 $AB$ 和 $CD$。$A$,$B$,$C$,$D$ 事件对应的失效率分别为 $\lambda_A$,$\lambda_B$,$\lambda_C$,$\lambda_D$;$A$,$C$,$D$ 对应的基本事件为显性故障,处于风险的时间为 $T_{Ra}$,$T_{Rc}$ 和 $T_{Rd}$,$B$ 为隐性故障,对应的暴露时间为 $T_B$。

$$
\begin{aligned}
P(TOP) &= P(GATE1 + GATE2) \\
&= P(GATE1) + P(GATE2) \\
&= P(AB) + P(CD) \\
&= P(A)P(B) + P(C)P(D) \\
&= \lambda_A \lambda_B T_{Ra} T_B + \lambda_C \lambda_D T_{Rc} T_{Rd}
\end{aligned}
$$

平均每飞行小时的失效概率为

$$
\overline{P}_{\text{fh}} = P(TOP)/T_0 = (\lambda_A \lambda_B T_{Ra} T_B + \lambda_C \lambda_D T_{Rc} T_{Rd})/T_0 \tag{7 - 7}
$$

若此种保守计算方法,能满足安全性目标,这也意味着留有了一定的安全裕度,无需再采用第 3 种情况的精确计算方法。

3) 最小割集中包含隐蔽故障的精确计算

隐蔽故障具有一个这样的特征,它可在其维修时间间隔内的任何一次飞行中失

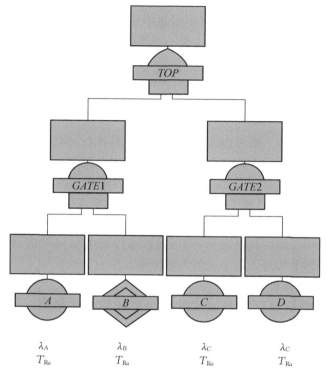

图 7 - 12　最小割集中包含隐蔽故障的保守计算示例

效，由于它的失效是隐蔽的，因此直到所在最小割集中除它之外的最后一个事件发生失效时，失效状态才发生。

精确地计算隐蔽故障是这样一个过程：分别考虑隐蔽故障发生在维修时间间隔期间的任一次飞行的情况，并求出每种情况的失效概率值，并将各失效概率值求和，再求平均，即可得平均每次飞行的失效概率值。

如在图 7 - 13 的示例中，采取精确计算。计算公式如下：

$$\begin{aligned}
P(TOP) &= P(GATE1 + GATE2) \\
&= P(GATE1) + P(GATE2) \\
&= P(AB) + P(CD) \\
&= P(A)P(B) + P(C)P(D) \\
&= \frac{1}{2}\lambda_A\lambda_B T_0(T_B + T_0) + \lambda_C\lambda_D T_{Rc}T_{Rd}
\end{aligned}$$

平均每飞行小时的失效概率为

$$\overline{P}_{\text{fh}} = P(TOP)/T_0 = \frac{1}{2}\lambda_A\lambda_B(T_B + T_0) + \lambda_C\lambda_D T_{Rc}T_{Rd}/T_0 \qquad (7-8)$$

对比上述结果，可以发现，对包含隐蔽故障的最小割集进行保守处理与精确处理，结果相差很大，特别地，当判断最小割集中是否包含隐蔽故障有误时，计算结果相差数量级。如对二阶最小割集中包含一个隐蔽故障进行精确计算时，平均每次飞行的失效概率值为 $\frac{1}{2}\lambda_A\lambda_B T_0(T_0 + T_B)$，而若当作双显性故障时，该值为仅 $\lambda_A\lambda_B T_0^2$（一般有 $T_A \gg T_0$）。这将产生"虚假"地满足了安全性目标。因此，判断是否为隐蔽故障很关键。

故障树的定量运算一般可由商用分析软件工具执行，但该软件分析工具需先期得到适航的认可。商用分析软件在执行定量运算时，已经自动生成最小割集并在最小割集的基础上进行运算。因此，用户借助商用分析软件时，应根据基本事件的数据模型，在故障树中输入各基本事件的失效率，以及基本事件处于风险的时间或暴露时间等，同时还需设置一个重要参数——系统工作时间，在安全性评估中，该值一般为平均飞行时间。最后执行运算，即可得顶事件的失效概率值，将该值除以平均飞行时间即可得到平均每飞行小时的失效概率。

### 7.2.5.6　输出分析结果

经过上述步骤后可以得到的故障树顶事件的发生概率。将该值与对应的 SFHA 中的失效状态的安全性目标比较，如 SFHA 中的失效状态为危险的，对应的安全性目标为 $10^{-7}/\text{fh}$，即该失效状态发生的概率必须小于 $10^{-7}/\text{fh}$，若满足该安全性目标，则分析可以结束，若不满足，则需要更换设备或零部件，甚至更改设计方案，直至满足安全性目标为止。

本章定量分析过程中的示例中，最小割集中仅包括两个基本事件。但是在实际分析过程中，最小割集往往包含多个基本事件，如果这些基本事件对应的失效中存在两个及其以上的隐蔽故障，对于这些情况，要想得到精确的计算，隐蔽故障的公式推导仍然是适用的，其区别就是公式的推导及表达式将更加复杂。

在实际应用时，如果需要将运算精度进一步提到，还可以考虑失效顺序、影响阶段等因素，保证运算结果更接近真实值。

## 7.3　相关图分析

相关图（Dependence Diagram，DD）作为替代故障树分析的一种安全性分析方法，也可用图形的方法表示失效组合并进行概率运算分析，其过程和方法和故障树分析相似。二者之间的区别是，相关图中没有像故障树分析中的与门、或门等逻辑符号，其逻辑关系用方框以并联或串联的方式表示，并且相关图中也无法表示中间事件。相关图和故障树分析在民用飞机系统安全性设计与评估中的作用完全相同。

由于相关图的分析过程和方法与故障树分析相似，因此本章不再详细叙述其分析过程和方法，仅介绍相关图特有的表示方法和相关问题，如基本逻辑布局、基本分析程序、不同事件的图形化表示。

### 7.3.1　基本逻辑布局

每个相关图代表一个失效状态(不期望顶事件)。相关图由矩形框构成,这些矩形框表示导致顶事件的故障事件,它们以串联或并联的方式布局。串联链表示"或(OR)"的情况,并联链则表示"与(AND)"的情况。

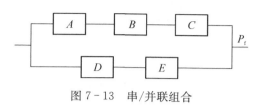

图 7 - 13　串/并联组合

图 7 - 13 中 DD 中总的失效状态概率 $P_f$,可由下列公式近似给出:

对于每次飞行, $P_f = (P_f A + P_f B + P_f C)(P_f D + P_f E)$

图 7 - 13 所示的布局是经过简化的,以介绍其逻辑运算的基本原理。实际运用中,相关图可能会非常复杂,如在整个 DD 图中多次出现同一个故障事件。此时,需要通过布尔代数化简的方法来生成最小割集,完成概率运算。相关图中使用最小割集的方法进行定性和定量分析与故障树分析方法完全相同。

### 7.3.2　事件的图形化表示

相关图通常由矩形框构成。和故障树分析中使用各种形状的方法类似,矩形框的不同形式可以用来描述不同的情形。

1) 失效模式

"实线"矩形框表示被分析系统内部且不需要作进一步展开的失效模式,这与故障树中的圆形事件相似。在 PSSA 中,该矩形框应包含失效模式的说明,相关风险时间和/或暴露时间,以及对应的预计失效率。在 SSA 中,可由实际失效率替代预计失效率,并包括了 FMES 的数据源引注。图 7 - 14 描述了一个 SSA 相关图失效模式的例子。

图 7 - 14　系统内部全展开失效模式

图 7 - 14 的例子说明"丧失速度信号"这一失效模式可追溯到 FMES 7.4,其失效率为 $1 \times 10^{-6}$,风险时间为 5 分钟。

2) 失效状态

"虚线"矩形框表示所研究系统的另一种失效状态或另一个系统的失效状态。这与故障树分析中的另一个分支树相似。

图 7 - 15 中的例子说明了"丧失汇流条 1XPI"可以参考 SSA24.4.3。

图 7 - 15　系统内部未展开的失效模式或外部失效模式

具有交叉对角线的矩形框表示不能直接通过其所述的失效率和风险时间/暴露

时间得出失效概率的失效模式。该矩形框可能是自身右侧进一步的子相关图，并且为了确定其失效概率必须直接被引注，如图 7 - 16 所示。

在相关图的概率计算中，当使用这些失效状态方框时，应注意：它们仅表示可能包含与所研究的相关图具有共因元素的另一相关图的顶事件，它们也可能包含与在原始相关图中所考虑的暴露时间不同的暴露时间。

对于所关心的失效状态，应始终用完整的相关图结构来进行运算，并且在计算中不只是简单地使用该失效状态的概率。

图 7 - 16　非直接概率　　　　　　　图 7 - 17　航空器外部的失效或事件

3）外部事件

"点线"矩形框表示航空器的外部事件，例如结冰条件。图 7 - 17 表示每次飞行结冰条件出现的概率为 $2 \times 10^{-2}$，以及对于该数据的参考。

## 7.4　马尔可夫分析

### 7.4.1　马尔可夫过程的基本概念

马尔可夫过程是 1907 年由俄国人马尔可夫提出来的。它是研究系统"状态"和"状态"之间的相互转移的关系。假如系统完全由定义为"状态"的变量取值来描述的时候，则说系统处于一个"状态"。假如描述系统的变量从一个状态的特定值变化到另一个状态的特定值时，则说系统实现了状态的转移。例如，某一系统，它只有正常工作状态 $S$ 和失效状态 $F$ 两种情况。当系统是可修复时，处于 $S$ 状态的系统由于故障会转移到 $F$ 状态。相关，处于 $F$ 状态的系统经过修复又会转移到 $S$ 状态。其状态转移图如图 7 - 18 所示。这种由一个状态转移到另一个状态完全是随机的，因此称这种状态随机转移的过程为随机过程。

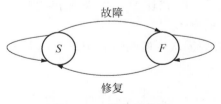

图 7 - 18　状态转移图

在一个随机过程中，如果在某一时刻，由一种状态转移到另一种状态的转移概率只与现在处于什么状态有关，而与在这时刻以前所处的状态完全无关，即这种转移概率只与现在状态有关，与有限次以前的状态完全无关，这种过程就叫马尔可夫过程。

马尔可夫过程用数学式表示为

$$P\{X(t_n) = x_n \mid X(t_1) = x_1, X(t_2) = x_2, \cdots, X(t_{n-1}) = x_{n-1}\}$$
$$= P\{X(t_n) = x_n \mid X(t_{n-1}) = x_{n-1}\}$$

其中 $X(t_i) = x_i$ 表示处于 $t_i (i = 1, 2, \cdots, n)$ 时刻的状态。

上式说明 $t_n$ 时刻的状态 $X(t_n)$ 在以前 $n-1$ 个时刻的状态 $X(t_1)$，$X(t_2)$，$\cdots$，$X(t_{n-1})$ 下的条件概率等于在 $t_{n-1}$ 时刻的状态 $X(t_{n-1})$ 下的条件概率。只要前一个状态 $X(t_{n-1})$ 一经决定，则 $X(t_n)$ 状态概率就可以决定了。可见，更早以前的各状态不影响现在状态的性质，就是所谓的马氏性，或称为无后效性。

若 $X(t)$（$t$ 时刻时系统的状态）是马尔可夫过程，且 $X(t)$ 是离散型随机变量，这种马尔可夫过程称为马尔可夫链。若一个马尔可夫链 $X(t)$ 的有限状态空间是 $z = \{0, 1, \cdots, n\}$，要掌握这个马尔可夫链的统计规律性，就应给出分布列

$$P(X(t) = j) \overset{\triangle}{=} P_j(t), j = 0, 1, \cdots, n$$

而要求 $t$ 时刻马尔可夫链 $X(t)$ 处于状态了的概率 $P_j(t)$，往往需要知道过程从一个状态转移到另一个状态的转移概率

$$P(X(t+u) = j \mid X(u) = i)$$

若一个马尔可夫链 $X(t)$，从 $u$ 时处于状态 $i$，转移到 $t+u$ 时处于状态 $j$ 的转移概率与转移的起始时间 $u$ 无关，即

$$P(X(t+u) = j \mid X(u) = i)$$
$$= P(X(t) = j \mid X(0) + i) \overset{\triangle}{=} P_{ij}(t) \qquad (7-9)$$

则称此马尔可夫链是齐次的，$P_{ij}(t)$ 是齐次马尔可夫链在 $t$ 这段时间内从状态 $i$ 转移到状态 $j$ 的转移概率。

### 7.4.2　马尔可夫模型图形表示及术语定义

马尔可夫模型代表各种不同的系统状态，以及它们之间的关系。这些状态可能是工作的或者是不工作的。如图 7-19 所示，马尔可夫模型采用转移图表示系统状

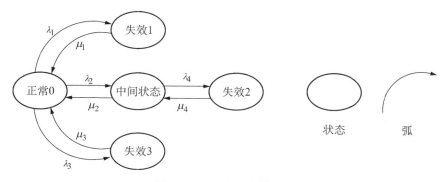

图 7-19　马尔可夫模型图

态变化,圆圈表示系统的状态,可以是正常、失效或者中间状态。设备的失效和维修通过一条带箭头的弧线来表示。随着失效和维修,系统从一个状态转移到另一个状态。通过马尔可夫模型,多失效模式也可以进行建模。马尔可夫模型比其他模型具有更高的灵活性。在一张状态转移图上不但可以反映多种失效模式,还可以体现出整个系统的故障容忍能力。对于不同的失效模式可以建立不同维修率的模型。马尔可夫模型状态转移图中还可以看出与系统失效所对应的设备时效序列。

相对于可靠性框图和故障树分析方法,马尔可夫模型进行系统安全性分析有以下几点优势:ⓐ马尔可夫模型一次建模可求得多类可靠性/安全性指标;ⓑ一个马尔可夫模型一次建模可以考虑多种失效模式;ⓒ故障树和可靠性框图只有在设备独立或互斥的假设下才能够大大简化计算,而马尔可夫模型则不受设备之间依赖关系的影响,不须做如此假设,即可获得良好的计算精度;ⓓ马尔可夫模型可以分析多个影响安全性的因素,包括结构冗余、共因失效、自诊断、在线或离线测试维修、非理想的维修测试、周期性功能测试、单一或多个维修队伍等。

在应用马尔可夫过程进行安全性分析时,所用到的相关术语见表7-2。

**表7-2 用于马尔可夫分析的相关术语**

| 术语 | 解释 |
| --- | --- |
| 吸收状态 | 系统进入状态并保持该状态。这意味着从该状态没有输出转换。如果吸收状态在马尔可夫链中出现,则这些状态之一最后存在概率将为1 |
| 各态历经过程 | 除了均匀过程之外,任何状态中存在概率的最后值与初始状态无关 |
| 扩展的随机 Petri 网 | 作为详细分析系统从任何类型故障恢复的一种 FEHM(故障和差错处理模型) |
| 故障和差错处理模型 | 这些是说明有关发生故障系统运行状态的模型。该模型输出故障探测的概率,有效范围($C$),非探测和所谓单点失效的系统概率($S$),由于几乎同时发生故障引起系统失效的概率($N$),以及系统从故障恢复的概率($R$)。有 6 个被流行使用的 FEHM,它们是直方图、概率和分布、平均和标准偏差、CAREⅢ、ARIES 以及 ESPN |
| 均匀马尔可夫过程 | 状态转换是无记忆的以及状态保持时间是按指数规律分布。部件不"老化"且在不变的转换率下进行状态转换 |
| 均匀过程 | 所有转换概率和转换率是常数 |
| 非均匀过程 | 衰减保持时间限制的指数 |
| 执行能力 | 此度量是系统可靠性和性能的结合。性能可能是相对于整个系统,平均工作完成时间,平均燃油消耗等 |
| 半吸收状态 | 系统进入作为连续转换结果的状态,且保持这种状态直到离散概率交换结果的检修前为止 |
| 半马尔可夫过程 | 转换率可能是特定(局部)时钟的函数,而不是全局时钟的函数。状态保持时间可能是非指数且可能取决于下一个状态 |
| 状态空间 | 一个系统能获得的所有可能的状态群 |
| 状态 | State 表示系统的状态 |
| 刚性马尔可夫链 | 包含快慢两种转换,其转换率相差几个数量级 |

（续表）

| 术语 | 解释 |
|---|---|
| 随机过程<br>转换时间 | 事先不能预测的系统运行状态,但在特定时间内,能规定不同状态的概率<br>在此时间里,发生从一个状态到另一个状态的转换。该转换发生在连续<br>的或离散的时标上 |
| 转换 | 从状态到状态具有确定有限概率或转换率的运动。从状态 $i$ 到状态 $j$ 的<br>转换仅取决于状态 $i$ 和状态 $j$,而不取决于时间的变化。这就是把马尔可<br>夫链称为无记忆马尔可夫过程的原因 |

### 7.4.3　马尔可夫分析方法

#### 7.4.3.1　基于可靠性理论的马尔可夫模型

假设一个可修系统有 $N+1$ 个状态,其中状态 $0,1,2,\cdots,k$ 是系统的正常状态;$K+1,\cdots,N$ 是系统的失效状态。分别记作 $S=\{0,1,\cdots,N\}$,$W=\{0,1,\cdots,K\}$ 和 $F=\{K+1,K+2,\cdots,N\}$。令 $X(t)$ 为时刻 $t$ 该系统所处的状态,若系统部件的寿命分布和故障后的修理时间均服从指数分布,则系统状态的随机过程 $\{X(t),t\geqslant 0\}$ 是一个齐次马尔可夫过程,且在充分小的时间 $\Delta t$ 内的转移概率函数满足

$$P_{ij}(\Delta t)=a_{ij}(\Delta t)+\mathrm{o}(\Delta t),\ i,j\in S,\ i\neq j$$

式中,$\{a_{ij}:i,j\in S,\ i\neq j\}$ 是给定的,并且 $a_{ij}\geqslant 0$。显然有

$$P_{ij}(\Delta t)=1-\sum_{\substack{j\neq i\\j\in S}}p_{ij}(\Delta t)=1-\sum_{\substack{j\neq i\\j\in S}}a_{ij}(\Delta t)+\mathrm{o}(\Delta t) \tag{7-10}$$

令

$$a_{ij}=-\sum_{\substack{j\neq i\\j\in S}}a_{ij} \tag{7-11}$$

则

$$P_{ij}(\Delta t)=1+a_{ij}\Delta t+\mathrm{o}(\Delta t) \tag{7-12}$$

$$a_{ij}=\begin{cases}q_{ij} & \text{当 } i\neq j\\-q_i & \text{当 } i=j\end{cases}\quad i,j\in S \tag{7-13}$$

当给定系统初始状态分布 $P_1(0),P_2(0),\cdots,P_N(0)$,则在任务时刻 $t$,系统的可靠度为

$$D(t)=\sum_{j\in W}P_j(t) \tag{7-14}$$

式中,$P_j(t),j\in W$ 是下列微分方程组的解:

$$\begin{cases}p_i'(t)=\sum_{k\in S}P_k(t)a_{ki}\\\text{初始条件 }P_1(0),P_2(0),\cdots,P_N(0)\end{cases} \tag{7-15}$$

上述方程组的矩阵形式为

$$\begin{cases} \boldsymbol{P}'(t) = \boldsymbol{P}(t)\boldsymbol{A} \\ \text{初始条件 } P(0) \end{cases} \tag{7-16}$$

式中，$\qquad \boldsymbol{P}(t) = (P_1(t), P_2(t), \cdots, P_N(t));$

$\boldsymbol{P}'(t)$ 为对每个分量分别求商；

$\boldsymbol{A} = (a_{ij})$，$i, j \in S$，$\boldsymbol{A}$ 称为转移率矩阵。显然，矩阵 $\boldsymbol{A}$ 的每行元素之和均为 0。

微分方程组(7-16)的解为

$$\boldsymbol{P}(t) = \boldsymbol{P}(0)e^{At} = \boldsymbol{P}(0)\sum_{n=1}^{\infty} \frac{t^n}{n!}\boldsymbol{A}^n \tag{7-17}$$

求解 $\boldsymbol{P}(t)$ 一般很困难，可用拉氏变换($L$ 变换)求解。记 $P_i(t)$ 的 $L$ 变换为

$$P_i(s) = \int_0^{\infty} e^{-st}P_i(t)\mathrm{d}t, \tag{7-18}$$

将式(7-16)两边做 $L$ 变换，得

$$\int_0^{\infty} e^{-st}\boldsymbol{P}'(t)\mathrm{d}t = \int_0^{\infty} e^{-st}\boldsymbol{P}(t)\mathrm{d}t \cdot \boldsymbol{A}, \ s > 0 \tag{7-19}$$

这里对向量的 $L$ 变换是指对每个分量的变换。式(7.19)的左端

$$\int_0^{\infty} e^{-st}\boldsymbol{P}'(t)\mathrm{d}t = e^{-st}\boldsymbol{P}(t)\Big|_0^{\infty} + \int_0^{\infty} se^{-st}\boldsymbol{P}(t)\mathrm{d}t = -\boldsymbol{P}(0) + s\int_0^{\infty} e^{-st}\boldsymbol{P}(t)\mathrm{d}t \tag{7-20}$$

代入式(7-19)，解得

$$\boldsymbol{P}(s) = \int_0^{\infty} e^{-st}\boldsymbol{P}(t)\mathrm{d}t = \boldsymbol{P}(0)(s\boldsymbol{I} - \boldsymbol{A})^{-1}, \ s > 0 \tag{7-21}$$

式中：$\boldsymbol{I}$ 为单位矩阵；$s\boldsymbol{I} - \boldsymbol{A}$ 显然为可逆矩阵。

对式(7-14)两端作 $L$ 变换，得

$$D(s) = \int_0^{\infty} e^{-st}A(t)\mathrm{d}t = \sum_{i \in W} P_i(s) \tag{7-22}$$

将式(7-21)代入上式，经反演可求出系统可靠度。系统的失效概率为

$$P_f(s) = 1 - D(s) \tag{7-23}$$

### 7.4.3.2　马尔可夫过程的状态转移图

服从马尔可夫过程的可修系统，在某一时刻可能出于各种状态。各状态之间是

可以相互转移的,这样的系统可以用图 7-20
所示的马尔可夫过程状态转移图来描述。
如某系统存在着正常状态 $W$ 和失效状态
(修理状态)$F$,可用图 7-20 来描述系统状
态及其之间的转移。

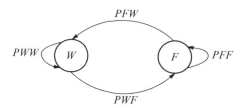

### 7.4.3.3　应用马尔可夫过程计算系统失效概率的步骤

图 7-20　马尔可夫状态转移图

前面给出了一般模型,但对每一个可修系统图而言,若其状态分布不同,则对应
的状态转移图和转移率矩阵 $A$ 也不同。下面给出马尔可夫过程计算系统失效概率
的一般步骤如下:

(1) 定义系统状态。应保证所定义的状态足以区分系统的各种不同状态。令
$S = \{0, 1, \cdots, N\}$ 为系统的状态集,其中 $W = \{0, 1, \cdots, K\}$ 和 $F = \{K+1, K+
2, \cdots, N\}$ 分别为系统正常状态集和失效状态集。

(2) 定义随机过程 $\{X(t), t \geqslant 0\}$,令 $\{X(t) = j\}$,若时刻 $t$ 系统处于状态 $j, j \in
S$,则由此绘制系统状态转移图。

(3) 求状态转移矩阵 $A$。对于已定义的过程,求出

$$P_{ij}(\Delta t) = a_{ij} \Delta t + o(\Delta t), \ i, j \in S, \ i \neq j \tag{7-24}$$

进一步写出转移矩阵 $A = (a_{ij})$,其中 $a_{ij} = -\sum\limits_{\substack{j \neq i \\ j \in S}} a_{ij}$

(4) 求 $P_j(t) = P\{X(t) = j\}, j \in S$。应用 $L$ 变换解微分方程组

$$\begin{cases} (P'_1(t), P'_2(t), \cdots, P'_N(t)) = (P_1(t), P_2(t), \cdots, P_N(t))A \\ \text{初始条件}(P_1(0), P_2(0), \cdots, P_N(0)) \end{cases} \tag{7-25}$$

(5) 求系统的可靠度:

$$D(t) = \sum_{j \in W} P_j(t) \tag{7-26}$$

(6) 求系统的失效概率:

$$P_f(t) = 1 - D(t) \tag{7-27}$$

### 7.4.3.4　基于安全性评估的马尔可夫分析

马尔可夫分析方法对系统进行失效率分析的一般过程为:

(1) 应观察系统的运行状态,分析系统的组成单元。

(2) 准确定义其中的各种状态,确定状态间的转移关系,画出状态转移图。

(3) 根据系统的状态转移图写出与系统转换和状态相关的方程式,通常,一个
状态概率的改变是由于离开和进入该状态的流动而引起的。沿着一个转换的流动
是沿着该转换的转换率和在该转换起点状态概率的乘积。负号表示系统以该转换

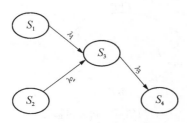

图7-21 马尔可夫输入/输出转换进/出状态的例子

率离开该特定状态,而正号意味着系统以该转换率进入新的状态。

以图7-21状态转移为例:

在该系统中,状态 $S_3$ 有一个事件相关概率值 $P_3(t)$。它有两个分别从状态 $S_1$ 和状态 $S_2$ 的输入及到状态 $S_4$ 的一个输出。$S_1$ 和 $S_2$ 的时间相关概率值分别为 $P_1(t)$ 和 $P_2(t)$。从状态 $S_1$ 和 $S_2$ 进入状态 $S_3$ 的转换率分别为 $\lambda_1$ 和 $\lambda_2$,转出 $S_3$ 的转换率为 $\lambda_3$。则 $S_3$ 的状态概率变化率能用下列方程式给出:

$$\frac{\mathrm{d}P_3(t)}{\mathrm{d}t} = \lambda_1 P_1(t) + \lambda_2 P_2(t) - \lambda_3 P_3(t) \qquad (7-28)$$

同样,可对状态转移图中的其他状态建立微分方程。

(4)对恒定的失效率和初始条件,求解状态方程。

(5)根据系统失效与单元失效的相互关系,求出系统的失效概率。

上述步骤是针对一般情况而言,当组成系统的单元数量较多时,系统状态的数量将异常庞大(如系统由 $n$ 个单元组成时,系统状态将达到 $2^n$ 个),状态转移微分方程亦较多,求解将变得异常复杂甚至不可解,此时可以通过简化状态转移图进行求解。状态转移图的简化方法包括状态合并与分层次建模等,状态合并是通过将具有相似特征的状态进行合并来减少转移图中状态的数量,分层次建模是将一个较大的状态转移图分解为若干个独立的较小的状态转移图。这些方法的具体步骤可见文献[2],在此不再赘述,通过这些方法,可以简化求解过程,方便求解。

### 7.4.3.5 失效概率计算的一般假设

无论以上哪种方法,在计算系统的失效概率时,为了简便,都可作如下假设:

(1)系统各单元的寿命分布和修复时间分布均为指数分布,即任务故障 $\lambda$ 和任务维修率 $\mu$ 是常数;

(2)在时刻 $(t, t+\Delta t)$ 发生故障的条件概率是 $\lambda \Delta t$;

(3)在时刻 $(t, t+\Delta t)$ 完成修复的条件概率是 $\mu \Delta t$;

(4)在时间 $\Delta t$ 内出现两次或两次以上故障或修复的概率为零;

(5)每次故障或修复的事件是独立事件,与所有其他事件无关。

### 7.4.4 马尔可夫分析方法的应用

在下面的讨论中用 $\lambda_i (i = A, B, \cdots, Z)$ 表示事件的失效率,$\mu_j (j = A, B, \cdots, Z)$ 表示事件 $j$ 的修复率,$P_i(t)$ 为状态 $i$ 在时间 $t$ 存在的概率。0 表示事件正常,1 表示事件故障。Fa 表示系统故障,Op 表示系统正常。

#### 7.4.4.1 串并联系统

(1)设计类型描述。

　　这里只讨论由两个部件 $A$ 和 $B$ 组成的串并联系统,见图 7 - 23。在串联系统中,当且仅当部件 $A$ 和部件 $B$ 同时正常运行时,系统才能正常运行;当 $A$ 或 $B$ 任何一个部件失效时,系统失效。在并联系统中,当部件 $A$ 和部件 $B$ 中的任何一个正常运行时,系统正常;当部件 $A$ 和 $B$ 都失效时,系统失效。

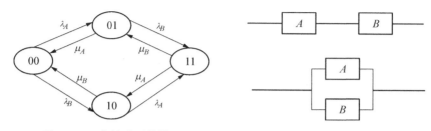

图 7 - 22　串并联系统描述　　　　图 7 - 23　串并联系统的马尔可夫模型

(2) 马尔可夫模型及求解。

由两个部件 $A$ 和 $B$ 组成的串并联系统的马尔可夫模型见图 7 - 23。

根据前面马尔可夫模型分析的相关理论可得到系统的状态方程如下:

$$\frac{\mathrm{d}P_1(t)}{\mathrm{d}t} = -(\lambda_A + \lambda_B)P_1(t) + \mu_A P_2(t) + \mu_B P_3(t) \tag{7-29}$$

$$\frac{\mathrm{d}P_2(t)}{\mathrm{d}t} = \lambda_A P_1(t) - \lambda_B P_2(t) - \mu_A P_2(t) + \mu_B P_4(t) \tag{7-30}$$

$$\frac{\mathrm{d}P_3(t)}{\mathrm{d}t} = \lambda_B P_1(t) - \lambda_A P_3(t) - \mu_B P_3(t) + \mu_A P_4(t) \tag{7-31}$$

$$\frac{\mathrm{d}P_4(t)}{\mathrm{d}t} = \lambda_B P_2(t) + \lambda_A P_3(t) - (\mu_A + \mu_B)P_4(t) \tag{7-32}$$

　　对于恒定的失效率和初始条件 $P(0) = [1\ 0\ 0\ 0]$ 且 $\mu_A = \mu_B = 0$ 时,解上述四个方程组成的方程组得

$$\begin{cases} P_1(t) = \exp(-\lambda_1 t) \cdot \exp(-\lambda_2 t) \\ P_2(t) = \exp(-\lambda_2 t) \cdot [1 - \exp(-\lambda_1 t)] \\ P_3(t) = \exp(-\lambda_1 t) \cdot [1 - \exp(-\lambda_2 t)] \\ P_4(t) = [1 - \exp(-\lambda_2 t)][1 - \exp(-\lambda_2 t)] \end{cases} \tag{7-33}$$

　　当系统为串联系统时,系统的失效率为

$$P_f = P_2(t) + P_3(t) + P_4(t) = 1 - \exp(-\lambda_A t - \lambda_B t) \tag{7-34}$$

当系统为并联系统时,系统的失效率为

$$P_f = P_4(t) = [1 - \exp(-\lambda_A t)][1 - \exp(-\lambda_B t)] \tag{7-35}$$

### 7.4.4.2 顺序并联系统

（1）设计类型描述。

这里介绍系统由两个部件 $A$ 和 $B$ 组成的顺序并联系统，见图 7 - 24。当 $A$ 和 $B$ 同时正常运行时，系统正常；当 $A$ 和 $B$ 全部失效并且 $A$ 失效发生在 $B$ 失效之前时，系统才失效。

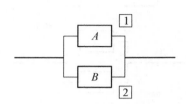

图 7 - 24　顺序并联系统

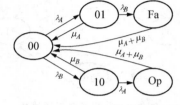

图 7 - 25　顺序并联系统的马尔可夫模型

（2）马尔可夫模型及求解。

由两个部件 $A$ 和 $B$ 组成系统的马尔可夫模型，见图 7 - 25。

根据前面马尔可夫模型分析的相关理论可得到系统的状态方程如下：

$$\frac{\mathrm{d}P_1(t)}{\mathrm{d}t} = -(\lambda_A + \lambda_B)P_1(t) + \mu_A P_2(t) + \mu_B P_3(t) + (\mu_A + \mu_B)[P_4(t) + P_5(t)]$$

$$(7 - 36)$$

$$\frac{\mathrm{d}P_2(t)}{\mathrm{d}t} = \lambda_A P_1(t) - (\lambda_B + \mu_A)P_2(t) \tag{7-37}$$

$$\frac{\mathrm{d}P_3(t)}{\mathrm{d}t} = \lambda_B P_1(t) - (\lambda_A + \mu_B)P_3(t) \tag{7-38}$$

$$\frac{\mathrm{d}P_4(t)}{\mathrm{d}t} = \lambda_B P_2(t) - (\mu_A + \mu_B)P_4(t) \tag{7-39}$$

$$\frac{\mathrm{d}P_5(t)}{\mathrm{d}t} = \lambda_A P_3(t) - (\mu_A + \mu_B)P_5(t) \tag{7-40}$$

对于恒定的失效率和初始条件 $P(0) = [1\,0\,0\,0\,0]$ 且当 $\mu_A = \mu_B = 0$ 时，解上述方程组成的方程组得系统的失效率为

$$P_1 = P_4(t) = \frac{\lambda_A[1 - \exp(-\lambda_B t)] - \lambda_B[\exp(-\lambda_B t) - \exp(-\lambda_A t - \lambda_B t)]}{\lambda_A + \lambda_B}$$

$$(7 - 41)$$

### 7.4.4.3 顺序相关系统

这里介绍由三个部件 $A$，$B$ 和 $C$ 组成的顺序相关系统，见图 7 - 26(a)。当 $A$，$B$ 和 $C$ 同时正常运行时，系统正常；当系统的输入事件按照规定的顺序发生故障（即 $A$ 最先发生，然后 $B$ 发生，最后 $C$ 发生）时，系统才会失效。此系统与顺序并联系统的不同体现在：顺序并联系统的输入可能以任何顺序发生，而顺序相关系统强制输

入只能以特定的顺序发生。假设系统为不可修复的,则该系统的马尔可夫模型见图 7 - 26(b)。

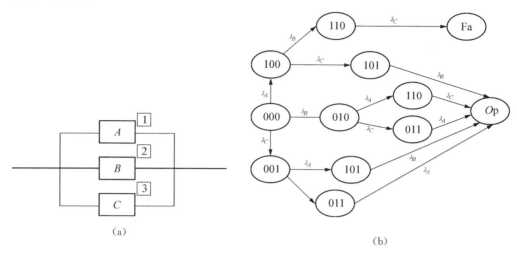

(a)　　　　　　　　　　　　　　(b)

图 7 - 26　顺序相关系统及其马尔可夫模型

## 练习题

**1.** 阐述故障树分析方法在安全性评估中的作用。

**2.** 故障树分析时,需要进行哪些假设?

**3.** 阐述 FTA 在安全性评估中应用的实施过程。

**4.** 如何获取最小割集,并对其进行定性定量评价?

# 第8章 故障模式及影响分析

## 8.1 引言

在安全性评估过程中,故障模式及影响分析技术(FMEA/FMES)是获取故障树基础事件(包括其失效率数值)的主要方法和手段,为 SSA 过程由下而上的安全性目标验证提供了基础数据。本章将介绍 FMEA 的分析基本原则、可靠性数据来源和编码体系,并分别详细阐述 FMEA 和 FMES 过程,通过工程案例,加强读者的理解。

## 8.2 FMEA/FMES 概述

故障模式及影响分析(FMEA)是分析系统中每一功能、组件或零部件所有可能产生的故障模式及其对系统造成的所有可能影响,并按每一个故障模式的严重程度及其发生概率予以分类的一种归纳分析方法。

在民用飞机机载系统和设备安全性评估过程当中,FMEA 的目的如下:

(1) 推导和评估系统中每个零部件假定故障的影响;

(2) 寻找具有重要影响的单点故障;

(3) 寻找隐蔽故障;

(4) 为故障树提供更详细的信息。

与故障树分析法不同的是,FMEA 中不考虑组合失效的情况,它只考虑单一失效的影响。FMEA 既可以是定量的也可以是定性的,并且可以在所有类型的系统中执行(如电气、电子或者机械系统)。

FMEA 是一种系统的自下而上的识别系统、单元与功能的故障模式并确定其对上层影响的方法。FMEA 可以在系统的任一层次上进行(如零件、功能等)。软件同样可以进行定量的功能 FMEA。通常 FMEA 用来分析单一故障的故障影响。

FMEA 的分析范围应该与用户的需求一致。FMEA 可以是硬件 FMEA 或者功能 FMEA,当从功能 FMEA 获得的故障率能够满足 PSSA 的概率预算值时,可以不进行硬件 FMEA。

FMEA 通常包括以下信息:

(1) 识别部件、信号和/或者功能;

(2) 故障模式与相关的故障率(严酷度类别与数值);

（3）故障影响（本身的/或者高一层次）；

（4）可检测性与检测方法。

FMEA 也可能包括以下信息：

（1）补偿措施（自动的和人工的）；

（2）故障发生的飞行阶段；

（3）故障影响的严重性。

FMEA 可以与 FTA 或者关联图（Dependence Diagram，DD）一起进行定量分析。此外，通过自下而上提供故障影响列表，FMEA 能够对 FTA/DD 进行补充。

FMES 是对产生相同故障影响（每一特定的故障影响都有其各自的单一故障模式类别）的单一故障模式的总结。FMES 从飞机制造商、系统集成商或者设备供应商的 FMEA 中获得。FMES 的结果通常用来为安全性评估过程中故障树分析或者相似分析提供基本事件的失效率。此外，FMES 还应该满足用户进行更高层次的 FMEA 和/或系统安全性评估 FTA 的需要。

## 8.3　分析的基本原则

在民用飞机研制过程中，在初步设计结束前系统、设备应完成初步 FMEA 分析，在详细设计结束前，应完成设备、系统的详细 FMEA 分析工作。

在进行 FMEA 时，应利用设计资料和图样确定完成系统功能的产品及其设计状态，并确定各产品等级的内部功能和系统接口功能，通常包括系统说明、功能框图或原理图。

FMEA 应在给定的层级上执行，通过假定在所选层级上所有可能失效的方式来进行，并确定每种故障模式对本层级的影响和对更高层级的影响。当考虑一个自顶而下的 FTA 的具体要求时，可以只关注特定工作模式下的 FMEA。

进行 FMEA 应先确定分析的基本规则和假设，包括确定分析方法，分析的最低产品等级，失效判据，假设条件和分析范围等。

FMEA 只能用于分析单点故障，不能用于分析多个因素共同作用或相互作用导致的故障（这种故障可用 FTA 或其他方法分析）。

对于不可检测故障，当二次故障与一次故障一起可导致灾难（Ⅰ级）或危险（Ⅱ级）的失效状态时，应分析二次故障的影响。

对于可导致灾难的或危险的失效状态的多重故障，可采用其他手段进行进一步分析，此时 FMEA 报告中应说明分析方法、范围和程度等。

进行故障模式影响分析时，同一个故障模式的发生概率除了有单个部件的故障率，还要包括相应的导线、管路、接插件等的故障率。

## 8.4　可靠性数据来源

分析故障模式需要有关的可靠性数据，一般采用外场数据或相同条件下进行的可靠性试验数据。

如没有上述数据,根据飞机研制中得到的可靠性数据类型和数据来源,评估数据的可信度,为数据的收集和使用提供依据。可靠性数据获取时可遵循以下顺序:

(1) 供应商提供的试验数据;

(2) 供应商提供的航线统计数据;

(3) 罗马航空数据中心手册;

(4) 故障树手册(MUREG 0492);

(5) 电子设备的可靠性预计(MIL‐HDBK‐217);

(6) 电子设备可靠性预计手册(GJB 299B);

(7) 非电子设备故障手册等。

## 8.5　编码体系

在进行 FMEA 过程中,必须采用统一的编码体系,使系统功能、硬件及可靠性框图编码协调,便于故障模式的跟踪和研究。

### 8.5.1　FMEA 表的编码

(1) FMEA 清单编号由数字和"‐"组合表示;

(2) 代码格式如:××‐××‐××‐××.××。

图 8‐1　FMEA 清单编码格式

1 和 2 的代码由 ATA2200 规定;3 的代码为从"01"开始的流水号;
4 和 5 的代码均为从"1"开始的流水号

(3) 各个系统所提供的 3 和 4 的代码应在所有报告中保持一致;

(4) 如果当前约定层次的编码只达到代码 2(3),那么代码 3(4)应填 00。

### 8.5.2　FMES 表的编码

(1) FMES 清单编号由数字和"‐"组合表示;

(2) 代码格式如:××‐××‐××.××。

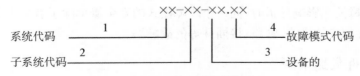

图 8‐2　FMES 图编码格式

1 和 2 的代码由 ATA2200 规定;3 和 4 的代码均为从"01"开始的流水号

（3）3 的代码应在所有的报告中保持一致；

（4）如果当前约定层次的编码只达到代码 2，那么代码 3 应填 00。

## 8.6 FMEA 过程

FMEA 可以在给定层次（系统、产品等）上执行，采取限定层次选择方法的情况可能会导致分析失败。设备每种运行模式下，每一故障模式在给定层次和通常高一层次的影响被确定。有时，FMEA 着重分析一个特定的运行模式用于支持自上而下的 FTA，DD 或 MA。

FMEA 必须说明所有与安全相关的影响与要求确定的其他影响。如果不能确定故障模式的本质，则必须假设最坏的情况。如果对故障树而言，最坏的情况是不可接受的，则必须检查约定层次以下的故障模式（即，如果 FMEA 实施层次为功能级，则需向下延伸到零件级，并排除与考虑事件无关的成分；如果分析的实施层次为零件级，在需进一步考虑零件内部的失效机理。另外的选择是重新设计以提高余度或增加监控）。

无论在哪个层次执行 FMEA，其主要步骤包括准备、分析与编制报告。

### 8.6.1 准备 FMEA

FMEA 的准备包括以下工作：确定系统需求，获取最新版文件，以及理解系统如何执行功能。

在开始 FMEA 之前，供应商必须要了解系统的期望和需求，否则可能导致 FMEA 不能满足系统的需求，需要返工重做。对 FMEA 的要求通常来自于 PSSA，如 FTA，DD 或 MA。分析人员要知道分析层次（功能的或者是零件的）、安全性相关的影响、其他需关注的失效影响和工作模式。

通过提供失效率来量化 FTA，DD，MA 的底事件，FMEA 用以支持安全性评估过程。通过比较 FMEA 的故障模式和故障树的底事件，FMEA 亦可用于验证 FTA。

在执行分析前，应尽可能获取如下信息，这些信息对完成 FMEA 很有必要，并有助于简化分析活动。

（1）FMEA 的需求，包括与安全性相关的失效影响以及需关注的工作模式；

（2）规范；

（3）当前有效的图纸或者原理图；

（4）每个系统或组件的元器件清单；

（5）功能方框图；

（6）冗余设计；

（7）工作原理的说明性材料，比如系统的详细描述；

（8）有效的失效率清单；

（9）先前产品或相似功能的产品的 FMEA；

（10）尚未包括到原理图中的任何设计变更和修改（注意：设计可能经常变化，

拥有最新材料将减少对 FMEA 的更新）；

（11）先前 FMEA 的部件故障模式的初步清单（如果可能）。

注：FMEA 一般是在设计阶段的早期执行，此时上述材料并不完全具备，因此需要进行一些假设或者估计。为了保持可追溯性，这些假设的详细文件必须保留，以便将来更新。

### 8.6.2 执行 FMEA

在执行 FMEA 分析之前，分析者需要回顾并理解在准备阶段所收集的信息。理解所分析目标在更高层级上的功能原理，对 FMEA 分析工作有帮助。以下各节中将对执行 FMEA 的主要步骤进行详细描述。

#### 8.6.2.1 确定故障模式

在分析者收集到足够的信息后，逐步明确各类基本部件故障模式，可以开始推断所分析目标部件可能的故障模式。尤其要关注与给定层级（如已定的 FTA 基本事件层级）相关的功能或部件故障模式。

#### 8.6.2.2 确定故障模式的影响

分析每种已标识的故障模式，确定其对给定层级和更高一级层级上的影响，并将这些故障模式及其对给定层级上的影响和更高一级层级上的影响在 FMEA 工作表中记录下来。一般而言，故障模式的影响与飞行阶段有关，因此 FMEA 工作表中应给出飞行阶段一栏。

每一类故障模式对更高一级层次的影响必须是唯一的，否则应对该影响进行更加详细的定义。例如，如果失效影响最初被定义为"导致信号 X 不符合规格"，但是高于规格的情况与低于规格的情况会导致不同的影响。因此，该失效影响就应该继续分解为"导致信号高于规格"和"导致信号低于规格"。同样地，如果故障模式导致两种更高一级的失效影响，例如，"信号 A 的丧失"和"信号 B 的丧失"，那么这两种失效影响应该合并形成一个新的影响类型"信号 A 和 B 同时丧失"。

如果确定故障模式的影响的分析方法非常困难，那么应该尽可能进行实验室验证。但严重的故障模式有时很难通过试验来证实。例如，对于大部分数字集成电路，将所有故障进行嵌入验证是不可能的。此外，失效影响也可通过计算机辅助设计软件进行仿真，将等价的故障嵌入到仿真电路来进行。

对每个更高一级层次的影响按照其严重程度进行分类，建议严重度等级的划分与 FHA 保持一致。

#### 8.6.2.3 失效识别方法与纠正措施

失效识别的方法通常在 FMEA 工作表中确定并存档。识别方法包括硬件监测器或软件监测器的检测，机组人员识别，上电测试和维护检查等。对于监测器，分析者必须验证监控器确实能够检测出故障模式。为正确执行分析，分析者必须了解详细的系统要求规范及软件设计知识，包括适用的软件内部故障管理技术。

纠正措施包括维护人员的维修要求和维修措施。

#### 8.6.2.4　带故障派遣要求

分析故障模式的影响后,评估飞机是否可以继续被派遣或带故障部件的系统是否可以继续运行。如果可以带故障派遣,应给出明确的飞行限制。

#### 8.6.2.5　确定部件失效率和模式失效率

对于定量的 FMEA,应给出部件或功能模块的失效率及故障模式的失效率。每个部件或功能模块的失效率是其所有故障模式的失效率的总和。应对 FMEA 表中的故障模式按照频数比分配相应的失效率。

执行定量的硬件型 FMEA,部件失效率数据源获取可按照 8.6.2.7 描述的方法。

执行定量的功能型 FMEA,必须先得出每个模块失效率。模块失效率一般通过公司数据库(如适用)获取,如若不能,通过对模块进行失效率预计方法获取。模块的失效率预计的方法参考 IEEE 1413,SAE ARP 5890,MIL - HDBK 217 及 217Plus 等标准。

模式失效率按照各种故障模式的频数比进行划分,将部件失效率或功能模块失效率与故障模式对应的频数比相乘,即可得到相应的模式失效率。故障模式的分布及其频数比一般通过公司数据库(如适用)获取,如若不能,应借鉴相似部件或功能模块的现场使用经验。若上述方法均不可行,则可参考工业文件 RIAC 的"故障模式/机制分布"(FMD),MIL - HDBK - 978,罗姆实验室的"可靠性工程师工具包"等。

每种失效影响类型总的失效率应当详细地记录,或者在 FMES 中进行总结。

功能型的 FMEA 通常用来支持安全性分析,而硬件型 FMEA 则是为了提供更为精确的失效率。当功能型 FMEA 中较保守的失效率无法令系统或组件满足 FTA 中失效概率预算时,则执行硬件型 FMEA。硬件型 FMEA 也可用于分析冗余系统,因为功能型 FMEA 可能无法表示影响多个冗余组件的单部件失效。硬件型 FMEA 也可用于机械组件和装置的安全性分析。

这两种类型的 FMEA 执行起来的差异主要集中在故障模式的确定上,下面将对这两种类型的 FMEA 分别说明。

#### 8.6.2.6　功能型 FMEA

功能型 FMEA 应在约定层次上执行。分析层次的划分由系统的复杂性和分析的目标决定。如果被分析的是电路或者机械设备的一部分,并且具有一项以上功能,那么应该将它们分解成功能模块。从飞机或者系统层次来看,这就意味着将每一个 LRU 或设备定义为功能模块。从系统或者更低层次来看,它可能意味着将一个 LRU 或一个设备分解成若干小模块。每个功能模块的输出越少,FMEA 的任务越简化。功能模块一旦确定,就应该制作功能方框图,每一个模块用其功能名称标注。对于每一个功能模块,其与系统操作有关的内部功能与接口功能都应该分析。

功能方框图至少应包括以下内容:

(1) 按功能关系将系统分为各重要子系统;

(2) 标出每个组件的所有输入和输出;

(3) 标出提供"失效安全"的所有冗余及备用的信号路径和其他工程特点。

　　下一步是假定每个功能模块的故障模式。故障模式的确定是通过考虑功能模块的用途来确定功能是如何失效的,不考虑具体元器件的情况。分析者必须足够了解功能模块的运行,才能保证不忽略重大的故障模式,包括影响多个冗余功能模块的单部件失效。通常,在给定一个模块功能的清晰描述以后,许多故障模式都会变得明显。以下是功能故障模式确定的一个简单示例:

　　产生 5 V 电压的供电电路可以称为一个功能模块。功能失效一些模式的确定如下:

　　(1) 5 V 电压丧失;

　　(2) 电压低于 5 V;

　　(3) 电压高于 5 V;

　　(4) 5 V 电压上有噪声;

　　(5) 对地短路或者对其他电压短路。

　　在电路运行的基础上,也可能存在其他故障模式。

　　分析所考虑功能与总体设计的关系,就可以确定该功能模块中每种故障模式对本层级的影响和对更高层级的影响。

　　功能型 FMEA 的结果记录在如表 8-1 所示的工作表中。实际使用时,分析者

表 8-1　功能型 FMEA

| 系统:1 | 部件("具有相同功能的该部件的个数"):3 | | | | | | | | 部件编号:5 | | | |
|---|---|---|---|---|---|---|---|---|---|---|---|---|
| 子系统:2 | 部件功能:4 | | | | | | | | 图纸编号及版本:6 | | | |
| FMEA 编号 | 故障模式及原因 | 飞行阶段 | 故障影响 a. 局部影响 b. 高一层影响 c. 最终影响(对飞机) | 故障的识别与纠正措施 a. 给飞行机组的指示 b. 具有相同指示的其他故障 c. 飞行机组对故障的识别、隔离以及纠正措施 d. 可能的不当的措施的影响 e. 故障隔离——维护人员 f. 纠正措施——维护人员 | 带故障派遣要求 a. 能; 飞机可以派遣 b. 如果"能",什么运行限制 | 级联的/并发的有害故障的影响 | 单个部件故障率 /(1× $10^{-6}$ /h) | 故障模式的故障率 /(1× $10^{-6}$ /h) | 暴露时间 /h | 故障模式的发生概率 | 危害等级 | 备注 |
| 1 | 2 | 3 | 4 | 5 | 6 | 7 | 8 | 9 | 10 | 11 | 12 | 13 |

可根据分析层级和组件的实际情况进行一定的修正,不同的分析要求可能导致表中信息的增加或者删除。在分析开始之前,分析者应该保证 FMEA 的格式和内容能够满足申请人的具体要求。

接下来,按照前面执行 FMEA 的步骤,结合表 8 - 1 的要求,将信息填入表中。

在分析的过程中,应记录下列内容:

(1) 每种故障模式存在的理由;

(2) 失效率分配的理由或依据;

(3) 将失效划入某一失效影响类别的理由或依据;

(4) 所做假设的文件。

这些内容通常不包括在 FMEA 报告中,但作为参考被保留下来,以备 FMEA 将来修正和帮助解决 FMEA 中出现的问题。

FMEA 表填写说明如下:

1) 表头

(1) 系统。

表示需要分析的系统名称。

(2) 分系统。

表示需要分析的分系统名称。

(3) 部件。

表示需要分析的部件名称。

(4) 部件功能。

表示所分析的部件功能。

(5) 部件编号。

表示部件的型号。

(6) 图纸编号及版本。

图纸编号:

① 若分析的部件不再需要向下分解,则填写部件的安装图;

② 若分析的部件还需要向下分解,则填写部件的装配图。

版本:可以填写"当前有效版本"。

2) 表身栏别

(1) FMEA 编号(第 1 栏)。

表示产品在分析中的顺序号,按照本文 8.3 节规定填写。

(2) 故障模式及原因(第 2 栏)。

该栏包含两方面的内容:故障模式和故障原因。

① 填写表格时应包含部件或硬件的所有的故障模式,并且考虑每个故障模式的要素填写该表格完整的一行,并将这所有的故障模式依次分别列出;

② 对于故障原因,必须回答"为何出现该故障模式",必须全面考虑内部原因和

外部原因。

内部原因一般指被分析部件的下一层组件的故障模式。外部原因则指考虑被分析部件所安装位置的因素引起的故障模式，一般须考虑温度、湿度等环境条件以及与相邻部件、硬件和/或布线的相对距离等，如位于高温气压管路附近的酚醛塑料操纵钢索滑轮，在管轮爆裂的情况下可能成为一个安全问题；同样，如果操纵钢索被爆裂涡轮碎片割断，也会变成一个安全问题。

例如：对于一个作动器部件来说，故障模式有作动器不能作动、作动速度迟缓等；对于故障模式"动器不能作动"，其故障原因可能是滑动阀卡住、壳体断裂等内部原因，也可能是由作动器所处位置的温度、湿度或其他环境条件的影响或相邻硬件的影响等外部原因。

（3）飞行阶段（第3栏）。

该栏填写故障模式的影响最为严重的飞行阶段，从安全性评估划分的飞行阶段中全周期的逐一进行考虑。

（4）故障影响（第4栏）。

该栏考虑被分析的部件或硬件在第三栏的飞行阶段发生第二栏的故障模式产生的影响。分三层进行考虑：ⓐ局部影响，如对于子系统内部的产品来说，即为其故障模式对当前子系统的影响；ⓑ高一层影响，如对于子系统内部的产品来说，即为其故障模式对系统的影响；ⓒ最终影响，如对飞机的影响。

（5）故障的识别与纠正措施（第5栏）。

① 给飞行机组的指示：

说明第二栏的故障模式发生时，有无给飞行机组的指示。

② 具有相同指示的其他故障：

列出被分析产品所在子系统以及其他系统中将给飞行机组相同指示的其他故障。

③ 飞行机组对故障的识别、隔离以及纠正措施：

该栏填写明确的故障的识别程序、故障的隔离或纠正措施。

如果有故障的识别方法，则列出准许飞行机组识别故障的最直接的程序。识别程序要求有一个专门措施或一系列措施，随后进行检查或进行仪表、操纵装置、断路器等装置的相互参照，或它们的综合。如遵循故障识别程序，则可以确定有效的纠正措施。

④ 可能的不当的措施的影响：

考虑任何的不当措施以及该措施对系统产生的影响。

⑤ 故障隔离——维护人员：

此栏填写针对第二栏的故障模式所定义的维护要求。

⑥ 纠正措施——维护人员：

此栏填写第二栏故障模式的出现后应采取的维修措施。

（6）带故障派遣要求（第 6 栏）。

① 能，飞机可以派遣：此栏填写"是"或"不"。分析故障模式的影响后，评估飞机是否可以继续被派遣或带故障部件的系统是否可以继续运行。

② 如果"能"，什么运行限制：此栏填写可以带故障派遣但具有明确的运行限制。运行限制包含飞行限制，也包含地面派遣方面的限制。

（7）级联的/并发的有害故障的影响（第 7 栏）。

此栏填写由于第二栏故障模式的发生引起的其他故障发生的组合效应，包括由于该故障模式导致的主动或被动失效所引起的相关设备与系统或接口系统的故障、该故障模式发生可能导致的相邻的设备与系统的故障以及该故障模式发生联合可能的其他相关故障主动发生的组合效应。该栏填写组合故障造成的结果及其可能的影响，其中影响应尽可能从各个层次（设备、系统、整机）考虑。

（8）单个部件故障率（第 8 栏）。

此栏填写该单个部件的故障率，单位为 $1 \times 10^{-6}/h$。

（9）故障模式的故障率（第 9 栏）。

此栏填写所分析的每个故障模式的故障率，单位为 $1 \times 10^{-6}/h$。

（10）暴露时间（第 10 栏）。

暴露时间：最后检查设备功能正常的时刻到设备经受风险结束时的时间间隔。通常情况下暴露时间的计量方法包括以下三种：

① 以持续飞行时间计：飞行开始时检查设备，曝光时间是典型的平均持续飞行时间；

② 以运行日计：运行日的首次飞行开始检查设备，暴露时间是典型运行日中各次飞行的时间之和；

③ 以维修检查间隔计：在一次规定的维修间隔后检查设备，暴露时间是维修间隔时间。

注 1：某些设备的暴露时间可能仅仅是一次飞行的一部分。

注 2：对于重大的潜在故障，"暴露时间"受维修措施的控制。

（11）发生概率（第 11 栏）。

发生概率为部件总的故障率、故障模式频数比和暴露时间的乘积。

（12）危害等级（第 12 栏）。

根据第三栏故障影响确定危害等级。危害等级划分与功能危险性分析中失效影响等级划分一致。

（13）备注（第 13 栏）。

该栏作为特殊说明使用。

### 8.6.2.7　硬件型 FMEA

硬件型 FMEA 与功能型 FMEA 十分相似，唯一的区别就是，功能型 FMEA 在功能模块层次上进行故障模式分析，而硬件型 FMEA 则对组件或功能中每个部件进行故障模式分析。硬件型 FMEA 用来确定潜在的电气、电子或者机械失效的失效影响。例如,电阻或者电动机轴的失效影响。电子设备的硬件型 FMEA 通常只在必要时才进行,比如,当保守的功能型 FMEA 的结果不能满足该组件的 FTA 失效概率预算时,就应当执行硬件型 FMEA。这样做的部分原因是确定复杂电子部件的故障模式非常困难。

硬件 FMEA 的第一步是创建 FMEA 所涉及的组件清单。第二步是确定每个组件类型的故障模式,这是 FMEA 最困难的一步,对包含复杂集成电路的电子产品尤其如此,故障模式的确定可参考 RIAC 的"故障模式/机制分布"(FMD),MIL-HDBK-978,罗姆实验室的"可靠性工程师工具包"等工业文件。除最简单的零件(有可利用的工业数据)之外,确定所有组件的故障模式是极其困难甚至是不可能的,此时需要假定组件最坏的故障模式。

一个组件的故障模式确定后,将它们填入表 8-1 所示的 FMEA 工作表。可以修改这个例表使之满足设备的需要。可能需要增减一些信息满足不同的需求。在开始分析前,分析人员要保证 FMEA 的内容与格式要满足具体要求。

随后的步骤是确定失效在更高层次的影响,指定失效的失效影响类别。可以为每个类别指定失效影响编码,将失效影响类别的详细描述放在报告正文中,以简化表格。引起相同影响的所有故障模式归于同一类别。FMEA 工作表中的每个失效都填写影响类别编码,如表 8-1 所示。当决定失效影响和检测方法时,必须考虑软件与故障监测。作为分析的一部分,分析人员必须确定监测确实可以发现故障模式。为了正确地实施分析,分析人员必须详细了解包括适用的内部故障管理技术在内的系统要求和软件设计。

进行定量分析,每个故障模式被分配一个失效率。

随着分析的进行,为了将来维护 FMEA 和帮助解决有关 FMEA 的问题,要记录以下信息:

(1) 每个故障模式的确定依据;

(2) 分配失效率的基本原理;

(3) 将失效影响类别分配给一个特定失效的基本原理;

(4) 每个假设的书面文档。

该文档通常不包含在 FMEA 报告中,但为了参考要予以保存。

1) 确定硬件的故障模式与失效率分布

做硬件 FMEAs 时,可能需要将组件的失效率按百分比进一步分解成特定故障模式的失效率,可参考相关工业文件。例如,RAC"故障模式/机理分布"(FMD),MIL-HDBK-978 以及 Rome 实验室的"可靠性工程师工具包",它们提供了多种组件的此类信息。

下面列了一些应考虑的典型故障模式,但不应仅考虑这些:

(1) 开路;

（2）短路；

（3）参数改变；

（4）超出调节范围；

（5）介质击穿；

（6）间歇性工作；

（7）不工作；

（8）伪工作；

（9）磨损；

（10）机械失效；

（11）黏附；

（12）松动；

（13）破裂。

通常,编制组件故障模式清单必须考虑组件的功能以及所有组件不能正常执行其功能的潜在方式。组件的非设计功能也要考虑。以上工业文件为分析人员确定组件的潜在故障模式提供了一个很好的基础。当然,在故障模式确定过程中还需要进行工程判断。

上述工业文件为分析者确定部件的潜在故障模式提供了良好的基础。此外,工程经验判断对故障模式的确定也很有必要。尚有很多类型的设备不包括在这些工业参考文件当中,尤其是复杂数字集成电路。数字设备故障模式的确定通常需要工程判断,想要确定复杂数字集成电路的所有故障模式是不可能的。无法确定故障模式时,必须从保守性出发,对元器件的故障模式做出最坏情况的假设。

确定复杂数字设备故障模式的一种方法就是在考虑组件功能模块的情况下对其进行建模。功能模块的概念有益于优化故障模式的定义。如果可能,应尽量将功能模块失效的管脚级影响确定为设备故障模式。一些故障可能会影响到多个管脚和多种组合的管脚。对那些能引起 FTA 基本事件发生的潜在部件故障模式,应特别予以注意。通过失效物理的方法来确定实际的失效机理及影响并不推荐用于集成电路。因为通过失效物理的方法将迫使分析者对每个数字集成电路所做的工作比当前需要完成的 FMEA 工作要复杂得多,甚至是不可能实现的。此外,芯片制造商尚未公开的设计改进可能会使所有努力前功尽弃。其他部件类型故障模式的确定要比数字集成电路容易。然而,对于同一种部件,参考不同的工业文件,可能产生不同的故障模式分布甚至是不同的故障模式。这说明即使是对于简单的部件,也很难决定哪些潜在的故障模式是会发生的,哪些是根本不会发生的。

部件的故障模式一旦确定,将输入到如表 8-1 所示的 FMEA 工作表中。同样,实际使用时,分析者可根据分析层级和组件的实际情况对表 8-1 进行一定的修正,不同的分析要求可能导致表中信息的增加或者删除。在分析开始之前,分析者应该保证 FMEA 的格式和内容能够满足申请人的具体要求。

接下来,按照前面执行 FMEA 的步骤,结合表 8-1 的要求,将信息填入表中。与功能型 FMEA 相同,硬件型 FMEA 在分析的过程中,应记录下列内容:

(1) 每种故障模式存在的理由;

(2) 失效率分配的理由或依据;

(3) 将失效划入某一失效影响类别的理由或依据;

(4) 所作的假设文件。

这些内容通常不包括在 FMEA 报告中,但作为参考被保留下来,以备 FMEA 将来的修正和帮助解决 FMEA 中出现的问题。

2) 验证

如果确定一个故障模式的失效影响的分析方法很难,应尽可能进行实验室验证。所有重要的失效影响均应进行试验验证。对于电气或电子系统,可利用开路开关、短路开关或接地引入故障。如果设备输出是三态的,可以使用逻辑组合。遗憾的是,所分析的最难的故障模式有时很难通过试验进行验证。例如,对大多数 IC 引入所有的故障是不可能的。计算机辅助设计软件也可以用于模拟故障。这种软件可以模拟电路发生相同的故障,确定失效影响。

在测试和实际应用中故障的分析也可以用来支持 FMEA 的结果,故障数据可以创建将来 FMEA 的故障模式库。

### 8.6.3　输出文件

#### 8.6.3.1　FMEA 报告

FMEA 报告应存档,应包括以下信息:

(1) 文件编号,以允许 FTA 或其他分析对 FMEA 报告进行引用。

(2) 所分析硬件、软件及固件的 ID(零件)编号及修订状态。

(3) 概述,包括对 FMEA 目的的简要说明。

(4) 运行概述。

(5) 框图。

(6) 分析方法的描述(应包括如何执行分析的说明,使用层级的定义及有关假设的清单)。

(7) FMEA 完整的工作表。

(8) 附录应包括以下各项:

① 图纸或示意图;

② 分析中定义的或从其他数据源得到底层部件故障模式的分布,及对所考虑的故障模式的证明;

③ FMEA 中的失效率及其来源清单。

#### 8.6.3.2　FMEA 检查清单

以下检查清单将会确保按恰当的顺序采用正确的步骤实施经济的、正确的 FMEA。

1) 分析要求的书面说明

如果可以的话，从顾客或要求者的角度来定义。

(1) 感兴趣的失效影响；

(2) 应考虑输出；

(3) 允许的失效检测方法；

(4) 最终报告格式；

(5) 工作安排。

2) 为分析应做的准备

(1) 获得并理解文档；

(2) 编制部件清单；

(3) 设备的层次划分，并记录划分过程；

(4) 如果要做硬件分析，收集部件的故障模式。

3) 实施详细分析

(1) 定义故障模式和指定失效影响代码；

(2) 恰当定义故障模式，避免从当前层次向更高层次分析时出现混乱；

(3) 确定检测方法，如果需要，确定每个失效影响类别的检测方法；

(4) 详细记录失效类别的指定依据。

4) 对存在的问题进行验证，应可能利用实验室和飞机数据

5) 撰写最终报告

### 8.6.4 测试过程和监控的探测范围分析

这种类型的分析用于确定故障检测中不同试验程序是否有效。

完成这部分工作的方法包括检查故障模式以确定他们的影响是否被检测，确定可被检测的故障模式占失效率的百分比。在范围分析中，检测方法可能会自身失效的可能性应作为一个限制性因素予以考虑（即，范围不会比可用的诊断方法更可靠）。

FMEA 检测范围分析可能会导致已经属于一个影响类别的每个单独故障会再被分到不同的故障类别，因为检测范围的可能性不同。其他包含检测范围的方式是，在 FTA 中保守地假设分析范围中没有漏洞，因为检测方法自身失效的影响已在失效影响类别予以考虑。当此假设无法使顶事件的概率满足要求时，需重做FMEA。

## 8.7 FMES 过程

故障模式及其影响分析工作非常具体，其表格包含的信息量太大，因此需要对 FMEA 的结果进行汇总，这就是故障模式与影响摘要（Failure Mode and Effect Summary，FMES）。

FMES 是对低层级的故障模式与影响分析（FMEA）中具有相同失效影响的故

障模式的一个总结。FMES 通常用来为安全性评估过程中故障树分析或者相似分析提供基本事件的失效率。FMES 中每种失效影响的失效率来自对应 FMEA 中失效影响相同的各项失效率的总和。此外,通过对 FMES 中的失效影响与故障树分析中的基本事件进行比较,还可用于对 FTA 的验证提供支持。比如,FMES 可用来简化 FTA,它将具有相同影响的失效和安装错误合并为一个事件,从而减少故障树底层中或门的事件数。

FMES 不需要单独分析,它可以直接作为 FMEA 的一部分来完成。因此,一般而言,建议在执行 FMEA 的同时也完成 FMES 工作,两者写在同一份报告中。FMEA 和 FMES 之间的关系示意图如图 8-3 所示。

电路 X 的 FMEA

| 故障模式 | 故障率 | 故障影响 |
|---|---|---|
| $R5$ 开路 | A | 损失 5V 电压 |
| $R5$ 短路 | B | 5V 电压接地 |

部件 FMES

| 故障模式 | 故障率 | 故障影响 | 潜在故障原因 |
|---|---|---|---|
| 5V 电压接地 | B+C | 无信号指令 | 电路 $X$-$R5$ 短路<br>电路 $Y$-$C5$ 短路 |

电路 Y 的 FMEA

| 故障模式 | 故障率 | 故障影响 |
|---|---|---|
| $C5$ 短路 | C | 5V 电压接地 |
| $C5$ 开路<br>$U58$ $P2$ 开路 | D | |

图 8-3　FMEA 和 FMES 之间的关系示意图

FMES 主要的步骤也包括准备,执行和存档。

### 8.7.1　准备 FMES

在执行 FMES 前,使用者应至少获取如下信息:
(1) 理解所分析系统和设备的工作原理及相关材料,如制图、部件清单等。
(2) 来自对应的 FTA 底事件信息。
(3) 所有可用的 FMEA 工作表。

### 8.7.2　执行 FMES

分析者应该回顾一下已经完成的 FMEA 工作表,并且检查所有失效影响的一致性,即确保相同的失效影响用相同的文字描述,不同文字描述的失效影响表示着不同失效。当执行系统级 FMES 时,由于同时涉及安装故障模式的影响和部件故障模式的影响,这种一致性检查应格外小心。

找出 FMEA 工作表中具有相同失效影响的故障模式,输入到 FMES 表中的"失效影响"一栏。FMES 中的"失效影响"与故障树的底事件一一对应。将具有相同失效影响的对应的各项故障模式对应的失效率相加,并将相加得出的失效率总和输入到 FMES 的"失效率"一栏中。FMEA 表中那些具有相同失效影响的故障模式则输入到 FMES 表中的"失效原因"一栏。作为索引,这里只需写入 FMEA 中那些对应的失效模式的编号即可。

表 8-2 为 FMES 的工作表。使用者可根据需要自行裁剪。

**表 8-2　FMES 工作表**

| 系统: | | 部件: | | 部件编号: | |
| 子系统: | | 部件功能: | | 图纸编号及版本: | |
| FMES 编号 | 故障模式 | 发生概率 | 危害等级 | 危害等级名称 | 故障原因编码 |
| 1 | 2 | 3 | 4 | 5 | 6 |

各项的填写说明如下:

1) 表头

(1) 系统:表示需要分析的系统名称。

(2) 分系统:表示需要分析的分系统名称。

(3) 部件:表示需要分析的部件名称。

(4) 部件功能:表示所分析的部件的功能。

(5) 部件编号:表示部件的型号。

(6) 图纸编号及版本:

图纸编号:

① 若分析的部件不再需要向下分解,则填写部件的安装图;

② 若分析的部件还需要向下分解,则填写部件的装配图。

版本:可以填写"当前有效版本"。

2) 表身栏别

第 1 栏:FMES 编号。

按照本文 8.3 节规定填写。

第 2 栏:故障模式。

第 3 栏:发生概率。

第 4 栏:危害等级。

第 5 栏:危害等级名称。

第 6 栏:故障原因编码。

### 8.7.3　存档

每个 FMES 报告应该包括以下信息。

（1）系统或设备的简明描述，设计原理和设计特点，包括监控设备（必须通过适当的图表，原理图和方框图来辅助说明）；

（2）包含关键的和次要的系统或组件功能清单；

（3）相关参考资料、件号和软硬件版本修订的确认；

（4）对分析结果的简明描述；

（5）失效率源文件的清单；

（6）用来生成 FMES 的相关 FMEA 部分。

分析结果应并填入 FMES 工作表中，该表格提供了对 FMEA 结果的摘要。由于 FMES 可以直接作为 FMEA 的一部分来完成，因此两者的存档工作可以相结合。

## 8.8　工程案例

以航电通信系统为例进行故障模式影响分析（FMEA），并得出故障模式影响摘要（FMES）。具体如表 8-3、表 8-4 和表 8-5 所示。

**表 8-3　第一套无线电调谐指令通道导线**

| 系统:航电系统 | 部件（"相同该部件的个数"）:(3) | | 部件编号:××× |
| 子系统:通信系统 | 部件功能:为无线电调协提供指令通道 | | 图纸编号（版本）:×××× |

| FMEA 编号 | 失效模式及原因 | 飞行阶段 | 失效影响 a. 局部影响 b. 高一层影响 c. 最终影响（对飞机） | 失效的识别与纠正措施 a. 给飞行机组的指示 b. 具有相同指示的其他故障 c. 飞行机组对故障的识别，隔离以及纠正措施 d. 可能的不当措施的影响 e. 故障隔离——维护人员 f. 纠正措施——维护人员 | 带故障派遣要求 a. 能，飞机可以派遣 b. 如果"能"，什么飞行限制 | 级联的/并发的有害故障的影响 | 单个部件故障率/(10×10⁻⁶/h) | 失效模式的故障率/(10×10⁻⁶/h) | 暴露时间/h | 危害等级 | 备注 |
|---|---|---|---|---|---|---|---|---|---|---|---|
| 23-0××-01-01 | 导线由开路或短路造成失效 | ALL | 丧失第一套调谐信号通道 | ××× | | ××× | ××× | 0.15 | 0.15 | 1.25 | ××× | |

表 8 - 4 第一套无线电调谐指令通道导线连接器

| 系统:航电系统 | 部件("相同该部件的个数"):(1) | 部件编号:×××  |
|---|---|---|
| 子系统:通信系统 | 部件功能:为无线电调协提供指令通道 | 图纸编号(版本):×××× |

| FMEA 编号 | 失效模式及原因 | 飞行阶段 | 失效影响 a. 局部影响 b. 高一层影响 c. 最终影响(对飞机) | 失效的识别与纠正措施 a. 给飞行机组的指示 b. 具有相同指示的其他故障 c. 飞行机组对故障的识别,隔离以及纠正措施 d. 可能的不当措施的影响 e. 故障隔离——维护人员 f. 纠正措施——维护人员 | 带故障派遣要求 a. 能,飞机可以派遣 b. 如果"能",什么飞行限制 | 级联的/并发的有害故障的影响 | 单个部件故障率/(10×10⁻⁶/h) | 失效模式的故障率/(10×10⁻⁶/h) | 暴露时间/h | 危害等级 | 备注 |
|---|---|---|---|---|---|---|---|---|---|---|---|
| 23-0××-01-02 | 连接器失效 | ALL | 丧失第一套调谐信号通道 | ××× | ××× | ××× | 0.0801 | 0.0801 | 1.25 | ××× | |

表 8 - 5 第一套无线电调谐指令通道 FMES

| 飞机:××-×× | 子系统:通信 | FMES 工作表表号:××× | 撰写者: |
|---|---|---|---|
| 系统:航电系统 | 组件及其编号:××× | 版本号:××× | 日期: |

| 编号 | 失效影响 | 失效率(10⁻⁶/h) | 处于风险的时间/h | 危害等级 | 失效原因 | 备注 |
|---|---|---|---|---|---|---|
| 23-0××-×× | 丧失第一套调谐信号通道 | 0.31 | 3 | ×× | 23-0××-01-01(注:导线失效) 23-0××-01-02(注:连接器失效) 23-0××-01-05(注:连接器失效) ·············· | |

## 练习题

**1.** 简述 FMEA 在安全性评估过程中的作用。

**2.** 简述 FMEA 和 FMES 的区别与联系。

**3.** 简述硬件 FMEA 和功能 FMEA 的区别。

# 第 9 章　特定风险分析

## 9.1　引言

特定风险分析是评估系统在特定风险中保持功能不受影响或处于可接受状态的能力。特定风险是指同时会影响到多个系统的某些风险,一般包括发动机非包容性转子失效、机轮及轮胎失效、液压蓄能器爆裂、鸟撞、烟/火、摆动轴杆、闪电、高强度辐射场等。本章重点对比较常见的发动机非包容性转子失效、机轮及轮胎失效及鸟撞损伤进行分析,其他特定风险分析可参考这几种分析过程。

特定风险分析主要是用于表明对 CCAR/FAR/CS 25.1309 条款的符合性,以及其他特定要求。特定风险分析作为系统安全性评估的一部分,适用于新型号的设计或者对现有设计的更改。

本章将主要讲述特定风险分析的概念、原理、要求、过程和方法,并对文档编制进行详细说明。在本章各部分内容中,给出了详细的例子或评述,以帮助理解风险分析的过程和方法。

## 9.2　发动机非包容性转子失效的风险分析

### 9.2.1　概述

尽管涡轮发动机和辅助动力装置的制造单位一直在努力降低转子非包容性失效发生的可能性,但是,历史经验表明,压气机和涡轮转子非包容性失效仍在不断发生。涡轮发动机失效产生的高速碎片,可能击穿飞机上的邻近构件、燃油箱、机身、系统部件以及其他发动机。到目前为止,尽管辅助动力装置的非包容性失效对飞机所造成的损伤是微小的,但是必须考虑其转子失效所产生碎片的影响。由于不可能完全消除转子非包容性失效,因此 CCAR/FAR/CS 25 部要求飞机采取设计预防措施将非包容性失效造成的危险降至最小。

为了保证飞机在非包容失效发生时的安全运行,需要做以下工作:充分模拟断裂碎片的潜在破坏路径,以使系统通过物理隔离来防止同一碎片同时还造成冗余系统失效;验证易受攻击的安全关键部件,以便通过保护或者改变潜在碎片的飞行轨迹来使转子爆裂事件的损失降到最低。分析过程中所作的假设细节需要以数值计算的方式将结果记录下来,并且必须在飞机各阶段的功能危险性评估中加以考虑。

发动机非包容性转子失效可能引起关键位置或结构的改变,所以失效分析必须尽早地在设计阶段开展,避免后期昂贵的重新设计。在分析过程中,应结合相似过程来降低其他特殊风险(鸟撞和爆胎等)形成的综合风险,这样就可以采用最优隔离或预防措施。另外,在分析过程中,根据模态来预测转子爆破环境下发动机非包容碎片的物理形状、大小、路径边界及其能量已经过历史资料证明可行。

### 9.2.2　发动机非包容性转子失效分析的过程

发动机非包容性转子失效分析的过程包括如下五部分:

(1) 确定发动机非包容性转子失效所影响到的系统或设备;

(2) 发动机非包容性的定性评估;

(3) 发动机非包容性的定量评估;

(4) 判定发动机非包容性失效所影响到的系统或设备对航空规章安全性条款的符合性;

(5) 形成报告。

### 9.2.3　确定发动机非包容性转子失效所影响到的系统或设备

依据发动机的构型、安装位置和飞机的构型特点,在明确碎片模态的基础上,确定转子失效可能影响到的系统和设备。

#### 9.2.3.1　获取必要的飞机及其发动机的数据

数据至少应包括以下内容:

飞机的构型:明确飞机型号和发动机型号,以及发动机在飞机上的安装位置,确定飞机相关系统和发动机转子部件的位置关系。

发动机的构型:发动机的型号、重量、尺寸、级数、各级的尺寸重量、转速、旋转方向等参数。

#### 9.2.3.2　确定发动机非包容性转子碎片的破损模态

发动机非包容性转子碎片的破损模态被分为以下六种模式,以此为基础才能确定转子碎片对飞机造成损伤的关键区域,以及评估发动机非包容性失效所造成后果的严重性。

(1) 单个三分之一轮盘碎片;

(2) 中等尺寸碎片;

(3) 大中尺寸碎片的可替代模式;

(4) 小碎片;

(5) 风扇叶片碎片;

(6) 辅助动力装置失效模式。

(3)为(1)和(2)的可替代模式,因此,为了开展后续的安全性分析,就需要选择以下两种非包容性转子碎片失效模式的组合,即{(1),(2),(4),(5),(6)}和{(3),(4),(5),(6)},也就是确定发动机非包容性转子碎片的破损模态。下面简要介绍这几种碎片破损模态的相关特征。

1) 单个三分之一轮盘碎片

单个三分之一轮盘碎片是带有三分之一叶片高度的三分之一轮盘的组合体，其最大散射角为±3°。该模态碎片散射动能（不考虑旋转动能）依据$\frac{mv^2}{2}$确定，其中碎片质量$m$是带叶片的圆盘质量的三分之一，碎片速度$v$是图9-1中$CG$点的速度。

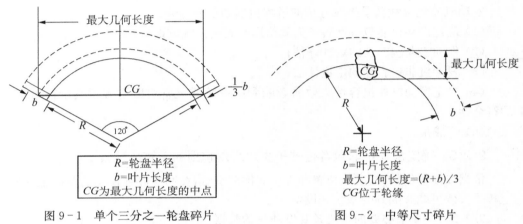

图 9-1　单个三分之一轮盘碎片　　　　图 9-2　中等尺寸碎片

2) 中等尺寸碎片

中等尺寸碎片的最大几何长度是带叶片$b$和轮盘半径$R$总长度的三分之一，其最大散射角为±5°。该模态碎片散射动能（不考虑旋转动能）依据$\frac{mv^2}{2}$确定，其中碎片质量$m$是带叶片轮盘质量的三十分之一，碎片速度$v$是图9-2中$CG$点的速度。

3) 可替代的发动机失效模式

为了分析方便，作为"单个三分之一轮盘碎片"和"中等尺寸碎片"两种失效模式的一种替代，选择单个三分之一轮盘碎片并且其散射角度为±5°作为失效模式，此模式为"可替代的发动机失效模式"，此碎片安全允许的符合性要求同"单个三分之一轮盘碎片"的要求相同。

4) 小碎片

假定小碎片具有相当于叶片高度的一半（不包括风扇叶片）的尺寸，小碎片的最大散射角度为±15°。

5) 风扇叶片碎片

风扇叶片碎片的尺寸是叶片高度的三分之一，其最大散射角度为±15°。该模态碎片散射动能（不考虑旋转动能）依据$\frac{mv^2}{2}$确定，其中碎片质量$m$是包括叶根的整个叶片质量的三分之一，碎片速度$v$是图9-3中$CG$点的速度。也可以同发动机制造单位商议确定碎片的尺寸和能量，来替代此假定。

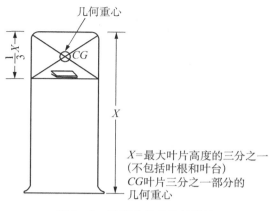

图 9 - 3　风扇叶片碎片的描述

6）辅助动力装置失效模式

辅助动力装置转子碎片模态同样包括"单个三分之一轮盘碎片"、"中等尺寸碎片"和"小碎片"，并且其辐射角度也同这几种失效模式相同。如果选择"可替代的发动机失效模式"，则其辐射角按照"可替代的发动机失效模式"选取。如果考虑相关能量，应假定质量等于上述碎片尺寸的质量，其散射动能等级相当于原转子级总转动动能的百分之一。

针对辅助动力装置的安装，需要确定其相应的非包容性碎片（最大到整个转子）可能对飞机造成的危害。具体碎片的参数，则根据下面的两条或者发动机制造商提供的历史数据，来定义飞出碎片的尺寸、质量和能量。

（1）已表明转子完整性符合 TSO C77a APU 的辅助动力装置，但是缺乏详细的包容性试验，则按照上段所定义的碎片相关参数。

（2）按照 TSO，辅助动力装置转子级是包容的，但是历史数据显示，也发生过非包容失效的情况，例如断轴和超速，这些都会产生一些非包容碎片。另外还有某些 TSO 包容性试验中没有列出的飞包容碎片。为了分析这些非包容碎片的危害，辅助动力装置的安装就使用"小碎片"的定义这些非包容碎片，或者根据在使用中已被证实的辅助动力装置碎片资料。

对于特定的辅助动力装置的安装，转子失效模式需要依据已被批准的相关技术标准规定（TSO）来确定。

### 9.2.3.3　确定非包容性转子碎片的影响区域

根据发动机非包容性转子碎片破损模态、飞出路径、发动机和飞机构型，确定非包容性转子碎片的影响区域。

1）根据碎片失效模式绘制碎片的影响区域

根据已选定的发动机非包容性转子碎片破损模态，结合飞出路径、发动机和飞机构型，采用绘图的方式确定碎片的影响区域。

对每台发动机转子的各级碎片的破损模态逐个分析,然后绘制飞机级的碎片影响区域,从而确定高能碎片飞出机匣后对飞机结构的潜在破坏范围。在定性评估中,转子碎片的散射范围应至少在 5°～15°散射角之间,然后根据碎片的散射范围确定碎片对飞机的影响区域。

2)总结影响区域列表

根据碎片散射影响区域图,将影响区域、影响此区域的发动机编号以及碎片散射角范围的对应关系按照影响区域绘制列表,如表 9-1 所示。

表 9-1　非包容性碎片影响区域分布表

| 序号 | 影响区域 | 发动机编号 | 碎片散射的入射角/(°) | 碎片散射的出射角/(°) |
|---|---|---|---|---|
| 1 | 动力装置 | ♯1 | | |
| | | ♯2 | | |
| 2 | 机翼 | ♯1 | | |
| | | ♯2 | | |
| 3 | 起落架 | ♯1 | | |
| | | ♯2 | | |
| …… | …… | …… | …… | |

### 9.2.3.4　确定所影响到的系统或设备

根据 AFHA 和 SFHA 的结果,对发动机非包容性碎片的影响区域中的系统或设备,开展相应的定性和定量分析评估。

为保证所有相关系统或设备均考虑了发动机非包容性失效的影响,应明确列出这些系统或设备的相关危险特征,如表 9-2 所示。

表 9-2　非包容性失效对系统或设备的危险特征表

| 系统或设备 | 所影响的功能 | 可能失效状态的严重程度 | 碎片散射的入射角/(°) | 碎片散射的出射角/(°) |
|---|---|---|---|---|
| 副翼作动器 发动机放气系统 …… | 飞机飞行控制 发动机推力控制 …… | 灾难性失效 重大性失效 …… | …… | |

## 9.2.4　发动机非包容性失效的定性评估

对于需要定性评估的系统,需进一步确定非包容性失效可能影响到的系统或设备的功能,并进行功能危险性评估,从而判断发动机非包容性失效是否会产生灾难性危险,进而评估该危险是否满足相关安全性需求。

### 9.2.4.1　确定每个系统的设备清单及其功能危险性评估的内容

在确定发动机非包容性失效所能影响到的系统的基础上,确定该系统的设备清单,然后对该系统进行功能危险性评估。此过程也适用于飞机级的发动机非包容性失效分析,由于飞机级功能失效不考虑系统内部的设备,这一部分不需要确定系统的设备清单,可直接开展功能危险性评估。

1) 确定系统中受到非包容性碎片影响的设备清单

本分析过程将基于以下假设:非包容性碎片能量无穷大,即设备一旦被非包容性碎片击中,此设备则完全失效。

根据发动机非包容性失效影响区域,重新绘制发动机非包容性失效的影响区域图,其中应重点突出准备分析的系统。必要时,针对系统中的设备专门绘制发动机非包容性失效影响图。

结合发动机非包容性失效影响区域图,分析非包容性碎片击毁系统设备后对飞机功能造成的影响,将影响到的设备写入设备清单,即转子失效影响到的设备清单,如表 9 - 3 所示。

表 9 - 3　转子失效影响到的设备清单

| 设备编号 | 名　　称 |
| --- | --- |
| 1 | 右内副翼作动器 |
| 2 | 左外副翼作动器 |
| …… | …… |

2) 确定设备损坏所影响到的系统功能

根据系统中受到非包容性碎片影响的设备清单,确定这些设备的失效状态,初步分析这些设备失效对系统所造成的危险,从而确定设备损坏所影响到的系统功能。

### 9.2.4.2　分析非包容性失效对每个系统的影响(FHA,FTA)

1) 功能危险性评估(FHA)

针对因发动机非包容性失效所影响到的系统功能,开展功能危险性评估。

2) 故障树分析(FTA)

根据功能危险性评估的结果,对每个功能危险情况逐个开展故障树分析。首先考虑多个碎片造成影响区域内设备发生失效的情况,然后考虑单个碎片所造成危险的情况。

(1) 多个碎片的 FTA 分析。

由于定性分析阶段难以确定多个碎片对设备的影响规律,因此,针对多个碎片对影响区域内设备造成损害的情况,在碎片能量无穷大的假设条件下,可以判定多个碎片将造成影响区域内所有设备发生失效。

(2) 单个碎片的 FTA 分析。

在进行单个转子碎片 FTA 分析时,只分析与发动机同侧的设备是否会被同一碎片击中而导致顶事件发生。单个碎片的 FTA 分析,只需要分析 I 级故障的事件。

其中,不被转子爆破影响的 FHA 条款不再进行单片转子碎片分析。

### 9.2.5　发动机非包容性失效的定量评估

在定性评估的基础上,进一步展开定量评估,用以判断在非包容事件发生的情况下,相关系统或设备被高能碎片击中的概率,进而分析危险概率是否满足相关安全性需求。

#### 9.2.5.1　确定非包容性失效所影响的系统或结构

由于非包容性碎片可能导致多个单个系统的组合或并发失效,所以必须确定这些失效所导致的多重系统和关键结构的功能性危险。

具体操作方式同发动机非包容性定性评估中的"确定每个系统的设备清单及其功能危险性评估的内容"相同。

#### 9.2.5.2　构建功能危险树

针对非包容性失效所影响到的功能,构建功能危险树。目的是用来确定所有系统的相互依赖关系,避免造成安装在转子爆裂影响区域的设备可能发生的失效组合。

理论上,如果最大程度上执行,除了另外的发动机或燃油管道受到撞击,不会出现关键系统危险。

具体构建方式同发动机非包容性定性评估中的"功能危险性评估"相同。

#### 9.2.5.3　确定碎片辐射路径及其范围

1) 描述发动机转子各级的尺寸和重量特征

对所选发动机转子进行详细描述,特别是各转子级的尺寸和重量,及其大致位置。如表 9-4 和表 9-5 所示。其中,转子级为发动转子的动力级,通常每级包括一个动叶叶栅和一个静叶叶栅,例如风扇级、低压压气机第一级。Fan 为发动机风扇、LPC1 为低压压气机第一级、LPC2 为低压压气机第二级;HPC1 为高压压气机第一级、HPC2 为高压压气机第二级;HPC1 为高压涡轮第一级、HPC2 为高压涡轮第二级;LPC1 为低压涡轮第一级、LPC2 为低压涡轮第二级。

**表 9-4　发动机转子的位置和尺寸**

| 转子 | 转子级位置 | 轮盘宽度 | 轮盘内缘直径 | 叶尖直径 | 叶片根部直径 |
|------|-----------|---------|------------|---------|------------|
| Fan | | | | | |
| LPC1 | | | | | |
| LPC2 | | | | | |
| ... | | | | | |
| HPC1 | | | | | |
| HPC2 | | | | | |
| ... | | | | | |
| HPT1 | | | | | |

（续表）

| 转子 | 转子级位置 | 轮盘宽度 | 轮盘内缘直径 | 叶尖直径 | 叶片根部直径 |
|---|---|---|---|---|---|
| HPT2 | | | | | |
| … | | | | | |
| LPT1 | | | | | |
| LPT2 | | | | | |
| … | | | | | |

表 9 - 5　发动机的重量特征

| 转子级 | 转子级重量 | 轮盘重量 | 叶片重量 |
|---|---|---|---|
| Fan | | | |
| LPC1 | | | |
| LPC2 | | | |
| … | | | |
| HPC1 | | | |
| HPC2 | | | |
| … | | | |
| HPT1 | | | |
| HPT2 | | | |
| … | | | |
| LPT1 | | | |
| LPT2 | | | |
| … | | | |

2）碎片尺寸能量及其散射边界

结合已确定的发动机非包容性转子碎片破损模态，根据各种碎片的失效模式计算碎片的详细参数。需要计算的参数主要包括碎片质心半径、碎片最大覆盖半径、碎片重量、碎片最大散射界限。

为了确定碎片质心半径和碎片最大散射边界，下面以三分之一转子碎片为例，以图 9 - 4 表示方式简要介绍碎片质心半径、碎片覆盖路径边界的确定，从而确定碎片最大覆盖路径宽度，即碎片最大散射边界（表 9 - 6）。

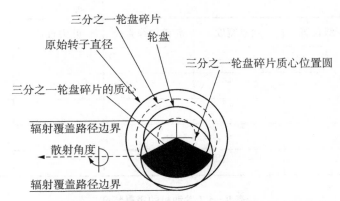

图 9-4　三分之一转子碎片质心半径、碎片最大覆盖路径边界确定示意图

**表 9-6　1/3 转子碎片特征表**

| 转子级 | 转子级位置 | 转子级宽度 | 碎片质心半径 | 碎片最大半径 | 碎片重量 | 碎片能量 | 碎片最大散射边界 |
|---|---|---|---|---|---|---|---|
| Fan | | | | | | | |
| LPC1 | | | | | | | |
| LPC2 | | | | | | | |
| … | | | | | | | |
| HPC1 | | | | | | | |
| HPC2 | | | | | | | |
| … | | | | | | | |
| HPT1 | | | | | | | |
| HPT2 | | | | | | | |
| … | | | | | | | |
| LPT1 | | | | | | | |
| LPT2 | | | | | | | |
| … | | | | | | | |

3) 确定非包容性转子飞射边界

结合碎片尺寸能量及其散射边界,根据已确定的非包容性失效所影响的系统或结构,按照功能危险树所得到的危险列表,采用表格或图形的方式绘制相应的飞射边界。如表 9-7 所示。

表 9－7 系统或结构件的碎片影响表

| 危险对应的失效状态 | 影响到的功能 | 包括地系统、设备和结构 | 碎片飞射边界的入射角 | 碎片飞射边界的出射角 |
|---|---|---|---|---|
| 丧失单个副翼滚转控制功能 | 飞机飞行控制 | 左外侧舵面位置 LVDT | | |
| | | 左内侧副翼作动器 | | |
| | | 左内侧副翼铰链 | | |
| | | 左外侧通道电缆或电源 | | |
| | | 1♯液压系统 | | |
| | | …… | | |
| 丧失单个副翼颤振抑制功能 | 飞机飞行控制 | | | |
| …… | | | | |

碎片飞射边界的入射角和出射角的确定方法如下：

（1）确定三分之一轮盘碎片质心位置和最大覆盖半径,从而确定碎片质心轨迹圆和最大覆盖路径宽度 2R, 如图 9－5 所示。

（2）绘制两条切线 $T_1$,它们是质心轨迹圆和目标轮廓边缘的切线,如图 9－5 所示。

（3）经过切线 $T_1$ 和目标轮廓的接触点,作垂直于切线 $T_1$, 长度等于碎片覆盖路径宽度的一半,记为线段 $N_1$ 和 $N_2$,如图 9－5 所示。

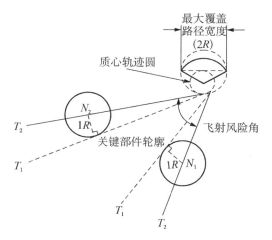

图 9－5 飞出边界风险角的确定

（4）绘制切线 $T_2$,他们是垂线定点和质心轨迹的切线。其中 $T_2$ 与竖直 12 点方向夹角就是飞出边界入射角和飞出边界出射角,这两条切线之间的角度是飞射风险角 $\phi$,如图 9－5 所示。

### 9.2.5.4　计算危险的综合暴露概率

根据功能危险树和碎片所影响的范围来确定每个危险所发生的概率,特别是能够造成灾难性事件的概率。先确定每个危险中碎片所影响到的功能和设备,然后计算碎片的造成这些功能和设备失效的概率,并进一步考虑其他因素。

1）制定碎片影响的详细功能及设备清单

根据碎片的辐射路径及其范围确定所影响到的设备及其功能,结合功能危险树,将需要分析的功能和设备制成列表,具体如表9-8所示。

表 9-8 需要分析的功能和设备项目表

| 设备编号 | 设备名称 | 相关功能编号 | 相关功能名称 | 对应失效状态索引 | 失效状态名称 |
|---|---|---|---|---|---|
| A0001 | 左内侧副翼作动器 | B0001 | 飞机飞行控制 | C00001 | 丧失单个副翼滚转控制功能 |
| | | | | | |
| | | | | | |

2) 计算暴露概率

碎片是在完全随机情况下飞散,在不考虑飞行阶段和其他诸如着火等特定条件下,需要针对每一种碎片模态,计算其击中设备而导致设备功能失效的概率,而这个概率就称为"暴露概率"。

暴露概率计算公式如下:

$$P = P_1 P_2 = \frac{\Phi_1 - \Phi_2}{360} \times \frac{\Psi_2 - \Psi_1}{碎片辐射角度之和}$$

其中:$P_1$ 为碎片飞射击中设备的概率;$P_2$ 为碎片散射击中设备的概率;$\Phi_1$ 为碎片飞射入射角;$\Phi_2$ 为碎片飞射出射角;$\Psi_1$ 为碎片前散射风险角;$\Psi_2$ 为碎片后散射风险角。

前散射风险角和后散射风险角的确定做图方法类似,如图9-6所示。

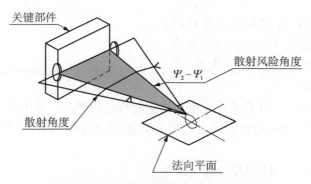

图 9-6 前散射风险角和后散射风险角的确定

注:法向平面是垂直于转子旋转平面的平面

对于每个功能或设备,将计算的暴露概率填入表9-9。

**表 9 - 9　功能或设备暴露概率表**

| 设备编号 | 设备名称 | 风扇叶片碎片下的暴露概率 | 小碎片下的暴露概率 | 单个三分之一轮盘碎片的暴露概率 |
|---|---|---|---|---|
| | | | | |
| | | | | |

3）确定飞行阶段影响系数

航空器在不同的飞行阶段,发生发动机非包容性失效的概率不同。AC128A 采用航空工业普遍接受的飞行阶段划分,及其各飞行阶段发生非包容时间的概率,如表 9 - 10 所示。

**表 9 - 10　不同飞行阶段发生发动机失效的概率**

| 飞行阶段 | 每个飞行阶段上发动机失效的发生概率/% |
|---|---|
| 未达到 $v_1$ 时的起飞阶段 | 35 |
| $v_1$ 时到第一次动力降低时 | 20 |
| 爬升 | 22 |
| 巡航 | 14 |
| 下降 | 3 |
| 进近 | 2 |
| 着陆/反推 | 4 |

航空器在不同的飞行阶段,不但发生发动机非包容性失效的概率不同,而且某些危险可能只在指定的飞行阶段才会造成灾难。因此在考虑碎片击中某个设备或影响某个功能时,应考虑飞行阶段对发生概率的影响,我们使用"飞行阶段影响系数"来对暴露概率进行修正。飞行阶段影响系数是用来表征飞行中不同阶段对碎片击中设备或影响某个功能的影响程度,假定它等于各飞行阶段发生灾难性事件概率的函数。

例如起飞状态下,当超过 $v_1$ 后受到另一台发动机的撞击,此时造成灾难性后果的可能性很高,出于保守则飞行阶段影响系数设为 1.0。然而在前向降落时可能处于某种有利状态,此时造成灾难性后果的可能性很小,飞行阶段影响系数小于 1.0。这个系数根据工程判断来确定。

例如一个完全失去推力的例子,完全失去推力条件下造成灾难性后果的飞行阶段影响系数如表 9 - 11 所示。

4）确定其他风险影响系数

除了飞行阶段对暴露概率的影响,某些特殊事件(如着火、失去增压等)的发生可能会改变碎片辐射路径及其范围,进一步影响到暴露概率的计算结果。在保守工程判断时,这些风险对暴露概率的影响可以忽略,但是,在实际评估过程中也应考虑

表 9-11　飞行阶段影响系数

| 飞行阶段 | 每个飞行阶段上发动机失效发生概率/% | 飞行阶段影响系数 |
|---|---|---|
| $V_1$ 到第一次动力降低 | 20 | 1 |
| 爬升 | 22 | 0.4 |
| 巡航 | 14 | 0.2 |
| 下降 | 3 | 0.4 |
| 进近 | 2 | 0.4 |

这些风险事件,来推导计算各种危险条件下发生非包容性转子爆破的概率。我们称风险事件对暴露概率的影响程度为"风险影响系数"。

5) 计算综合暴露概率

有些风险事件对暴露概率计算结果有影响,而且在不同飞行阶段,其影响系数也有所差异。此时要综合考虑飞行阶段来确定暴露概率,即综合暴露概率。

综合暴露概率的计算公式如下:

$$P_f = \sum_{j=1}^{7} D_{pj} \sum_{k=1}^{K} f_{ejk} P$$

式中:$j$ 为飞行阶段的标号;$D_{pj}$ 为飞行阶段 $j$ 时的飞行阶段影响系数;$K$ 为风险事件的总数;$f_{ek}$ 为标号为 $k$ 的风险事件对暴露概率的影响系数。

6) 确定在各飞行阶段飞机级转子爆破造成灾难性事件风险概率

$$飞行阶段 1 \quad P_m = \left( \sum P_{r1} \right)/N$$

$$飞行阶段 2 \quad P_m = \left( \sum P_{r2} \right)/N$$

$$飞行阶段 3 \quad P_m = \left( \sum P_{r3} \right)/N$$

$$\cdots\cdots$$

$$飞行阶段 7 \quad P_m = \left( \sum P_{r7} \right)/N$$

式中:$N$ 为发动机转子级数;$M$ 为发动机数。

表 9-12　各发动机转子组在各飞行阶段导致灾难性事件的发生概率

| | 左 fan5 | 左 hpc5 | 左 hpt5 | 左 Lpt5 | 右 fan5 | 右 hpc5 | 右 hpt5 | 右 Lpt5 |
|---|---|---|---|---|---|---|---|---|
| F1 | | | | | | | | |
| F2 | | | | | | | | |
| F3 | | | | | | | | |
| F4 | | | | | | | | |

（续表）

|   | 左 fan5 | 左 hpc5 | 左 hpt5 | 左 Lpt5 | 右 fan5 | 右 hpc5 | 右 hpt5 | 右 Lpt5 |
|---|---|---|---|---|---|---|---|---|
| F5 |  |  |  |  |  |  |  |  |
| F6 |  |  |  |  |  |  |  |  |
| F7 |  |  |  |  |  |  |  |  |

7）计算非包容性失效所造成的风险概率

$$P = \sum P_{fn}$$

### 9.2.6  判定发动机非包容性失效所影响到的系统或设备的符合性

申请人可用上面的流程来展示符合 CCAR/FAR 的 §23.903（b）（1）和 §25.903（d）（1）条款。在咨询通告 20-128A 中的准则可用来说明：

（1）提供可用的设计预防措施来使发动机非包容碎片所造成的损害最小化；

（2）按照发动机对飞机所造成的风险，每个碎片模式达到了可接受的风险。

可接受的风险概率要求如表 9-13 所示。

表 9-13  可接受的风险要求

| 碎片模式 | 风险概率要求（小于等于） |
|---|---|
| 平均三分之一轮盘碎片 | 二十分之一 |
| 平均中等尺度碎片 | 四十分之一 |
| 平均可替换模式 | 在正负 5°辐射角内是二十分之一 |
| 大量小碎片 | 十分之一 |
| 任何单个碎片（除了结构性损害） | 相应平均标准的两倍 |

另外，CCAR 的 25.571（e）条款要求可能受到发动机非包容失效损害的结构应满足要求的损伤容限。

### 9.2.7  形成报告

发动机非包容失效风险分析报告内容可按如下顺序编写：

（1）封面及摘要；

（2）修订记录表；

（3）内容目录和索引；

（4）概述及适用性；

（5）定义、描述及需求；

（6）结论；

（7）发动机非包容失效的评估；

（8）附录、证明文件。

## 9.3 机轮及轮胎失效

### 9.3.1 概述及定义

#### 9.3.1.1 概述

飞机机轮和轮胎爆破可能产生高速碎片及其高速气流,会对多个系统造成危险,从而造成共因失效。因此必须考虑其爆破所带来的影响。CCAR/FAR/CS 25部 671(c)、729(f)和 1309 条款要求:应采取设计预防措施将由飞机机轮和轮胎失效所造成的危险降至最小。

2000 年 7 月 25 日,一架法航的协和式飞机在起飞时,左主起落架右前轮胎辗压过另一架停机坪上飞机留下的金属薄板。某一轮胎碎片击穿了机翼的结构并打破了油箱,引起了严重的火灾。四台发动机迅速丧失了推力,飞机最终坠毁在一家旅馆上。

鉴于以上航空灾难的经验和教训,在飞机研制阶段就必须考虑机轮和轮胎失效所带来的影响,采取设计预防措施将由飞机轮胎失效所造成的危害降至最小。这些措施可能包括关键位置或结构的改变,以避免后期高昂的重新设计。在飞机机轮和轮胎失效分析过程中,应结合相似过程来降低其他特殊风险(鸟撞和爆胎等)形成的综合风险,这样就可以采用最优隔离或预防措施将综合风险降至最小。根据历史资料,考虑典型的轮胎爆破危险源提出了相应的模型,并且以此来求得预期轮胎爆破危险源的物理形状、大小、物理特性、轨迹边界及其能量。

为了验证飞机机轮和轮胎爆破对安全性规章的符合性,需要提供一种符合性方法来开展定性定量评估,即评估飞机机轮和轮胎失效对飞机造成的风险。这里主要是评估飞机机轮和轮胎爆破对飞机系统的影响,对结构损伤所造成的影响一般单独处理。另一方面,在评估飞机机轮和轮胎失效对飞机系统所造成的影响时,可能涉及应力分析,因此对结构损伤的评估仍然需要同对飞机系统影响的评估同步开展。

下面重点对飞机机轮和轮胎失效分析的整体过程及其详细分析过程进行描述。

#### 9.3.1.2 定义

**机轮** 机轮由轮胎和轮毂组成,用来减少飞机在地面运动的阻力,并吸收在着陆接地和地面运动时的一部分撞击能量。主起落架机轮上装有刹车装置,可用来缩短飞机的着陆滑跑距离,并使飞机在地面具有良好的机动性。

**轮胎** 轮胎在飞机起飞和着陆过程中可以形成一个空气垫,以帮助吸收撞击能量或摩擦产生的热能,而且在地面它支持飞机的重量,并产生必要的刹车结合力以便在着陆时使飞机刹车。轮胎必须能够承受高速和巨大的静载荷和动载荷。

**机轮和轮胎失效模式** 分析飞机的设计方案时要考虑到机轮和轮胎失效的模式,这些模式不仅描述了轮胎和轮缘碎片的尺寸、质量、轨迹边界和能量,还包括高速空气气流的影响边界。

**关键部件**　关键部件是指其失效所造成失效状态会妨碍飞机的持续安全飞行和着陆的部件。这些部件不仅需要单独考虑,而且应考虑同其他部件的联合影响,这些部件可能会在同一机轮和轮胎爆破事故中为高速碎片或高速气流所损害。

**持续安全飞行和着陆**　持续安全飞行和着陆意味着飞机能够持续受控飞行和着陆,期间可能使用应急程序,并且飞行员不需要额外的技巧和力量,可以考虑增加机组人员的工作负荷并降低飞机的飞行品质。

**轮胎碎片辐射角**　轮胎碎片辐射角是指偏离轮胎中间部位旋转平面的有限角度,其顶点是轮胎轴线与旋转平面的交点。图 9 - 7 中 15°所对应的夹角即为轮胎碎片辐射角。

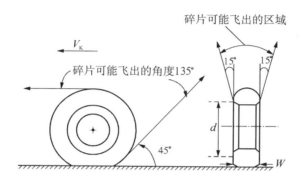

图 9 - 7　轮胎碎片的大致路径

**轮胎剥落条辐射角**　轮胎剥落条辐射角是指偏离轮胎中间部位旋转平面的有限角度,其顶点是轮胎轴线与旋转平面的交点。图 9 - 8 中 15°所对应的夹角即为轮胎剥落条辐射角。

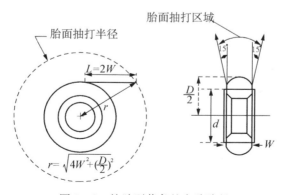

图 9 - 8　轮胎剥落条的大致路径

**轮缘碎片辐射角**　轮缘碎片辐射角是指起落架放下时轮缘碎片偏离机轮轴线的有限角度,其顶点是机轮轴线与旋转平面的交点。图 9 - 9 中 20°所对应的夹角即为轮缘碎片辐射角。

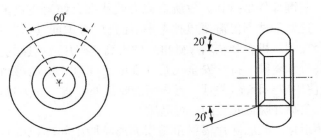

图 9 - 9　轮缘碎片的大致路径

　　**气流夹角**　空气气流从轮胎爆破的洞向外喷射所影响区域的夹角。图 9 - 10 中 36°所对应的夹角即为气流夹角。

　　**轮胎爆破喷射角**　轮胎爆破喷射角是指起落架舱内轮胎爆破后空气气流偏离轮胎旋转平面的有限角度。图 9 - 10 中与旋转平面成±100°所对应的夹角即为轮胎爆破喷射角。

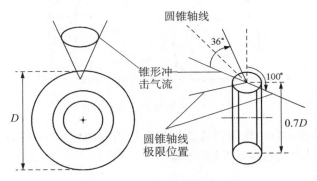

图 9 - 10　空气气流的影响边界

　　**影响区域**　影响区域是指机轮和轮胎失效所产生的碎片和气流可能影响到飞机的那部分区域。

### 9.3.2　飞机机轮和轮胎爆破风险分析的过程

　　由于在 CCAR/FAR 要求中,没有针对飞机机轮和轮胎爆破提出专门的模型。目前使用的模型是在全世界机轮和轮胎失效统计结果的基础上提出来的(JAA TGM/25/8(issue 2) Wheel And Tire Failure Model),但是使用这些模型进行符合性验证前,仍然需要同适航当局进行协商。如果适航当局认可提出的模型,就可以直接开展风险评估。相反,如果局方不认可提出的模型,则需要同适航当局协商制定机轮和轮胎爆破符合性验证程序。

　　目前,针对如何根据模型开展定性与定量的机轮和轮胎爆破风险评估,还没有形成规范性的可接受方法。因此,整个评估过程都需要同适航当局紧密联系,并且需要明确责任和时间安排。这是一个复杂繁琐的过程,常常需要专门制定一个针对机轮和轮胎爆破的特殊风险评估程序。在此程序中应该明确各方的责任、组织结构、关键时间节点和对风险评估过程的意见,并附上相关的支持材料或索引。

因此机轮和轮胎爆破风险分析的过程主要包括如下内容:

(1) 确定机轮和轮胎爆破失效模式;

(2) 机轮和轮胎爆破危险的定性评估;

(3) 机轮和轮胎爆破危险的定量评估;

(4) 判定机轮和轮胎失效的安全符合性;

(5) 制定机轮和轮胎爆破安全符合性验证程序;

(6) 形成报告。

机轮和轮胎失效分析很少是一次完成的,往往需要多次才能完成,直到判定机轮和轮胎失效所影响对象已经符合了规章要求;否则设计方案就需要不断完善,每次为完善设计而提出的更改,都需要开展相关的机轮和轮胎失效分析。

每次机轮和轮胎失效分析后,如果发现存在某些内容不符合规章要求,失效分析人员根据设计预防措施提供建议,供设计人员参考。

另外,针对在评估审定中出现的问题,往往需要反馈给相关人员,作安全预防措施。这个过程往往存在设计更改,这是一个繁琐的过程。制定机轮和轮胎爆破符合性验证程序的目的是要同适航当局顺利地协调失效评估中所出现的各种问题。

### 9.3.3  提出机轮和轮胎爆破失效模式

考虑所有着陆传动机轮和轮胎,提出一种机轮和轮胎爆破的失效模型,其中共包括五种失效模式:

(1) 起落架放下条件下胎面脱落和轮胎爆破;

(2) 起落架放下条件下胎面抽打;

(3) 起落架放下条件下轮缘失效;

(4) 起落架收起条件下轮胎爆破;

(5) 起落架收起条件下轮缘失效。

### 9.3.4  机轮和轮胎爆破危险的定性评估

根据上面的机轮和轮胎爆破失效模式,评估相关设备的安装,不仅要确定易受攻击的位置,而且要考虑对飞机和系统的危险程度。

假定所有的机轮和轮胎碎片都能够切断相关的电液系统。

记录机轮和轮胎爆破所影响到的设备及其危险严重程度。

#### 9.3.4.1  确定每个系统的设备清单及其功能危险性评估的内容

首先确定机轮和轮胎爆破影响到的系统,然后围绕此系统进行分析。此过程也适用于飞机级的机轮和轮胎爆破失效分析,由于飞机级不考虑系统内部的设备,这一部分不需要确定系统的设备清单,可直接开展功能危险性评估。

#### 9.3.4.2　分析机轮和轮胎失效对每个系统的影响(FHA，FTA)

1) 功能危险性评估(FHA)

针对因机轮和轮胎失效所影响到的系统功能,开展功能危险性评估。

2) 碎片的 FTA 分析

碎片的 FTA 分析包括轮胎碎片、轮缘剥落条和轮缘碎片的 FTA 分析。根据功能危险性评估的结果,对每个功能危险情况逐个开展故障树分析。

3) 喷射气流的 FTA 分析

针对喷射气流对影响区域内设备造成损害的情况,假设喷射气流将造成影响区域内所有设备发生失效。

在分析过程中,应特别注意喷射气流会导致多个设备失效,或者同时影响多个功能。通过分析造成灾难性后果的事件的故障树,确定其最小割集,然后根据喷射气流无能量损失的假设条件,判断喷射气流是否会同时影响割集中的所有功能。

### 9.3.5　机轮和轮胎爆破危险的定量评估

为了满足 CCAR/FAR 25.1309 的要求,要基于设计手册中的模型和失效状态统计结果进行定量评估。

对每个机轮和轮胎进行评估,以提供各设备每飞行小时遭受撞击的总概率。

#### 9.3.5.1　确定机轮和轮胎爆破所影响的系统或结构

针对机轮和轮胎爆破可能导致的单个系统的组合或并发失效,确定这些失效所导致的功能性危险,其中包括多重系统和关键结构。

具体操作方式同机轮和轮胎爆破定性评估中的“确定每个系统的设备清单及其功能危险性评估的内容”相同。

#### 9.3.5.2　构建功能危险树

针对机轮和轮胎爆破所影响到的功能,构建功能危险树。目的是用来确定所有系统的相互依赖关系和安装在机轮和轮胎爆破影响区域内的设备必须避免(如果有可能)的失效组合。

具体构建方式同机轮和轮胎爆破定性评估中的“功能危险分析”相同。

#### 9.3.5.3　确定机轮和轮胎爆破影响范围

确定机轮和轮胎爆破的影响边界需要考虑轮胎的尺寸及位置,因此下面先给出确定轮胎参数的形式,然后结合机轮和轮胎碎片及其气流的参数内容,最后来确定机轮和轮胎碎片及气流的影响边界。

#### 9.3.5.4　计算危险的暴露概率

根据功能危险树和碎片及气流所影响的范围来确定每个危险所发生的概率,特别是能够造成灾难性事件的概率。先确定每个危险中碎片和气流所影响到的功能和设备,然后计算碎片和气流造成这些功能和设备失效的概率,并考虑其他因素。

对每个设备或功能,计算击中设备或导致相应功能失效的概率,称为“暴露概率”,碎片和气流是在完全随机的情况下飞散出去的,既没有考虑飞行阶段,也没有考虑其他的特殊条件,例如着火。需要注意的是,需要计算每种机轮和轮胎失效模式对设备或功能的影响。

### 9.3.6　机轮和轮胎失效的符合性验证

符合性验证应根据以下方式按规定开展。

**9.3.6.1　起落架放下条件下胎面脱落和轮胎爆破的符合性验证**

仅仅评估小碎片对起落架支架本身和起落架舱内设备的影响是为开展 CCAR 25.729(f)的符合性验证。

大碎片(如果有的话,包括10％的胎面二次剥落)撞击后果的评估要根据 CCAR 25.1309 开展。评估方法要在试验证据的基础上进行分析。

**9.3.6.2　起落架放下条件下胎面抽打的符合性验证**

评估胎面抽打对起落架支架的关键设备的影响,以实现其 CCAR 25.729(f)的符合性检验。

轮胎抽打轮架对起落架收起动作的后果需要开展 CCAR 25.1309 的符合性验证。

**9.3.6.3　起落架放下条件下轮缘失效的符合性验证**

边缘碎片损伤的结果将通过分析其对 CCAR 25.1309 的符合性来进行评估。CCAR 25.729(f)的要求不适用于此轮缘失效。

**9.3.6.4　起落架收起条件下轮胎爆破的符合性验证**

评估气流冲击对起落舱里关键设备的影响,以证明其与 CCAR 25.729(f)的符合性。

评估方法为分析。

**9.3.6.5　起落架收起条件下轮缘失效的符合性验证**

对轮缘碎片飞出对轮舱和驾舱内设备的影响进行评估,其分析同 CCAR 25.1309相一致,而 CCAR25.729(f)不适合轮缘失效。

### 9.3.7　形成报告

转子和轮胎失效的特殊风险评估采用三个文件一块作为报告,并要求附带一定数量的支持性文件。这三个文件的标题如下:

(1)机轮和轮胎失效模型;

(2)机轮和轮胎失效评估;

(3)符合性验证的程序。

## 9.4　鸟撞损伤评估

### 9.4.1　概述

飞鸟高速撞击飞机,会对飞机造成共因失效的可能。CCAR/FAR 25.631 要求:尾翼结构的设计必须保证飞机在与 3.6kg(8lb)重的鸟相撞之后,仍能继续安全飞行和着陆,相撞时飞机的速度(沿飞机飞行航迹相对于鸟)等于按§25.335(a)选定的海平面 $V_C$。通过采用静不定结构和把操纵系统元件置于受保护的部位,或采用保护装置(如隔板或吸能材料)来满足本条要求。在用分析、试验或两者的结合来表明符合本条要求的情况下,使用结构设计类似的飞机的资料是可以接受的。

因此,有必要对影响飞机安全运行的潜在鸟撞破坏路径充分试验,从而采用物理隔离系统通道来防止单个鸟撞危险源造成冗余系统一块失效;确定脆弱的系统关键部件,从而采用保护措施或者改变鸟撞路径的方式来将鸟撞的危险减至最小。另外,由于物理隔离或者保护措施等可能造成关键位置或结构的设计更改,因此应在设计阶段尽早开展鸟撞失效评估,以避免后期昂贵的设计费用。

在无法得到满意的飞机数据情况下,可以通过分析和试验的方式来评估鸟撞对飞机的风险,并作为符合性验证的一部分。本教材提供一种最小化鸟撞风险的定量评估方法,作为安全性规章的符合性方法。这种评估方法只针对鸟撞对系统所造成的损伤,不考虑对结构所造成的损伤。实际评估过程中,同时还要考虑鸟撞对结构造成的损伤,并且对这两种损伤的评估往往同时开展。

### 9.4.2　鸟撞损伤评估的过程

在 CCAR/FAR 的规章要求中没有给出指定的鸟撞损伤模型,这些模型要在飞机研制过程中,在已有试验经验和适航当局认可的基础上而形成的。另外,要在具有充分代表性的相似设计结构开展试验的基础上,通过分析来表明鸟撞损伤的符合性。

鸟撞损伤评估的过程如下:
(1) 确定鸟撞损伤的安全需求;
(2) 确定鸟撞的影响范围;
(3) 分析鸟撞击系统的影响;
(4) 判定鸟撞损伤的符合性;
(5) 形成报告。

### 9.4.3　确定鸟撞损伤的安全需求

主机厂的总体目标是通过限制鸟撞对飞机的损伤来让飞机满足 CCAR/FAR 25.631 的要求。首先鸟撞损伤不能导致以下任何一种后果:
(1) 燃油泄漏导致的任何火险;
(2) 任何危险性的飞机控制能力丧失;
(3) 严重影响飞机安全着陆的能力;
(4) 主要结构的重大损伤。

飞机性能的轻微下降通常是可以接受的,例如辅助飞行操纵系统丧失。

尽管可以根据鸟撞损伤模型来对易受鸟撞损伤的系统实施保护措施,然而通常假设鸟撞可以切断系统电源和液压装置。如果可能,应尽量根据此假设进行系统设计。

如果系统安装不能满足上面的要求,则需要开展更多的详细分析或试验。通常,这些分析和试验用来满足结构完整性,并且常常将鸟撞影响区域分解成多个可控单元。由于这些可控单元或者具有特殊外形,或者是脆弱区域,因此他们是可以确定的。然而,如果系统中存在不能满足上述要求的情况时,则要提供相应的保护措施。一个典型的例子就是:低压燃油阀和发动机吊舱外接的燃油管的地方,如果鸟撞同时造成阀门和管子破坏,则会造成燃油泄漏和潜在着火源。这时,要采取相应的保护措施。

### 9.4.4　确定鸟撞的影响范围

鸟撞会影响到暴露在气流表面的所有区域和部件。例如:

(1) 机翼前缘;

(2) 发动机;

(3) 前机身;

(4) 放下的起落架支柱;

(5) 驾驶舱;

(6) 电子设备舱;

(7) 控制面。

### 9.4.5　分析鸟撞击系统的影响

一旦确定了鸟撞的潜在目标,就应该针对鸟撞损伤的脆弱性进行系统评估。

不仅要分析鸟直接撞击的地方,而且还要分析鸟撞的间接影响。例如,鸟撞对包含系统部件的内壁的影响,鸟击穿驾驶舱窗户的后续影响,鸟撞击电液线路后对起落架的影响,等等。

虽然本书不考虑鸟撞的结构损伤,但是也需要开展结构的强健性分析来表明满足了适航要求。

当无法获取理论上充分的数据时,应通过实验的方法来最终检验鸟撞损伤的最小化措施。

### 9.4.6　判定鸟撞的符合性

通过对鸟撞影响的所有区域和设备的分析评估,如果其结果都能满足特定的安全要求,则认为在系统方面符合 CCAR/FAR 25.631 的要求。

如果鸟撞对结构方面的影响同时也满足特定的安全需求,则完全符合 CCAR/FAR 25.631 的要求。

### 9.4.7　形成报告

鸟撞损伤评估报告按如下给定顺序编写,内容包括:

(1) 封面及摘要;

(2) 修订记录表;

(3) 内容目录和索引;

（4）概述及适用性；

（5）描述及需求；

（6）结论；

（7）鸟撞损伤评估；

（8）附录、证明文件。

## 练习题

**1.** 机轮和轮胎失效有哪几种失效模式？这些失效模式有什么不同？

**2.** 轮胎爆破风险分析的过程主要包括哪些？

**3.** 机轮和轮胎失效的评估采用哪些符合性验证方法？

# 第 10 章　区域安全性分析

## 10.1　引言

区域安全性分析(Zonal Safety Analysis，ZSA)是共因分析的重要组成部分。它是系统安全性评估的最后一步，对飞机各区域内系统或设备的安装、维修失误、环境、兼容性等进行评估，是抑制共因失效产生的重要措施，对于保证飞机各系统之间的兼容性等具有重要的作用。本章首先将对 ZSA 过程中的假设进行介绍，然后详细阐述 ZSA 的分析过程，并以工程案例增加理解，最后明确 ZSA 的分析结论和报告形式。

## 10.2　ZSA 概述

为了能够充分考虑由于系统物理安装而降低了组件之间的独立性带来的安全隐患，应确定一种分析方法，使其既考虑飞机上各个系统/组件的安装关系，又考虑飞机上安装邻近的各系统/组件之间的相互作用，这种分析方法称之为区域安全性分析(ZSA)。

区域安全性分析是共因分析的一部分，主要关注的是系统与邻近系统之间的相互作用，以及环境因素对系统安全的影响。由于系统安全性评估是在独立性假设的基础上开展的，难以从整体上充分考虑系统硬件物理安装之间的相互作用；同时，在复杂系统中，系统与邻近系统之间存在相互作用关系，邻近系统的失效会影响到其他系统或产生共因失效；另外，影响系统部件的环境因素，如温度、振动、液体泄漏等，也可能会影响到系统安全。因此，在区域安全性分析中需要充分考虑区域内系统间相互作用及环境因素对系统和飞机安全的影响。除考虑系统与邻近系统之间的相互作用外，区域安全性分析还应关注各区域内物理安装是否满足设计和安装需求，其中包括对维修差错的考虑。

区域安全性分析用于表明对适航规章 CCAR/FAR/CS 25.1309 条款的符合性，以及其他特定需求。其主要分析思路是在飞机上(实样图或样机上)人为划定的区域内，考虑系统和设备安全、维修失误、外部环境变化、系统运行等情况，判定各系统和设备的安装是否符合安全性设计需求，判定位于同一区域内各系统之间相互影响的程度，并分析产生维修失误的可能性，尽早发现可能发生的不安全因素，提出改进意见,使新设计能防止或限制不正常事件的发生,保证飞机各系统之间的相容性和完整性。

在新机型研制和现有机型进行较大改型时均应进行区域安全性分析,具体分析过程一般由飞机机体制造商实施。最初,建立基本的设计和安装指南,并分析飞机图样和模型。随着项目进展,分析可基于样机进行,然后是飞机实物。区域安全性分析的结论将作为飞机相关系统安全性评估的输入和较低层级系统安全性评估的补充。

ZSA 的主要目的是:

(1) 通过对飞机各区域进行相容性检查,判定各系统和设备的安装是否符合安全性设计需求;

(2) 判定位于同一区域内各系统之间相互影响的程度;

(3) 分析产生维修失误的可能性及其影响;

(4) 验证设计满足 FTA 事件独立性要求。

ZSA 的最终目标是通过分析使新设计能防止不正常事件或限制不正常事件发生的概率,保证飞机各系统之间的相容性和完整性。

ZSA 主要是一种定性分析,主要包括三个方面的任务:

(1) 准备系统设计与安装指南,制定各区域的系统设计与安装准则;

(2) 依据设计与安装准则,检查各区域系统设计与安装的符合性情况;

(3) 准备飞机各区域的系统和部件清单,确定部件外部失效模式,分析系统和部件之间的相互作用与影响,以及对飞机的安全性影响等情况。

本章节详细描述了民用飞机区域安全性分析的作用、目的、分析假设、分析流程和结论,给出了 ZSA 报告的一般格式和内容,并以某型飞机的主起落架舱区域为例进行了 ZSA 实例分析。

## 10.3　分析假设

### 10.3.1　系统安全性评估过程假设

区域安全性分析是共因分析的一部分,在系统研制过程中,同其他各部分都存在交互。从 SAE ARP4754 文献中给出的安全性评估过程与系统研制过程的关系,可以看出 ZSA 与系统安全性评估过程以及与系统研制过程的关系,具体参见本书第 3 章图 3 - 3。

从图 3 - 3 可以看出,飞机级功能危险性评估(AFHA)、系统级功能危险性评估(SFHA)和初步系统安全性评估(PSSA)是区域安全分析的输入,区域安全性分析的结果作为系统安全性评估(SSA)的一部分输入。因此,在进行区域安全性分析时,应假设已经初步完成飞机级和系统级的功能危险性评估,以及初步系统安全性评估,并同时开展系统安全性评估工作。在完成区域安全性分析后,应将分析结果反馈至 SFHA 和 PSSA,以更新和完善 SFHA 与 PSSA。

另外,区域安全性分析和特殊风险分析都是共因分析的一部分,是相互作用、互为补充的。在区域安全分析过程中,如果遇到较为复杂的情况,如高能转子、高温高压气体泄漏、高能量释放潜能的元部件的爆破等,需要另行展开特定风险分析。

区域内系统之间的相互影响分析是区域安全性分析的重要内容。进行系统间相互影响的分析工作,一是列举区域内系统与部件的所有外部失效模式,二是分析系统与部件的外部失效模式对相邻系统与飞机的安全性影响情况。对于上述两方面任务的前提是获取了区域内所有系统和部件的失效模式与影响分析(FMEA)的信息。因此,在进行 ZSA 时,需假设飞机所有系统已经初步完成了 FMEA,或者已经初步具备了进行 FMEA 工作所必需的相关信息。

### 10.3.2　其他假设与前提

对于新机型研制或飞机重大改装,都应开展区域安全性分析,并且贯穿研制改装的全程。在不同的研制阶段,进行区域安全性分析所需的准备材料和分析对象都是不同的。在型号研制的初期,主要是通过制定设计和安装准则,对飞机图纸或模型进行分析。随着型号研制的进展,还需开展基于样机的区域安全性分析和基于飞机实物的区域安全性分析。对于分析人员,应具备相关的工程设计经验和维修经验等。

工程上,进行 ZSA 分析,除系统安全性评估过程所必需的 AFHA,SFHA,FMEA 等分析结果外,还应考虑如下假设、前提和条件:

(1) 确定了飞机设计需求和目标;

(2) 准备了系统设计与安装指南;

(3) 考虑维修和飞机运行的危险因素;

(4) 准备了飞机的安装图纸、系统模型和样机数模等相关资料;

(5) 明确了飞机和系统运行的环境因素;

(6) 飞机设计经验等。

## 10.4　分析过程

虽然在研制或改装的不同阶段,区域安全性分析所面对的对象有所不同,可能是图纸、模型或者飞机实物,但是从分析内容的先后顺序来看,都采用了相同的分析次序,即区域安全性分析流程。

区域安全性分析主要包括两个方面的内容,一方面是设计与安装准则的符合性检查;另一方面是区域内系统和部件的失效导致的系统间相互影响以及对飞机的安全性影响。进行区域安全性分析时,需要将上述两方面的内容综合考虑,并形成统一的分析流程。

区域安全性分析的具体步骤如下:

步骤 1,根据区域划分的基本原则,结合飞机型号特点,将全机合理的划分为适合安全性分析的若干区域。

步骤 2,根据各系统的详细设计规范和设计指南,结合飞机总体的设计目标和需求、各系统架构、飞机维修、运行和工程经验等方面内容，制定出适用于全机各区域通用的或系统专用的设计与安装准则，以指导各区域的系统设计与安装情况的分析与检查。

步骤3，根据飞机的图纸、系统模型、数字样机等，确定飞机各区域内所有的系统、子系统及部件的名称、编号、数量等相关信息，形成各区域的系统与部件清单。

步骤4，在系统与部件清单的基础上，结合系统与部件的 FMEA、FMES、系统内部危险分析和其他相关的系统分析资料，确定区域内所有部件的外部失效模式清单。

步骤5，根据已制定的设计与安装准则，对全机各区域的设计与安装情况进行符合性检查。

步骤6，根据各区域内所包含系统的架构、系统 FMEA 分析，以及临近系统的 PSSA 分析等情况，对每一区域内所有部件的外部失效模式进行安全性影响分析，既包括对临近系统的影响分析，也包括对飞机的影响分析。

步骤7，进行区域安全性检查与分析结果判定：一方面，对设计与安装准则的符合性检查结果进行判定，若检查结果满足相关设计与安装准则的要求，则将结果输出到区域安全性检查结论中，并关闭该符合性检查项，若检查结果不满足要求，则对系统设计提出更改措施，并返回到步骤5，对更改后的系统设计与安装情况进行复查，依此循环迭代，直至最终满足设计与安装准则的要求；另一方面，对部件外部失效模式的影响分析结果进行判定，若判定结果可接受，则将结果输出到相关的区域安全性分析结论中，并在相关的 SSA 结论中进行考虑，若分析结果不可接受，则返回到步骤6，重新进行区域安全性影响分析，依此循环迭代，直至最终满足相关安全性需求。

步骤8，根据上述分析与检查结果，形成各区域的安全性分析结论和报告，并最终汇总形成全机区域安全性分析报告。

区域安全性分析流程如图 10-1 所示。

### 10.4.1　区域划分

#### 10.4.1.1　区域划分的基本思想

进行区域安全性分析，首先是将飞机划分为若干分析区域，划分的途径可以基于图纸或样机，也可基于飞机实物，其目的是将飞机上各种故障模式、故障影响、维修与安装方式等相近或类似的情况分类考虑，以利于进行区域安全性的检查与分析。

区域划分的基本思想如下：

（1）同一区域内的系统或设备的故障、维修、安装等因素，对本区域内的其他系统或设备的运行可能会产生一定的安全性影响。

（2）不同区域内的系统或设备由于各种物理隔离的存在，其故障、维修、安装等因素对其他区域的系统设备产生安全性影响的可能性较小。

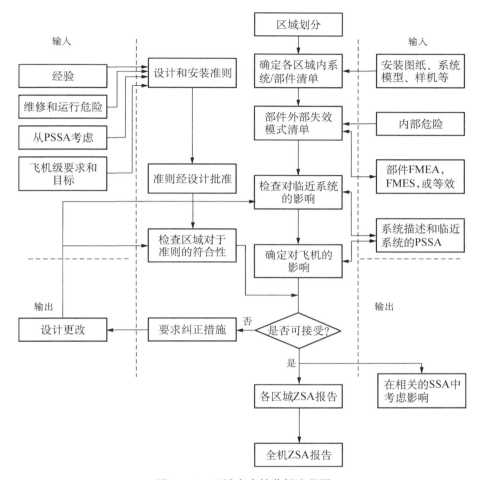

图 10 - 1　区域安全性分析流程图

（3）区域的划分方案不是唯一的，只要便于安全性分析工作的开展即可，在遵循相应的划分原则的基础上，可以有多种区域划分方案。

### 10.4.1.2　区域划分的原则与方法

飞机区域的划分一般以飞机的梁、隔框、地板等为边界，并综合考虑系统和设备的故障、维修、安装、物理隔离、环境因素、特殊风险、人员作业等各方面因素的影响。一般来说，飞机的区域划分应符合以下原则：

（1）区域划分应简明，飞机的各舱应尽量作为独立区域来划分，如 E-E 舱、起落架舱、货舱、客舱、驾驶舱、APU 舱等。

（2）尽量将故障模式相关的或工作原理类似的相邻系统和部件划分在同一区域内，如机翼前缘、中央翼、机翼后缘，平尾，垂尾，短舱吊挂等。

（3）区域的大小应以能在该区域内作仔细、全面的分析，易于判定故障影响为宜。

（4）为避免遗漏分析项目，应对各区域进行编号，编号方式可用阿拉伯数字或英文字母表示，并能体现出区域的层级关系，编号顺序可为：机翼由内向外、由前向后、机身由前向后、安定面由根部向尖部等。

（5）区域划分图应清楚地指明区域边界，且区域边界应将相关结构的侧壁包含在内。

在民用飞机的具体型号研制中，区域划分可分为若干层级来进行，第一层级的区域划分可划分的较为粗略，例如，以机身的下半部到后压力隔框为一个区域，以机身的上半部到后压力隔框为一个区域等。第二层级、第三层级可在第一层级的基础上根据机型的特点进行再划分。表 10-1 给出了某机型第一层级区域划分情况。图 10-2 给出了相应的第二层级区域划分示例图。

表 10-1　某机型第一层级区域划分情况

| 区域编号 | 区域名称 |
| --- | --- |
| 100 | 机身的下半部到后压力隔框 |
| 200 | 机身的上半部到后压力隔框 |
| 300 | 尾部 |
| 400 | 动力装置 |
| 500 | 左机翼 |
| 600 | 右机翼 |
| 700 | 起落架和起落架舱门 |
| 800 | 舱门 |
| 900 | 保留符号，用于表示上述编号未包括的区域 |

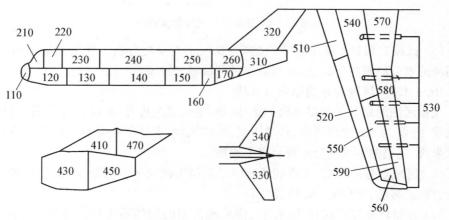

图 10-2　某机型区域划分示例图

对于划定的每个区域，应明确描述其位于飞机坐标系的 $x$，$y$，$z$ 轴的坐标位置，以及对应轴向上边界的名称(如梁、隔框、地板等)。区域的边界定义及描述见表 10 - 2。

表 10 - 2　区域边界定义及描述

| 飞机型号 | | | | | | |
|---|---|---|---|---|---|---|
| 区域名称 | | | | | | |
| 区域编号 | | | | | | |
| 坐标 | $X_1$ | $X_2$ | $Y_1$ | $Y_2$ | $Z_1$ | $Z_2$ |
| | | | | | | |
| 边界描述 | $F_1$ | $F_2$ | $F_3$ | $F_4$ | $F_5$ | $F_6$ |
| | | | | | | |

### 10.4.2　制定设计与安装准则

#### 10.4.2.1　准则来源

制定系统设计与安装准则是进行区域安全性分析的主要任务之一。设计和安装准则的制定,首先应准备各系统的详细设计安装指南和系统设计规范等资料,并综合考虑飞机总体的设计需求和目标、适航要求、初步系统安全性评估、维修差错以及设计经验等各种因素。此外,对于特定的某些设计区域通常还会有一些特殊考虑。

设计与安装准则的制定来源于以下各方面的资料和文件:

(1) 飞机总体设计目标与需求;

(2) 适航规章的要求;

(3) 飞机或系统的功能危险性评估报告;

(4) 初步系统安全性评估报告;

(5) 系统设计指南或设计规范;

(6) 结构设计指南或设计规范;

(7) 系统安装需求;

(8) 飞机可靠性、安全性、维修性设计准则;

(9) 飞机运营的事故报告;

(10) 维修及运行经验;

(11) 设计经验等。

进行飞机区域安全性分析时,需先准备上述材料,并在这些材料的基础上形成每个系统的设计和安装准则。在区域安全分析中,每个区域内的系统和部件的设计与安装情况,都应满足相应的系统设计和安装准则的要求。

#### 10.4.2.2　制订原则

制订设计与安装准则应遵循以下原则:

(1) 尽量降低设备安装、故障对邻近系统或结构的安全性影响;

（2）尽量避免相邻系统之间的相互干涉；

（3）尽量降低维修、安装失误及环境等因素对飞机安全性的影响。

### 10.4.2.3　制订途径

设计和安装准则的制订应包括以下三个方面的途径：

（1）通用设计和安装指南，规定了系统和设备应满足的安装需求、兼容性需求、维修需求和环境需求等；

（2）系统专用设计和安装指南，是以系统或设备为对象，提出在各个区域内该系统或设备相互之间在安装、兼容、维修、环境及系统功能等方面的具体需求；

（3）特定设计区域的考虑。

对以上三方面途径具体阐述如下：

1）通用设计与安装指南

通用设计与安装指南应充分考虑飞机在运营中产生的温度变化、结构变形、压力变化、加速度影响，以及制造上的公差和振动等影响。

通用设计与安装指南主要包括四个方面的内容：系统和设备（包括管路、导管、软管、电线、电缆等）安装、部件的拆卸和更换、维修与维护、排液（包括水、燃油、液压油、清洗和防冰液、滑油、污水等）。

（1）系统和设备的安装。

系统和设备的安装不但包括系统、子系统、设备、部件的安装，还包括管路、导线、软管、导线、电缆等组件的安装情况。系统和设备的安装应满足以下基本需求：

① 安装应确保没有施加不可接受的应力；

② 与运动部件的连接应以将应力减到最小的方式来固定；

③ 与运动部件的连接与定位，应不妨碍相邻结构或设备以及不被相邻结构或设备所妨碍；

④ 气压导管和软管的装配应避免积水；

⑤ 主要系统和次要系统的隔离应表明其中某一个系统的失效对另一个系统的影响以及一个单独的系统失效对两个系统的影响是可接受的。

（2）部件的拆除和更换。

部件的拆除和更换应满足以下基本需求：

① 更换相似但不相同的部件，对系统性能不应有不可接受的影响；

② 可能被安装在不正确位置的任何部件不应产生难以解决的问题（例如，引起间隙的显著减少或引起任何连接导线、电缆、软管等承受不可接受的应力）；

③ 应该避免连接器、管路等的交叉连接。

（3）维护和维修。

维护和维修应满足以下基本需求：

① 所有的地面维修连接点应该明确标明和布置，以使得被使用的流体或者被连接的设备都是显而易见的。

② 当可能时,设计应允许在不拆卸其他设备,尤其是不拆卸其他系统的设备来进行组件的更换。如果必须拆卸本系统或其他系统的相关设备,则应该对所有涉及的系统进行一次检查。

③ 应当考虑到由于不小心遗留在飞机上的工具、螺栓等产生的任何可能的危险。

(4) 排液。

这里所指的排液,包括水、燃油、液压油、清洗和防冰液、滑油、污水等飞机上所有可能的液体排放情况。排液应满足以下基本需求:

① 应当考虑到不适当的部件和设备装配需要的排液问题;

② 在液体的积聚将导致危险的区域或部件中应有排液措施。

需要注意的是,上述通用设计与安装指南只是给出了一般考虑的情况,在飞机型号的实际研制中,并不限于以上内容。工程上,应根据型号研制的具体特点,对上述通用设计与安装指南进行修改、增加和完善,以满足型号研制的实际需要。

2) 系统专用设计与安装指南

各系统的专用设计与安装指南应充分考虑各系统或专业的设计经验、工作数据、相关的初步系统安全性评估和飞机级的需求与目标等方面因素,并应保证这些设计与安装指南的来源尽可能可追踪。

3) 特定设计区域的考虑

飞机的某些环境可能存在特殊需求,同这些环境相关的区域也就需要一些特殊的设计考虑。这些区域通常包括热表面、电缆设备、着火、通风、排放等区域。进行特定设计区域的考虑,主要是检查相关系统的安装是否考虑了特殊环境,以及是如何考虑特殊环境的,从而在区域安全性分析中检查相关区域是否考虑了这些内容。

4) 确定设计和安装准则

"通用设计和安装指南"、"系统专用设计和安装指南"、"特定设计区域的考虑"分别是出于不同的需求而制订的。这些内容包含了飞机所有系统的设计和安装需求,然而,对于某一具体的分析区域,还需在此基础上,考虑到设计部门和维修部门的经验,以及飞机所采用的新颖或特别的设计等因素,进行筛选、修订和完善,最终制订出分别适用于飞机各区域的设计与安装准则清单。

### 10.4.3　制订区域系统与部件清单

#### 10.4.3.1　列举区域内系统与部件

区域安全性分析是对每个具体区域逐个开展的,主要分析对象是区域内的系统、组件和设备。为了在分析检查时具有针对性,不遗漏分析项目,必须详细列出各区域内系统和部件清单,清单形式可以视具体情况制订。在飞机研制的不同阶段,可以根据飞机的安装图纸、CATIA 数模、样机或飞机实物等情况来制订系统与部件清单。

系统和部件包括设备、组件、导管、软管、排泄管、导线、电缆等。在系统和部件清单中应详细描述所有系统和部件的相关信息,包括飞机的型号、所分析区域的编号、区域名称、系统名称、系统对应的 ATA 章节号、系统内部件名称、部件编号、数量等。表 10-3 给出了系统与部件清单列表格式。

表 10-3　系统与部件清单

| 飞机型号 | | | | | | |
|---|---|---|---|---|---|---|
| 区域编号 | | | | | | |
| 区域名称 | | | | | | |
| 序号 | 系统名称 | ATA 章节 | 部件编号 | 部件名称 | 数量 | 备注 |
| | | | | | | |

工程上,在列举各区域系统与部件清单时,应首先将此区域的总体情况进行简单描述,包括区域的位置、边界、区域内系统的大概组成情况,以及管路、线路等分布情况,并提供该区域 CATIA 数模的三维图。

### 10.4.3.2　获取部件信息

区域安全性分析需要区域内所有安装部件的详尽信息。为了高效地实施区域安全性分析,不因缺少某些信息而中断,应在制定系统与部件清单之前获得所有的必需信息。这些信息来源于设计规范、系统描述、图纸、供应商的经验及设计人员的经验等,一般应包括如下信息:

1) 工作模式

工作模式可分为正常工作条件和异常工作条件两种情况。

(1) 正常工作条件一般包括:

① 温度;

② 压力;

③ 速度;

④ 运行限制;

⑤ 运行时间(地面/空中);

⑥ 存储能量,受迫触发;

⑦ 暴露环境等。

(2) 异常工作条件包括:

① 失效类型;

② 不利环境条件等。

2) 能源供应情况

(1) 高压流体;

(2) 电压或最大电流;

(3) 增压空气等。

3) 保护措施

(1) 切断保护方式;

（2）包容；

（3）屏蔽；

（4）过热传感器；

（5）超速传感器等。

部件的工作模式、能源供应和保护措施等详细信息可在系统与部件清单的基础上，根据区域内所有部件的名称，单独以表 10 - 4 的形式给出。

**表 10 - 4 区域内部件详细信息表**

| 飞机型号 | | | | | |
| 区域编号 | | | | | |
| 区域名称 | | | | | |

| 序号 | 部件名称 | 工作模式 | | 能源供应 | 保护措施 | 备注 |
| --- | --- | --- | --- | --- | --- | --- |
| | | 正常工作条件 | 异常工作条件 | | | |
| | | | | | | |

### 10.4.4 系统与部件的外部失效模式清单

系统与部件自身的某种失效，由于其可能仅改变了系统的工作方式，故对飞机安全性的影响可能是很有限的，但是，其失效可能会对临近系统产生一个重要的影响或导致临近系统故障，最终，这种交互的作用会对飞机的安全性产生较大的影响。区域安全性分析主要考虑这类失效模式，即外部失效模式。

系统与部件的外部失效模式是指系统与部件的所有失效模式之中，能对临近系统和部件产生影响的失效模式。外部失效模式影响分析主要是考虑系统的描述、系统内部危险情况，以及相关系统 FMEA 中的失效模式、对系统的影响分析和对飞机的影响分析等因素。其中，对于系统的影响情况分析主要是考虑系统描述情况和PSSA 等因素，对于飞机的影响情况分析主要是考虑相关的 SSA。

在区域内系统与部件清单的基础上，根据系统与部件的 FMEA 以及系统与部件的固有危险情况等因素，确定该区域内所有部件的失效模式清单。

在确定系统与部件的外部失效模式时，应考虑到如下系统和部件的典型失效情况：

（1）反复敲击断裂的扭矩轴，对液压管路、操纵钢索、导线和燃油导管等产生继发的损坏；

（2）在非常邻近电气设备或可燃材料处，氧气导管接头泄漏；

（3）设备断开或失效，包括螺母与螺栓的分离等，导致继发的操纵驱动卡死的可能性；

（4）高能转动设备失效的碎片导致继发的飞机系统或结构的损坏，如发动机、空气循环机、APU、风扇、发动机启动电机、液压泵等；

（5）从发动机排气或空调管路中泄漏的空气，可能在封闭的区域产生高压和/或高温；

（6）具有高能量释放潜能的元部件的爆破或能量释放可能导致继发的破坏，如压力瓶、蓄压器、氧气瓶、灭火器、冷气瓶、轮胎、处于张力状态的钢缆、处于张力状态的链条、压缩物体等；

（7）轮胎胎面碎片可能损坏结构和系统；

（8）承载具有腐蚀性物质且故障时易造成周围环境恶化的装置，如废水管路、燃油箱及导管、蓄电池、液压系统设备等；

（9）可能产生高温、高压气体泄露的导管及管路，如发动机排气导管、空调系统高温管路、防冰导管等；

（10）从失效的或过热的电气设备产生的烟雾可能影响机组的操作；

（11）在非常邻近电气设备的任何流体泄漏，如热空气、氧气、燃油、水、液压油等；

（12）靠近热源的可燃液体泄漏；

（13）能污染空气调节系统的流体泄漏，如燃油，滑油，液压油等；

（14）水/废水系统由于内部或外部泄漏影响其他系统。

注：上述某些风险也可能会作为特定风险进行分析。

系统与部件的外部失效模式清单以工作表的形式给出，见表 10 - 5。

**表 10 - 5　系统/部件的外部失效模式清单**

| 飞机型号 | | | | | | |
|---|---|---|---|---|---|---|
| 区域编号 | | | | | | |
| 区域名称 | | | | | | |
| 序号 | 系统名称 | ATA 章节 | 部件编号 | 部件名称 | 外部失效模式 | 备注 |
| | | | | | | |

## 10.4.5　设计与安装准则的符合性分析与检查

### 10.4.5.1　制定与确认设计与安装准则符合性检查单

设计与安装准则给出了飞机系统和设备的设计与安装需满足的安全性需求，具体到每个区域，应将这些需求转换成可执行和便于操作的检查单的形式。因此，需在飞机区域划分结果的基础上，根据设计和安装准则，筛选出同一区域内系统和设备相关的设计和安装准则内容，制定出每一区域的设计与安装准则的符合性检查单。其中，存在将准则具体到某些设备的情况，此时一个准则可能会分解成若干条检查条目；也可能某一条检查条目同时涉及若干个准则。

设计与安装准则符合性检查单制定完成以后，应由所有相关的系统设计和系统安装人员进行确认，并提出意见。如果对某些检查条目存在争议，应作出相应的解释和修改。

对制定好的设计安装检查单进行确认,主要是确认以下六方面的内容:

(1) 确认区域检查单覆盖了区域定义表中的所有区段;

(2) 确认检查单条目包括了所有区域内的系统和设备;

(3) 确认检查单条目包括了所有相关的设计和安装准则;

(4) 确认检查单条目是否明确;

(5) 确认相似的检查单条目很少;

(6) 确认检查单条目同设计和安装准则的索引正确。

只有当所有相关设计部门都确认了区域内所有区段的设计与安装准则符合性检查单,此区域的检查单才可作为最终的区域安全分析检查单,开展区域检查工作。

设计与安装准则符合性检查单可以表 10-6 的形式给出。

表 10-6　设计与安装准则符合性检查单

| 飞机型号 | |
|---|---|
| 区域编号 | |
| 区域名称 | |
| 序号 | 设计与安装准则符合性检查单 |
| | |

### 10.4.5.2　实施计与安装准则的符合性检查

设计与安装准则符合性检查应依据已确认的设计与安装准则符合性检查单逐条开展区域安全性的设计与安装准则的符合性检查工作。

在型号研制的早期,可以基于飞机图纸、物理模型或数字样机开展检查工作;在型号研制后期,如试飞阶段,可以基于飞机实物开展机上检查工作。

进行设计与安装准则的符合性检查,是一个"检查—发现问题—纠正措施—复查—……—问题关闭"的反复迭代的过程,直至检查出的所有不符合项问题都完全关闭。根据上述检查和分析过程,制订了"设计与安装准则符合性检查表"(见表10-7)、"设计与安装准则符合性问题纠正表"(见表10-8)与"设计与安装符合性检查问题关闭表"(见表10-9)。

表 10-7　设计与安装准则符合性检查表

| 区域编号: | | 检查人: | 检查单编号: | |
|---|---|---|---|---|
| 区域名称: | | 检查日期: | 飞机型号: | |
| 检查项序号 | 设计与安装准则符合性检查项 | 是否符合?(是/否) | 不符合原因描述 | 备注 |
| | | | | |
| | | | | |

**表 10 - 8　设计与安装准则符合性检查问题纠正表**

| 区域编号: | | | 问题纠正表编号: | | |
|---|---|---|---|---|---|
| 区域名称: | | | 飞机型号: | | |
| 问题编号 | 问题描述 | 责任单位 | 纠正措施 | 批准 | 备注 |
| | | | | | |

**表 10 - 9　设计与安装符合性准则符合性检查问题关闭表**

| 区域编号: | | | | 问题关闭表编号: | | |
|---|---|---|---|---|---|---|
| 区域名称: | | | | 飞机型号: | | |
| 问题编号 | 问题描述 | 责任单位 | 纠正措施 | 符合性复查<br>(是否符合?) | 问题关闭情况<br>(关闭/打开?) | 备注 |
| | | | | | | |

　　"设计与安装准则符合性检查表",是通过对各区域的设计与安装准则的符合性检查,判定系统的设计与安装情况是否满足区域安全性的要求。"设计与安装准则符合性问题纠正表",是对符合性检查过程中发现的不满足设计安装准则的情况进行说明,给出解决和纠正措施,并得到相关评审部门的批准。"设计与安装符合性检查问题关闭表",是对施行纠正措施以后的系统设计与安装情况进行复查,判定是否最终满足了安全性需求,若不满足,还需返回设计,重新更改,若已经满足需求,则对该检查项进行关闭。

　　系统/结构的设计和安装或结构过程中使用材料的相容性和耐久性是设计和安装的基本原则,在进行设计与安装准则符合性检查时应考虑下列因素:

　　(1) 热量变化的影响;

　　(2) 结构的偏差;

　　(3) 压力的变化;

　　(4) 制造公差;

　　(5) 重力加速度 $g$ 的影响;

　　(6) 振动;

　　(7) 电解不相容性;

　　(8) 材料和涂层;

　　(9) 流体污染物的影响;

　　(10) 烟的消除、抗燃性和火的蔓延等。

### 10.4.5.3　工作表的填写内容和要求

1) 设计与安装准则符合性检查表

表 10 - 7"设计与安装准则符合性检查表"共有 11 个项目需要填写,每一项的填写内容要满足以下要求:

（1）区域编号，是指全机区域划分时给出的本分析区域对应的编号；

（2）区域名称，是指全机区域划分时给出的本分析区域对应的名称；

（3）检查人，是指执行对本分析区域进行设计与安装准则符合性检查的工程人员；

（4）检查日期，是指执行对本分析区域进行设计与安装准则符合性检查的日期；

（5）检查单编号，是指本检查单的序号，编号格式可采用 JC-"区域编号"；

（6）飞机型号，是指本分析机型的代号；

（7）检查项序号，是指执行每一项检查时，对应的检查项序号，格式可采用"检查单编号"-流水号；

（8）设计与安装准则符合性检查项，是指设计与安装准则符合性检查单所对应的逐条检查的项目名称，即本项的区域安全性检查要求；

（9）是否符合？（是/否），是指针对本项检查要求进行检查后，判定检查结果与要求的符合性情况，若符合，填"是"，表示本项对应的设计与安装情况已满足安全性需求，不符合则填"否"，表示本项对应的设计与安装情况不满足安全性需求，需要进行设计更改或需执行其他纠正措施；

（10）不符合原因的描述，是指针对上述"不符合"项的情况进行具体描述，不符合原因的描述应尽可能具体、明确；

（11）备注，是对上述任何一项认为有必要的补充或说明，也可以空白。

2）设计与安装准则符合性问题纠正表

表 10-8"设计与安装准则符合性检查问题纠正表"共有 10 个项目需要填写，每一项的填写内容要满足以下要求：

（1）区域编号，同表 10-7 中"区域编号"；

（2）区域名称，同表 10-7 中"区域名称"；

（3）问题纠正表编号，是指本问题纠正表的序号，编号格式可采用：WT—"区域编号"；

（4）飞机型号，是指本机型的代号；

（5）问题编号，是指表 10-7 中"检查项序号"栏所对应的编号；

（6）问题描述，是指对于不符合要求的检查项的相关问题进行的描述，即表 10-7 中"不符合原因描述"栏所对应的内容；

（7）责任单位，是指本条问题所归属的责任部门；

（8）纠正措施，是指针对不符合要求的检查项的相关问题给出的解决和纠正措施，纠正措施应具有可操作性；

（9）批准，是指解决措施是否有效应得到相关人员批准，此处应填写：是否经批准，以及经谁批准；

（10）备注，是对上述任何一项认为有必要的补充或说明，也可以空白。

3）设计与安装符合性检查问题关闭表

表10-9"设计与安装符合性检查问题关闭表"共有11个项目需要填写,每一项的填写内容要满足以下要求:

（1）区域编号,同表10-8中"区域编号";

（2）区域名称,同表10-8中"区域名称";

（3）问题关闭表编号,是指本问题关闭表的序号,编号格式可采用:GB—"区域编号";

（4）飞机型号,是指本机型的代号;

（5）问题编号,同表10-8中"问题编号";

（6）问题描述,同表10-8中"问题描述";

（7）责任单位,同表10-8中"责任单位";

（8）纠正措施,同表10-8中"纠正措施";

（9）符合性复查（是否符合?）,是指对于给出纠正措施以后的问题进行符合性准则的复查,判断是否符合对应的设计与安装准则,若符合,则问题关闭,若不符合,则应反馈到问题纠正表,重新给出纠正措施或重新进行处理;

（10）问题关闭情况（关闭/打开?）,是指对于上述符合性复查结果,给出问题是否关闭的结论,若可以关闭,则填写"关闭",否则,应填"打开";

（11）备注,是对上述任何一项认为有必要的补充或说明,也可以空白。

### 10.4.6 系统和部件外部失效模式对临近系统和飞机的影响分析

#### 10.4.6.1 系统和部件外部失效模式对临近系统和飞机影响分析表

系统和部件的外部失效模式对临近系统和飞机的影响分析是用来检查和分析区域内系统间的交互影响情况。在系统和部件外部失效模式清单的基础上,分析该失效模式对临近系统的影响,以及对飞机的影响,并通过对飞行机组和地面机组发现的失效现象分析,给出失效后飞行机组和地面机组采取的纠正措施。对于部件外部失效模式对临近系统和飞机的影响,若在相关系统的 SSA 中已经有明确的分析结果,则可以在 ZSA 分析中直接引用。

系统和部件外部失效模式对临近系统和飞机的影响分析以表10-10的形式给出。

**表10-10 系统和部件外部失效模式对临近系统和飞机影响分析表**

| 区域编号: | | | | | 影响分析表编号: | | |
|---|---|---|---|---|---|---|---|
| 区域名称: | | | | | 飞机型号: | | |
| 序号 | 部件失效模式 | 临近系统名称 | 对临近系统的影响 | 对飞机的影响 | 失效现象<br>a. 飞行机组<br>b. 地面机组 | 失效纠正措施<br>a. 机组纠正措施<br>b. 机组纠正措施后飞机状态 | 备注 |
| | | | | | | | |
| | | | | | | | |

### 10.4.6.2　工作表的填写内容和要求

表 10 - 10"系统和部件外部失效模式对临近系统和飞机影响分析表"共有 12 个项目需要填写,每一项的填写内容要满足以下要求:

(1) 区域编号,是指全机区域划分时给出的本分析区域对应的编号;

(2) 区域名称,是指全机区域划分时给出的本分析区域对应的名称;

(3) 影响分析表编号,是指本分析表的序号,编号格式可采用:YXFX -"区域编号";

(4) 飞机型号,是指本机型的代号;

(5) 序号,是指每一个分析项的序号,格式可采用:"问题分析表编号"-流水号表示;

(6) 部件的外部失效模式,是指部件外部失效模式清单中列举的每一个失效模式;

(7) 临近系统的名称,是指本失效模式对应部件周边临近的系统的名称,若该失效模式对应的部件周边有多个临近系统,应分条逐项列举,并进行分析;

(8) 对临近系统的影响,是指本条失效模式对临近系统的安全性会产生哪些影响,对于影响的描述应具体、明确,若需参考相关 SSA 等文件时,应明确说明;

(9) 对飞机的影响,是指本条失效模式对飞机的安全性会产生哪些影响,对于影响的描述应具体、明确,若需参考相关 SSA 等文件时,应明确说明;

(10) 失效现象,是指本条失效模式所表现出来的故障征兆,对于失效现象的描述,应分别从飞行机组和地面机组两个方面进行说明;

(11) 失效纠正措施,是指在本失效模式发生后,机组采取的相应解决措施,以及采取该措施后飞机表现的状态;

(12) 备注,是对上述任何一项认为有必要的补充或说明,也可以空白。

### 10.4.7　工程实例

本节以某 X 型民用飞机主起落架舱区域为例,进行 ZSA 的实例分析。

#### 10.4.7.1　简述

本 ZSA 的实例主要对主起落架舱区域进行安全性分析,目的是表明被安装在本区域的系统不会对飞机和/或乘员产生危害。对于某些外部风险,如发动机非包容性转子爆破以及轮胎爆破或机轮轮缘释放等,将在特殊风险分析中进行考虑。

进行主起落架舱区域安全性分析,需引用以下资料和文件:

(1) 飞机级功能危险性评估;

(2) 机轮刹车系统的功能危险性评估;

(3) 液压系统的功能危险性评估;

(4) 燃油系统的功能危险性评估;

(5) 飞控系统的功能危险性评估;

（6）飞机通用设计与安装指南或设计规范；

（7）起落架系统设计与安装指南或设计规范；

（8）液压系统设计与安装指南或设计规范；

（9）燃油系统设计与安装指南或设计规范；

（10）飞控系统设计与安装指南或设计规范；

（11）电气系统设计与安装指南或设计规范等。

### 10.4.7.2　区域描述和边界定义

主起落架舱从非增压区的 C42 框延伸到 C46/47 框，包括主起落架舱舱门和主起落架收起所必需的空间。在 C46/47 框和 C50 框左侧的非增压区，还包含一部分绿色液压系统和 APU 排气管路。

假设根据飞机区域划分的结果，主起落架舱区域的编号为 140，则主起落架舱的区域边界定义见表 10 - 11。

**表 10 - 11　某 X 型飞机主起落架舱的边界定义**

| 飞机型号 | X 型飞机 | | | | | |
|---|---|---|---|---|---|---|
| 区域名称 | 主起落架舱区域 | | | | | |
| 区域编号 | 140 | | | | | |
| 坐标 | $X_1$ | $X_2$ | $Y_1$ | $Y_2$ | $Z_1$ | $Z_2$ |
| | 1650 | 2040 | −68 | 68 | 151 | 242 |
| 边界描述 | $F_1$ | $F_2$ | $F_3$ | $F_4$ | $F_5$ | $F_6$ |
| | C42 框 | C50 框左侧 | 前/中/后机身上部壁板左边界 | 前/中/后机身上部壁板左边界 | 前/中/后机身地板 | 前/中/后机身顶部板 |

### 10.4.7.3　系统与部件清单

根据 X 型飞机图纸和系统模型，可知主起落架舱内安装的部件涉及多个系统，包括：液压系统；燃油系统；起落架系统；飞控系统；电气系统等。

以液压系统和燃油系统为例，对系统所含部件的安装情况描述如下：

1）液压系统

液压系统的管路是隔离的。蓝液压系统管路位于 C46/C47 框左侧，黄液压系统管路位于 C42 框的两侧和 C46/C47 框的右侧。黄液压系统管路从 C42 框到 C45 框的路线位于压力密封装置的上方。绿液压系统的油箱安装在 C42 框，而绿液压系统的其他组件安装在该舱天花板的中下方。在 C46/C47 框和 C50 框之间的区域，液压系统压力导管安装在 APU 排气管和货舱可选热空气管路的下方。

另外，主起落架舱区域所有的液压管道都用钛合金或者不锈钢制造，没有使用铝合金材料。

2）燃油系统

屏蔽的 APU 燃油供给管路位于主起舱左侧的盒段中，当辅助动力装置不运行时，该燃油管路内是没有压力的，且仅容纳有限数量的燃油。燃油排除管道安装在辅助龙骨梁的右侧，而其他部件则是被密封的，如阀门和 APU 泵。

表 10-12 给出了主起落架舱区域内详细的系统和部件清单举例。

**表 10-12　X 型飞机主起落架舱区域内系统与部件清单举例**

| 飞机型号 | X 型飞机 | | | | | |
|---|---|---|---|---|---|---|
| 区域编号 | 140 | | | | | |
| 区域名称 | 主起落架舱区域 | | | | | |
| 序号 | 系统名称 | ATA 章节 | 部件编号 | 部件名称 | 数量 | 备注 |
| 01 | 液压系统 | 29 | | 蓝液压系统管路 | | |
| 02 | 液压系统 | 29 | | 黄液压系统管路 | | |
| 03 | 液压系统 | 29 | | 绿液压系统管路 | | |
| 04 | 液压系统 | 29 | | 绿液压系统油箱 | | |
| 05 | 液压系统 | 29 | | 绿系统集管接头 | | |
| 06 | 液压系统 | 29 | | PTU | | |
| 07 | 起落架系统 | 32 | | 刹车系统部件 | | |
| 08 | 起落架系统 | 32 | | 主起落架 | | |
| 09 | 起落架系统 | 32 | | 主起落架重力放下系统 | | |
| 10 | 起落架系统 | 32 | | 临界传感器 | | |
| 11 | 飞控系统 | 27 | | 前缘缝翼驱动动力控制装置 | | |
| 12 | 飞控系统 | 27 | | 襟翼驱动动力控制装置 | | |
| 13 | 飞控系统 | 27 | | 襟翼驱动传动轴 | | |
| 14 | 飞控系统 | 27 | | 恒速马达发电机 | | |
| 15 | 燃油系统 | 28 | | APU 燃油管路 | | |
| ... | ...... | ... | | ...... | | |

#### 10.4.7.4　制订设计与安装准则

对于设计与安装准则的制定，应准备通用设计与安装指南和系统专用设计与安装指南，并考虑到该区域的特定设计情况。对于该 X 型飞机主起落架舱区域的设计与安装准则的制订，具体分析情况如下：

1）通用设计与安装指南

该 X 型飞机的通用设计与安装指南可参考 10.4.2 章节的内容。

2）系统专用设计与安装指南

该 X 型飞机主起落架舱区域的系统专用设计与安装指南应考虑液压系统、燃油系统、起落架系统、飞控系统、电气系统等系统。以 ATA29 章液压系统为例，分析如下：

（1）空调管路通常应布置在液压系统上方。

（2）当液压系统和空调系统的接近不能避免时，必须要有防护措施。用来输送座舱空气的管道应与液压系统和其他可能会接触的有毒或有副作用的污染物不起作用。

（3）应可以不使用专用工具或器械而手动操作阀门。

3）特定设计区域的考虑

该 X 型飞机主起落架舱区域的特定考虑情况包括热表面、电缆和设备、火灾风险、通风、排液等方面的情况。

（1）热表面。

轮胎的最大额定温度为 120℃，在刹车外表面的区域不能超过此温度。

在系统正常最大运行条件下或在单个失效条件下运行时，排气的温度能高达260℃，该排气管用钛合金制造。它用两层玻璃纤维隔热，并用 Kevlar 材料外壳密封。

可调的空气压力调节器、文氏管和空气调节阀不是隔热的，并且其表面温度能达到 205℃。

（2）电缆和设备。

连续运行时电缆的额定最高温度为 200℃。电缆束均安装在管道中，对于机翼前缘的电缆束，考虑到闪电防护的因素，安装在特定的管道中。

分段的引线和接头都是密封的。在天花板上的电线，中间没有任何用连接头断开的情况。

应急发电机安装在龙骨梁上。

（3）将火灾风险降至最小的设计预防措施。

襟翼和前缘缝翼动力控制装置、恒速马达发电机和动力传输装置都是密封的，并且绿系统的液压油箱有一个溢出保护，以避免液压油泄漏。

APU 的燃油供给管路是绝缘密封的。

燃油阀和 APU 泵的设计使得主起落架舱基本不可能发生燃油泄漏。

任何易燃液体的泄漏都能被密封且任何蒸汽都将被通风设备的气流清除。

刹车过热能通过刹车温度监测系统被探测到。

不能使用铝合金液压管。

C46 框前的襟翼传动轴在其断裂的情况下，可通过制动器来保护飞机结构的安全。

安装了一个双回路空气泄漏探测系统。

如果管道破裂,可通过主起落架舱的隔栅和左边的压力释放面板来卸压。

(4) 通风。

在地面上,主起落架舱是敞开的,且与外部保持空气流通。

在飞行中,新鲜的空气通过连接管道从 ECS 舱流入。一部分空气通过冷却出口格栅流向机外,其余的空气则流入液压舱。

(5) 排液。

APU 燃油供给管路通过位于 C46 框和 C47 框之间的排泄管进行排放。任何液体将通过腹部整流装置水槽的排水孔和起落架舱门密封装置上的小口排出舱外。由于本区域不是增加舱,因此排液装置在地面和飞行状态是不变的。

根据上述分析过程,制定的该 X 型飞机主起落架舱区域设计与安装准则符合性检查单(部分)见表 10 - 13。

**表 10 - 13　X 型飞机主起落架舱区域设计与安装准则符合性检查单**

| 飞机型号 | X 型飞机 |
|---|---|
| 区域编号 | 140 |
| 区域名称 | 主起落架舱区域 |

| 序号 | 设计与安装准则符合性检查单 |
|---|---|
| 001 | 在有些需要的地方,为了方便组件的操作和维护,应提供一些说明标签,并且这些标签的位置,应便于地面人员阅读 |
| 002 | 燃油线路的布置应保证:聚积的有害/危险的液体/蒸气不能进入有人区,或有热源或火源的地方,如起落架舱,后机身等 |
| 003 | 为防止不同系统意外的交叉连接,液压管路不应和其他液体管路捆绑 |
| 004 | 像电缆或管路等飞机上的管线不应用来作为其他的支撑用途 |
| 005 | 在软管和组件的连接处应有相应的保护措施 |
| 006 | 管路应尽可能安装在电缆线的下面。如果布局上无法满足此要求,那么管路在穿过电缆时应有一个特定的角度或者合适的挡板,以消除管路内物质溢出或泄漏而造成的危害 |
| 007 | 如在电子设备的上方有线路通过,应在电子设备的上方安装合适的挡板,以防止潜在的液体泄漏而进入电子设备 |
| 008 | 在有两个或两个以上的管线连接到液压组件的地方,管线必须设计成有明显的区别,以防止有可能出现的错误的连接 |
| 009 | 在卡箍处,管路和相邻的结构之间的最小距离为 0.13 in |
| 010 | 在两个卡箍之间的位置,管路和相邻的结构之间的最小距离为 0.50 in |
| 011 | 电缆束与燃油或氧气管路间最小距离为 2.0 in;与液压管路间最小距离为 0.5 in |

(续表)

| 序号 | 设计与安装准则符合性检查单 |
|------|------|
| 012 | 交叉的管路间的最小距离为 0.25 in，并且应该有卡箍来保持这个最小距离 |
| 013 | 超过 6 in 长的软管和结构间的最小距离为 0.4 in |
| 014 | 刚性管路和软管之间的最小距离为 0.5 in（在考虑了结构偏斜、移动和公差之后） |
| 015 | 在扭力管破坏或断裂会损伤其他设备（如电线和管路等）的地方，应安装保护装置。在管路可能会误用和在维修时造成损伤的地方，也应安装保护装置 |
| 016 | 在所有运行条件下，ECS 管路与临近运动组件的最小距离为 0.25 in |
| 017 | 在相邻的 ECS 管路之间的最小距离为 2.0 in |
| 018 | 在 ECS 管路和相邻结构（不包括支撑结构）之间的最小距离为 2.0 in |
| ... | ...... |

### 10.4.7.5　设计与安装准则的符合性检查

1) 开展设计与安装准则的符合性检查工作

根据表 10 - 13 制定的 X 型飞机主起落架舱区域的设计与安装准则符合性检查单，进行该区域的设计与安装准则的符合性检查工作。假设当前该 X 型号飞机研制处于初步设计阶段，因此检查是基于数字样机开展的。详见表 10 - 14。

表 10 - 14　X 型飞机主起落架舱区域的设计与安装准则符合性检表

| 区域编号：140 | | 检查人：张三 | | 检查单编号：JC - 140 | |
|------|------|------|------|------|------|
| 区域名称：主起落架舱区域 | | 检查日期：2011 - 09 - 11 | | 飞机型号：X 型飞机 | |

| 检查项序号 | 设计与安装准则符合性检查项 | 是否符合？（是/否） | 不符合原因描述 | 备注 |
|------|------|------|------|------|
| JC - 140 - 001 | 在有些需要的地方，为了方便组件的操作和维护，应提供一些说明标签，并且这些标签的位置应方便地面人员阅读 | 是 | | |
| JC - 140 - 002 | 燃油线路的布置应保证：聚积的有害/危险的液体/蒸气不能进入有人区，或有热源或火源的地方，像起落架舱、后机身等 | 是 | | |
| JC - 140 - 003 | 为防止不同系统意外的交叉连接，液压管路不应和其他液体管路捆绑 | 是 | | |
| JC - 140 - 004 | 像电缆或管路等飞机上的管线不应用来作为其他的支撑用途 | 是 | | |
| JC - 140 - 005 | 在软管和组件的连接处应有相应的保护措施 | 是 | | |

（续表）

| 检查项序号 | 设计与安装准则符合性检查项 | 是否符合?（是/否） | 不符合原因描述 | 备注 |
|---|---|---|---|---|
| JC-140-006 | 管路应尽可能安装在电缆线的下面。如果布局上无法满足此要求,那么管路在穿过电缆时应有一个特定的角度或者合适的挡板,以消除管路内物质溢出或泄漏而造成的危害 | 否 | 某处 APU 燃油管路在电缆线上方,且没有挡板隔开 | |
| JC-140-007 | 如电子设备的上方有线路通过,应电子设备的上方安装合适的挡板,以防止潜在的液体泄漏而进入电子设备 | 是 | | |
| JC-140-008 | 在有两个或两个以上的管线连接到液压组件的地方,管线必须设计成有明显的区别,以防止有可能出现的错误的连接 | 是 | | |
| JC-140-009 | 在卡箍处,管路和相邻的结构之间的最小距离为 0.13 in | 否 | 某处的液压管路与相邻结构的距离为 0.1 in | |
| JC-140-010 | 在两个卡箍之间的位置,管路和相邻的结构之间的最小距离为 0.50 in | 是 | | |
| JC-140-011 | 电缆束与燃油或氧气管路间最小距离为 2.0 in;与液压管路间最小距离为 0.5 in | 是 | | |
| JC-140-012 | 交叉的管路间的最小距离为 0.25 in,并且应该有卡箍来保持这个最小距离 | 是 | | |
| JC-140-013 | 超过 6 in 长的软管和结构间的最小距离为 0.4 in | 是 | | |
| JC-140-014 | 刚性管路和软管之间的最小距离为 0.5 in（在考虑了结构偏斜、移动和公差之后） | 是 | | |
| JC-140-015 | 在扭力管破坏或断裂会损伤其他设备（如电线和管路等）的地方,应安装保护装置。在管路可能会误和在维修时造成损伤的地方,也应安装保护装置 | 是 | | |
| JC-140-016 | 在所有运行条件下,ECS 管路与临近运动组件的最小距离为 0.25 in | 是 | | |
| JC-140-017 | 在相邻的 ECS 管路之间的最小距离为 2.0 in | 是 | | |
| JC-140-018 | 在 ECS 管路和相邻结构（不包括支撑结构）之间的最小距离为 2.0 in | 是 | | |
| ... | ... | | ... | ... |

2）开展设计与安装准则不符合问题的纠正工作

从表 10 - 14 的检查结果可知，主起落架舱区域的设计与安装准则符合性检查有两项不符合性项，需开展符合性问题纠正工作。表 10 - 15 给出了该区域设计与安装准则符合性问题纠正情况。

表 10 - 15　X 型飞机主起落架舱区域的设计与安装准则符合性问题纠正表

| 区域编号:140 | | 问题纠正表编号:WT - 140 | | | |
|---|---|---|---|---|---|
| 区域名称:主起落架舱区域 | | 飞机型号:X 型飞机 | | | |
| 问题编号 | 问题描述 | 责任单位 | 纠正措施 | 批准 | 备注 |
| JC - 140 - 006 | 某处 APU 燃油管路在电缆线上方,且没有挡板隔开 | APU 系统部门 | 在 APU 燃油管路与电缆线之间增加隔离挡板,以保证可能的燃油泄漏不会影响到电缆 | | |
| JC - 140 - 009 | 某处的液压管路与相邻结构的距离为 0.1 in | 液压系统部门 | 调整该处液压管路的设计,以保证与相邻结构的距离不小于 0.13 in | | |

3）开展设计与安装准则符合性检查问题复查与归零工作

对于表 10 - 15 给出的主起落架舱区域设计与安装准则符合性问题纠正情况，开展问题复查，并对复查结果进行归零处理。详见表 10 - 16。

表 10 - 16　X 型飞机主起落架舱区域的设计与安装准则符合性检查问题关闭表

| 区域编号:140 | | | 问题关闭表编号:GB - 140 | | | |
|---|---|---|---|---|---|---|
| 区域名称:主起落架舱区域 | | | 飞机型号:X 型飞机 | | | |
| 问题编号 | 问题描述 | 责任单位 | 纠正措施 | 符合性复查(是否符合?) | 问题关闭情况(关闭/打开?) | 备注 |
| JC - 140 - 006 | 某处 APU 燃油管路在电缆线上方,且没有挡板隔开 | APU 系统部门 | 在 APU 燃油管路与电缆线之间增加隔离挡板,以保证可能的燃油泄漏不会影响到电缆 | 是 | 关闭 | |
| JC - 140 - 009 | 某处的液压管路与相邻结构的距离为 0.1 in | 液压系统部门 | 调整该处液压管路的设计,以保证与相邻结构的距离不小于 0.13 in | 是 | 关闭 | |

#### 10.4.7.6　外部失效模式对邻近系统和飞机的影响分析

1）列举部件外部失效模式清单

在区域内详细的系统和部件清单的基础上，根据系统 FMEA 分析结果，给出该型飞机主起落架舱区域部件外部失效模式清单。表 10 - 17 给出了部分系统和部件的外部失效模式清单。

**表 10 - 17　X 型飞机主起落架舱区域部件外部失效模式清单**

| 飞机型号 | X 型飞机 | | | | | |
|---|---|---|---|---|---|---|
| 区域编号 | 140 | | | | | |
| 区域名称 | 主起落架舱区域 | | | | | |
| 序号 | 系统名称 | ATA 章节 | 部件编号 | 部件名称 | 外部失效模式 | 备注 |
| 01 | 飞控系统 | 27 | | 缝翼动力控制装置 | 缝翼动力控制装置泄漏 | |
| 02 | 飞控系统 | 27 | | 襟翼动力控制装置 | 襟翼动力控制装置泄漏 | |
| 03 | 飞控系统 | 27 | | 襟翼驱动传动轴（左侧） | 襟翼驱动传动轴（左侧）断裂 | |
| 04 | 飞控系统 | 27 | | 襟翼驱动传动轴（右侧） | 襟翼驱动传动轴（右侧）断裂 | |
| 05 | 燃油系统 | 28 | | 中央油箱 | 中央油箱后壁泄漏 | |
| 06 | 燃油系统 | 28 | | APU 供油装置导管 | APU 供油装置导管泄漏 | |
| 07 | 液压系统 | 29 | | 液压系统导管 | 液压系统导管泄漏或破裂 | |
| 08 | 液压系统 | 29 | | 液压部件 | 液压部件泄漏 | |
| 09 | 液压系统 | 29 | | 绿系统液压蓄压器 | 绿系统液压蓄压器爆破 | |
| 10 | 液压系统 | 29 | | 刹车系统液压蓄压器 | 刹车系统液压蓄压器爆破 | |
| … | …… | … | | …… | …… | |

2）开展系统和部件外部失效模式对临近系统和飞机影响分析工作

在表 10 - 17 给出的部件外部失效模式清单的基础上，参考系统 FMEA 分析结果，进行该区域的部件外部失效模式对临近系统和飞机影响分析，详见表 10 - 18。

表 10-18　X 型飞机主起落架舱区域部件外部失效模式对临近系统和飞机影响分析表

区域编号：140

区域名称：主起落架舱区域

影响分析表编号：YXFX-140

飞机型号：X 型飞机

| 序号 | 部件失效模式 | 临近系统名称 | 对临近系统的影响 | 对飞机的影响 | 失效现象 (1)飞行机组 (2)地面机组 | 失效纠正措施 (1)机组纠正措施 (2)机组纠正措施后飞机状态 | 备注 |
|---|---|---|---|---|---|---|---|
| YXFX-140-01 | 缝翼动力控制装置泄漏 | 飞控系统、液压系统 | 对 ATA27 章（缝翼系统）和 ATA29 章（液压系统）的影响见 ATA27 章和 ATA29 章的 SSA | 液压油泄漏被排放到机外，液压油蒸气被通风排放到机外 | (1)液压系统压力异常 (2)损坏将被维修工作或区域检查发现 | 见 ATA27 章和 ATA29 章的 SSA | |
| YXFX-140-02 | 襟翼动力控制装置泄漏 | 飞控系统、液压系统 | 对 ATA27 章（襟翼系统）和 ATA29 章（液压系统）的影响见 ATA27 章和 ATA29 章的 SSA | 液压油泄漏被排放到机外，液压油蒸气被通风排放到机外 | (1)液压系统压力异常 (2)损坏将被维修检查发现 | 见 ATA27 章和 ATA29 章的 SSA | |
| YXFX-140-03 | 襟翼驱动传动轴断裂（左侧） | 飞控系统、液压系统 | 断裂的轴可能损坏绿液压系统管路，或丧失绿液压系统 | | (1)襟翼不能工作（丧失黄液压系统） | 见 ATA27 章和 ATA29 章的 SSA | |
| YXFX-140-04 | 襟翼驱动传动轴断裂（右侧） | 飞控系统、液压系统 | 断裂的轴可能损坏黄液压系统管路，或丧失黄液压系统 | | (1)襟翼不能工作（丧失绿液压系统） | 见 ATA27 章和 ATA29 章的 SSA | |
| YXFX-140-05 | 中央油箱后壁泄漏 | 燃油系统 | | 燃油泄漏被排放到机外，燃油蒸气被通风排放到机外 | (2)损坏将被维修检查发现 | (1)无 | |

（续表）

| 序号 | 部件失效模式 | 临近系统名称 | 对临近系统的影响 | 对飞机的影响 | 失效现象 (1) 飞行机组 (2) 地面机组 | 失效纠正措施 (1) 机组纠正措施 (2) 机组纠正措施后飞机状态 | 备注 |
|---|---|---|---|---|---|---|---|
| YXFX-140-06 | APU 供油装置导管泄漏 | 燃油系统 | 该导管仅当 APU 工作时有压力，或该导管被屏蔽 | 燃油泄漏被排放到机外 | 损坏将被维修工作或区域检查发现 | 无 | |
| YXFX-140-07 | 液压系统导管泄漏或破裂 | 液压系统 | 一个液压系统不能工作（蓝，绿或黄） | 液压油泄漏被排放到机外，液压油蒸气被通风排放到机外 | 丧失液压系统压力和液压油箱油位指示。 | 见 ATA29 章的 SSA | |
| YXFX-140-08 | 液压部件泄漏 | 液压系统 | 一个液压系统不能工作（蓝，绿或黄） | 液压油泄漏被排放到机外，液压油蒸气被通风排放到机外 | 丧失液压系统压力 | 见 ATA29 章的 SSA | |
| YXFX-140-09 | 绿系统液压蓄压器爆破 | 液压系统 | 绿液压系统不能工作 | 液压油泄漏被排放到机外，液压油蒸气被通风排放到机外 | 丧失液压系统压力 | 见 ATA29 章的 SSA | |
| YXFX-140-10 | 刹车系统液压蓄压器爆破 | 液压系统 | 对刹车系统影响见 SSA | 液压油泄漏被排放到机外，液压油蒸气被通风排放到机外 | 丧失液压系统压力 | 见刹车系统的 SSA | |
| …… | …… | …… | …… | …… | …… | …… | |

## 10.5 分析结论

### 10.5.1 区域安全性分析结论

区域安全性分析是通过对系统设计与安装准则的符合性检查,以及区域内所有部件的外部失效模式对临近系统和飞机的影响分析,来判断区域内系统与设备的安全性水平是否满足飞机级的安全性需求。

区域安全性分析结果以设计与安装准则符合性检查表、设计与安装符合性检查问题关闭表、设计与安装准则符合性问题纠正表以及系统和部件外部失效模式对临近系统和飞机影响分析表的形式给出,并且对任何可接受的影响分析结果须用于相关的 SSA 中。对于检查和分析过程中出现的不符合情况或对于飞机安全有不可接受的影响结果,应进行设计更改,直至满足相关的安全性需求。

最后,应总结各区域以及全机的区域安全性水平,形成区域安全性分析报告。

### 10.5.2 区域安全性分析报告

区域安全性分析报告包括以下内容:

(1)范围;

(2)引用文件;

(3)缩略语;

(4)概述,即给出该区域的总体情况描述,包括区域内相关系统的架构描述、功能危险性评估及初步安全性评估中给出的相关安全性目标需求等;

(5)区域划分与定义,即按照表 10-2 的形式,明确给出所分析区域的三轴坐标与边界定义;

(6)制订区域设计与安装准则,即根据通用设计与安装指南、系统详细设计与安装指南以及区域的特定情况考虑等要求,给出适用于本区域的设计与安装准则检查单;

(7)制订区域内系统与部件清单,即按照表 10-3 和表 10-4 的形式,详细描述该区域内的系统与部件名称、编号、工作模式、能源供应和保护措施等详细信息;

(8)制订外部失效模式清单,即按照表 10-5 的形式,详细描述该区域内所有部件的外部失效模式;

(9)设计与安装准则符合性检查,即按照表 10-7、表 10-8 和表 10-9 的形式,根据已制订的设计安装准则检查单,对各区域的设计与安装情况进行符合性检查、不符合项纠正、符合性复查、问题归零等工作;

(10)外部失效模式对临近系统与飞机的影响分析,即按照表 10-10 的形式,分析该区域内所有失效模式对临近系统和飞机的影响情况;

(11)区域安全性分析结果,根据上述分析情况,对全机所有的区域的安全性水平进行归纳和总结。

## 练习题

1. 什么是飞机区域安全性分析? 区域安全性分析的作用和目的是什么?

2. ZSA 与飞机级 FHA、系统级 FHA、PSSA、SSA、CMA、PRA 之间具有哪些联系与区别?

3. ZSA 需要采取哪些步骤?

4. 如何制订各区域的设计与安装准则的符合性检查单?

5. 如何实施各区域的设计与安装准则的符合性检查?

6. 什么是部件的外部失效模式? 制订部件外部失效模式清单需考虑哪些典型的失效情况? 对于部件外部失效模式影响分析,具体需开展哪些分析工作?

# 第11章 共模分析

## 11.1 引言

共模分析(Common Mode Analysis，CMA)是共因分析的一部分，是一种用来确保飞机设计"良好"的定性分析方法。由于设计、制造、维修差错和系统部件失效可能会影响到设计的独立性，因此有必要识别出这些影响独立性的失效模式，并分析判定这些失效影响飞机安全性的程度。

共模失效的种类很多，例如软件开发错误、硬件研制错误、安装差错、不合适的试验程序、不合适的维修程序，等等。这些共模失效涉及设计、制造、安装、试验、维修各个方面，不仅需要同 FHA/PSSA/SSA 紧密协同工作，而且还需要保证相互接口关系清晰明确。

共模分析用于表明对 CCAR/FAR/CS 25.1309 条款的符合性，以及其他特定要求。共模分析作为系统安全性评估的一部分，适用于新型号的设计或者对现有设计的更改。

本章将主要对共模分析的相关概念、共模分析过程、共模分析的关键点、共模故障的分析方法等内容逐一进行剖析。

## 11.2 共模故障的概念和分类

在民机这样高可靠性要求的系统中，为了提高系统可靠性、安全性，常常设计成冗余结构。然而在实际应用中，常常会出现两个或多个部件由于某种共同的原因而同时故障的情况，即所谓的共因故障，当这些故障模式相同时称为共模故障，其严重影响了冗余系统的安全作用，可能使系统的可靠性降低几个数量级，成为系统失效的主要根源。

共模故障广泛存在于复杂系统中，共模故障的产生说明存在一定数量的故障在统计上不是独立的。这种非独立性的存在，增加了复杂系统的联合失效概率，降低了冗余系统的可靠度，给复杂系统设备带来了巨大的安全隐患。所以对民用飞机设计过程中，要尽量消除共模故障产生的原因，对系统进行可靠性分析时要综合考虑共模故障因素产生的影响。

### 11.2.1　共模故障概念

共模故障的基本定义是：由一个共同的原因引起的多个故障模式相同的失效，且这些多重失效之间没有因果关系。该定义包含：相互关联，系统的失效，相同的故障模式，相耦合的失效。

### 11.2.2　共模故障的分类

造成共模故障的原因包括工程因素、使用因素和环境因素等三个方面，据此将共模故障分为三类，即工程因素引起的共模故障、使用因素引起的共模故障、环境因素引起的共模故障。

1）工程因素引起的共模故障

工程因素通常是由于设计人员对将引起故障的因素缺乏了解，没有采取相应措施而造成的。工程因素通常有规范条件、设计方面、制造方面等三方面。

规范条件主要是指不完善或相互冲突的规范及条件。

设计方面可进一步划分为功能缺陷和设计实现缺陷。功能缺陷是设计人员由于对引起故障的原因不了解，而未采取任何措施有关。例如早期彗星飞机的失事是由于疲劳失效引起的，在当时对疲劳失效还不甚了解。设计实现缺陷主要是指，共用设备造成每一通道产生相同的故障模式、相同功能件的密集安装和缺乏隔离措施等。例如在工作系统及备份系统中使用相同的部件，这样同一失效模式可能同时在每一通道中发生；几个独立的液压系统部件被紧紧地连结在一起，由于壳体的猛烈碰撞而造成损坏。

制造方面是指同一批生产的元件或系统在制造过程中出现缺陷，未按规定工艺试验要求执行，装配错误等。

2）使用因素引起的共模故障

贮存飞机部件常常在仓库中存放数年，如果存放环境不合适或维护不当，部件有可能劣化。一个典型的例子是飞机橡胶除冰带老化。

维护是由于人为错误起主要影响作用的领域，它包括使用错误、不恰当的程序及监控。例如发电机由于调整不正确而全部失效。

3）环境应力引起的共模故障

突发性环境变化（雷电、冰雪等），意外物干扰（外来物、鸟击等）。在飞机上一种典型的情况是晴空湍流，湍流中意外的强阵风造成飞机解体。

经验表明，以上原因中，工程因素是诱发共模故障发生的最主要因素，而且是工程设计中可以控制的因素。如果一个系统，其所有冗余通道之间具有很强的隔离措施，并在设计上具有很好的多样性，相互之间连接越少，则该系统发生共模故障的机会就越少。

## 11.3　共模分析过程

共模分析过程中整体上要关注共模分析的目标、共模分析的分类、共模分析的整体过程及共模分析同飞机研制过程之间的关系。

### 11.3.1　共模分析的目标

共模分析主要是用来帮助验证独立性要求在设计实现中的满足情况,识别影响严重失效状态的共模失效,判定设计中是否考虑了共模失效。

为了保障系统安全性评估整体的可追溯性,共模分析应同功能危险性评估、初步系统安全性评估和系统安全性评估保留接口。

本书的目标是提供一套共模分析方法以确定在设计中共模失效存在的可能性,确定在设计中可能存在的共模失效,确定在设计中考虑了全部的可能影响到失效状态的共模失效。

在共模分析过程中考虑的共模为以下内容:

(1) 软件设计差错;

(2) 硬件设计差错;

(3) 硬件失效;

(4) 产品缺陷/维修缺陷;

(5) 相关的应力事件(例如:非正常的飞行状态,非正常系统布局);

(6) 安装差错;

(7) 需求差错;

(8) 环境因素(例如:温度、振动、湿度等);

(9) 级联故障;

(10) 相同外部源故障。

### 11.3.2　共模分析的分类

根据共模分析的对象可以将共模分析分为系统级和部件级分析。他们的分析过程基本一致,由于部件级共模分析主要由设备制造商完成,并且部件级共模分析可以参考系统级共模分析实施,本书重点针对系统级共模分析过程进行描述,以下共模分析除非特别说明,所指的都是系统级共模分析。

### 11.3.3　共模分析过程综述

共模分析的整体过程如图 11-1 所示。整体上它是一个不断迭代的过程,需要功能危险性评估和初步系统安全性评估提供数据基础,并且和一些专门分析存在交互的接口。

共模分析是在功能危险性评估和初步系统安全性评估的基础上开展的,因此共模分析过程中将功能危险性评估和初步系统安全性评估的结果作为输入,并结合共模分析的通用检查单,开展共模分析。通过共模分析,形成共模分析报告。如果共模分析报告中所有内容都符合要求,则将共模分析报告作为系统完全性评估的一部分,被纳入系统安全性评估文件体系中。如果共模分析报告中存在不符合要求的内容,则需要反馈给系统设计,开展相应的修改,将修改结果和系统级安全性分析的结

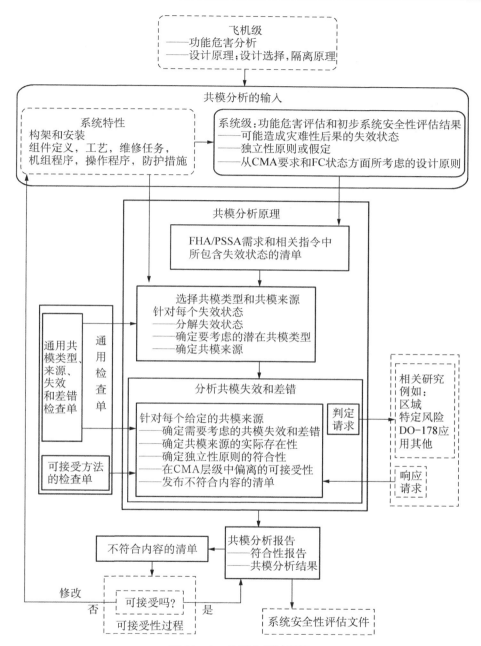

图11-1 共模分析过程图

果一并作为共模分析的输入,重新开展共模分析。

开展共模分析的过程主要包括四部分,首先根据飞机设计特点,确定通用检查单;然后根据功能危险性评估和系统安全性评估形成失效状态清单;之后针对每个失效状态,在共模类型及来源检查单的基础上,选择适用的共模类型和共模来源;最后针对每个给定的共模来源,开展共模失效和差错分析,将其结果整理成共模分析报告。在开展共模失效和差错分析过程中,可能需要其他专门分析,此时需要向专门分析提出请求,然后将专门分析的结果反馈给共模失效和差错分析。

### 11.3.4　共模分析同飞机系统研制过程之间的关系

共模分析是共因分析的一部分,在安全性评估过程中,同其他各部分都存在交互。具体参见本书第3章图3-3所示。

共模分析源自于功能危险性评估和初步系统危害性评估的独立性验证需求,共模分析的结果作为系统安全性评估结论的支持材料。另外,在共模分析过程中可能会需要一些专门的分析,例如区域安全性分析、特定风险分析、DO-178B/DO-254应用等,此时由共模分析提出这类专项分析的需求,专项分析的结果反馈给共模分析。

## 11.4　共模分析的关键点

### 11.4.1　确定通用检查单

为了防止遗漏会造成失效状态的共同原因,保证后面共模分析的顺利开展,一般需要先制订通用检查单。

通用检查单包括三部分,即共模类型和来源部分、共模失效和差错部分、可接受方法部分。考虑到共模失效和差错与共模来源有关,通常将前两部分放在一个表格中作为通用共模类型、来源、失效和差错检查单,然后将可接收方法的内容单独做成检查单,即通用可接收方法检查单。

1) 通用共模类型、来源、失效和差错检查单

通用共模类型、来源、失效和差错检查单的主要包括:共模类型、共模子类型、共模源、共模失效和差错。

共模类型是从设计、制造、安装、使用、维修、试验、校准、环境方面对失效进行的初步划分。共模子类型是对共模类型的进一步细化,例如设计方面的共模类型可以从设计架构、工艺、技术规范等方面细化为共模子类型。

共模源是在共模子类型的基础上对共模进行更加具体的描述,共模失效和差错是对造成共模失效原因的具体描述。共模源、共模失效和差错的内容应基于已有资料示例和以前的经验,例如失效常识和相似飞机上的经验。

通用检查单的详细程度取决于研究技术和系统的复杂程度和新颖程度。

2) 通用可接受方法检查单

通过共模分析,如果发现存在某共模导致失效状态不满足独立性原则,则需要判定此共模是否可以接受的,若不是,则需要设计修改。通用可接受方法检查单中列出的就是判定共模可以接受的方法,即判定不符合独立性原则但可接受的方法。

### 11.4.2　确定需要进行共模分析的失效状态清单

开展共模分析的基础就是失效状态,也就是首先需要判断哪些失效状态需要开

展共模分析。只有确定了需要进行共模分析的失效状态,才能针对性地开展相应的共模分析。为了清晰方便,常将这些失效状态按照一定的格式汇总,形成失效状态清单。

下面所说的失效状态清单,实际上是指需要进行共模分析的失效状态清单,其他地方不再另行说明。

失效状态清单是根据功能危险性评估和初步系统安全性评估的结果确定的,而这些结果又是根据系统架构安装等系统特征以及飞机级功能危险性评估来确定的,共模分析的输入就是这些前期工作结果。下面从共模分析的输入和失效状态清单的确定办法两个方面来对此过程进行解释。

1) 共模分析的输入

共模分析的输入来自于 FHA/PSSA 中的需求,这些需求与下列项相关:

(1) FHA/PSSA 中失效状态的详细描述,一般特别针对灾难性失效状态;

(2) 在设计中考虑的、需要验证的独立性原则或假定;

(3) 开展共模分析所需的需求和 FC 状态方面所考虑的设计原则。

在分析这些需求时,还需要考虑系统的一些特性,主要包括系统运行和安装的相关特性。在考虑系统特性时,还应了解消除共模的一些安全防护措施。

2) 失效状态清单的确定

根据 FHA 和 PSSA,将所有需要开展共模分析的失效状态全部列出,例如可能造成灾难性后果的失效状态。

通常,飞机级功能危险性评估结果所提供的失效状态下面直接连接一个"或"门,而随着系统向低层不断划分,失效状态下面连接一个"与"门的情况就会逐渐增加。

如果发现某失效状态存在不同的故障组合,即在故障树下面直接连接的是一个"与"门,则应将此失效状态细化成若干个失效状态,细化后将这些失效状态纳入新的失效状态清单。

需要注意的是,失效状态的细化过程中应考虑到失效状态的所有组合情况。

3) 失效状态清单的编制

失效状态包括失效状态的编号和名称,作为共模分析的基础还需要包括对飞机造成危害的等级、失效状态发生概率的定性目标和定量目标。考虑到共模分析的迭代性,还需要包括每次共模分析对失效状态分析的可接受状态,即可接受还是不可接受,还是暂时无法判断。可接受状态,既是每次共模分析必须要查看的内容,也是判断共模分析是否可以结束,并将相关文件纳入系统安全性分析文件体系的依据。

### 11.4.3　确定共模类型和共模来源

选择共模类型和共模来源需要开展四个主要工作,它们是失效状态描述、失效状态分解、选择共模类型和选择共模来源。首先针对于失效状态清单中的每个失效状态,描述失效状态所在的系统,从而对失效状态进行分组分块。失效状态分解后,则可结合检查单来选择失效状态块的共模类型,并选择每个失效类型的共模来源。

#### 11.4.3.1　描述失效状态

描述失效状态清单中的失效状态本身,还要包括相关需求和相关失效图表。这些内容都来源于功能危险性评估和初步系统安全性评估。

#### 11.4.3.2　分解失效状态

分解失效状态就是为了将失效状态中的"或"门事件提取出来,判断"或"门事件之间是否可能存在共模。分解失效状态就是对"或"门事件根据共模分析的需要进行归类,形成若干个失效状态块。即对失效状态分解成多少块,以及如何划分,应参考失效状态的描述中提供的相关需求。

#### 11.4.3.3　确定共模类型

针对每一个具体的失效状态确定共模类型,确定方式如下:

根据共模分析通用检查清单,判断每个共模类型对失效状态块的共模适用性。然后,一旦为失效状态块选择了共模类型,必须针对共模类型确定详细的共模来源。

根据通用检查单可知,共模类型主要包括设计、制造、安装、使用、维修、试验、校准、环境等类型。并且根据需要划分为共模子类型,例如设计方面的共模类型包括设计架构、工艺、技术规范等共模子类型。

#### 11.4.3.4　确定共模来源

确定共模来源主要包括如下两个步骤。第一步,针对每个选定的共模类型,列出所有失效状态块的具体特征。第二步,分析不同失效状态块具体特征的相似程度(相同点和不同点),其中考虑到潜在共模来源。在考虑潜在共模来源的过程中,应该根据通用检查单详细分析,以防遗漏。

如果相似,则对应的潜在共模来源则被标示出来,确定为共模来源。

根据失效状态块的相似性和差异性分析,进行汇总整理,形成表格。

### 11.4.4　分析共模失效和差错

共模失效和差错分析的内容是确定所有潜在共模来源或已选共模来源是否具备防差错,并确认独立性要求的状态。顶层分析中认为共模的,但在系统分析中发现并不构成共模,此时就认为此共模独立性要求的状态是不要求独立。

如果存在,还需要判断针对此共模,相应的设计防范措施是否可接受的。

1)确定共模来源的共模失效和差错

针对每个潜在共模来源,分析确定其共模失效和差错。其中应参考通用清单。

2)确定共模来源是否具备防差错

根据对每个共模来源确定的共模失效和差错,判断实际系统中共模来源是否构成了共模。

如果在实际图纸中,采用了防差错设计使得系统不能构成共模来源,则认为此共模来源已具备防差错,实际不能构成共模来源。此时,应在防差错设计中写明

"有",并应注明此共模来源防差错的理由。

如果在实际图纸中,并没有防差错,此时,应在防差错设计中写明"否",并要确定独立性要求的状态,并进一步确定共模的可接受性。

3) 确认独立性要求的状态

在共模失效和差错影响分析的基础上,根据独立性原则判断失效状态是否要求独立。如果要求独立,则写"是",否则写"不是"。

如果不要求独立,则不再进一步开展分析;否则,需要根据预防措施来判断共模的可接受性。

4) 确定共模的可接受性

对于不满足独立性要求的共模失效,则应根据设计预防措施和通用可接受方法检查单,来确定此共模是否可接受。其中需要一些专门的用来支持其共模是可接受的文件。

如果需要提供可接受共模的支持文件,此时共模分析人员应尽早提出共模需求,并请求开展相关的专门分析;专门分析后,将分析结果作为确定可接受性的依据,将将分析结果文件的编号列入共模失效和差错分析文件中。

专门分析后,应给出明确的结果,此共模能否接受。如果能够接受,则分析结果文件作为合理性证明文件来支持此共模的可接受性,并明确注明此共模是可以接受的;相反,如果不能够接受,则分析结果作为证明文件来支持此共模的不可接受性,并明确注明此共模是不可接受的。

如果共模是不可接受的,需要向系统安全性评估和系统级功能危险评估提交共模分析的不符合内容清单,其中应包括不符合要求共模的详细描述及其相关建议。

分析共模失效和差错过程中,应将每一步的分析结果按照一定格式记录。

### 11.4.5 系统级共模分析报告的输出

1) 输出资料

共模分析的输出资料为共模分析报告,该报告包括所有符合独立性原则的证明文件。

在共模分析过程中,如果存在不可接受的情况,则应专门发布一份"共模分析不符合性内容清单",并在共模分析之外开展可接受性程序。在这个可接受程序内,根据证明材料和对于安全性的影响确定结论,或者接受共模,或者进行修改。这些决定应补录在 CMA 报告中。

2) 共模分析与 FHA、PSSA 和 SSA 的关系

共模分析使用 FHA/PSSA 评估的结果。例如,灾难性失效状态清单、设计中所考虑的独立性原则和作为 CMA 的要求。

应将共模分析结果的摘要包含于 SSA 中。

应将其余的任何共模包括在相关的 FTA、DD 或 MM 报告中。

3) 共模分析与 ZSA 和 PRA 的关系

特定风险分析和区域安全分析不属于 CMA。然而,不能忽视这些来源的可能共模影响。

如果某潜在共模局限于某区域或某特定风险时,共模分析者需要确认区域安全分析和特定风险分析包括了潜在共模。如果发现没有覆盖到,则应向区域安全分析者或特定风险分析者提出证明需求。

## 11.5　共模故障的分析方法

共模分析在工程技术方面的重点是查找共模故障,也就是共模故障的分析方法。总体上共模故障的分析方法可以分为定性分析和定量分析,主要是根据已有数据量的多少,以及是否存在充足的使用经验。

### 11.5.1　共模故障定性分析方法

1) 民用飞机典型共模故障来源分析

在考虑系统设计和组装的基础上,掌握系统的设计体系、设计特性、安装需求、环境影响因素,对民机可能存在的典型共模故障来源(液压、电源、动力、引气、环境因素等)进行分析,找出共模故障的故障源。

2) 共模故障分析清单制定

根据共模故障来源的分析结果和实际系统的功能结构特性与相似机型的使用维护经验,列出 CMA 清单,CMA 清单内容的详细程度取决于所研究产品的复杂度或应用技术的新颖度。

3) 共模故障独立性要求分析

对功能危险分析(FHA)或初步系统安全性评估(PSSA)文件中的每个灾难性的或危险的故障影响,识别其故障树中的“与门”,依据 CMA 清单,分析故障树的“与门”输入事件是否存在共性(例如:共用的连接器、处于相同的环境载荷下),即是否能够满足独立性要求。因此以 FHA 中失效状态为顶事件建立的故障树中的“与门”,是 CMA 的主要分析对象。FHA 中确定的失效状态的发生概率,为 CMA 分析的最终要求。

### 11.5.2　共模故障定量分析方法

共模故障的定量分析模型用来确定共模故障发生时系统的失效概率,以此来验证“与门”下事件是否满足独立性准则。

定量分析方法可以采用扩展故障树和马尔可夫模型进行分析。

## 11.6　机轮刹车系统共模分析案例

为了进一步清晰地描述共模分析的过程,下面针对某机轮刹车系统丧失控制刹车能力进行共模分析。此例仅涉及供电和刹车控制的内容,重点考虑供电全部失效。机轮刹车的完整分析也考虑其他方面的独立性,但为了简明其见,这里忽略其他方面的考虑。

### 11.6.1　确定通用检查单

采用某通用共模类型、来源、失效和差错检查单,举例如(表 11-1)所示。

**表 11-1　通用共模类型、来源、失效和差错检查单**

| 共模类型 | 共模子型 | 共模来源的例子 | 共模失效/差错的例子 |
|---|---|---|---|
| 概念与设计 | 设计结构 | 排气集气管 | 公共排气集气管失效 |
| | | 外部源(通风,电源,……) | 公共外部源的失效(通风,电源,……) |
| | | 功能相关 | 级联故障 |
| | | 工作特性(正常运行,备份,……) | 不适当的工作模式,…… |
| | | 异常条件(飞行,系统,……) | 相关事件所造成的应力,…… |
| | | 位置 | 局部的失效或事件 |
| | | 布线 | 局部事件,…… |
| | | 其他 | …… |
| | 工艺材料部件或设备的型号 | 工艺 | 一般设计差错(硬件/软件),…… |
| | | 部件型号 | 硬件失效,…… |
| | | 软件 | 软件错误,…… |
| | | 设备保护 | 设计人员不能预测的某事件,…… |
| | | 内部状态(温度范围,……) | 超范围使用(温度,压力,……),…… |
| | | 初始条件 | 不充分条件 |
| | | 其他 | …… |
| | 规范 | 来源 | 来源错误(人为),在设备设计中缺乏具体保护,…… |
| | | 相同规范 | 需求错误,有缺陷的规范,…… |
| | | 其他 | …… |
| 制造 | 制造商 | 同一制造商 | 由于制造商的共同差错,由未经合适培训人员引起的差错 |
| | | 其他 | …… |
| | 制造 | 程序 | 错误的程序,…… |
| | | 制造过程 | 制造缺陷,制造错误,制造不合适控制,检验不合适,试验不合适,…… |
| | | 其他 | …… |

（续表）

| 共模类型 | 共模子型 | 共模来源的例子 | 共模失效/差错的例子 |
|---|---|---|---|
| 安装/综合与试验 | 人员 | 装配人员 | 安装差错 |
| | | 其他 | …… |
| | 安装/综合 | 安装阶段 | 由工序引起的共有差错，…… |
| | | 其他 | …… |
| | 试验 | 试验 | 不合适的实验，…… |
| | | 其他 | …… |
| 操作 | 人员 | 操作人员 | 由缺乏培训人员引起的差错，过度疲劳或丧失能力的操作人员，…… |
| | | 其他 | …… |
| | 任务 | 程序 | 错误的操作程序，错误的诊断（在错误程序之后），遗漏动作，错误的或不足的动作使用，…… |
| | | 其他 | …… |
| 维修 | 人员 | 维修人员 | 修理缺陷，由缺乏培训人员引起的差错，错误的动作 |
| | | 其他 | …… |
| | 任务 | 程序 | 未能遵守维修程序，有缺陷的维修程序，缺少维修程序，…… |
| | | 其他 | …… |
| 测试 | 人员 | 测试人员 | 由未适当培训人员引起的差错，…… |
| | | 其他 | …… |
| | 任务 | 程序 | 错误的测试程序，…… |
| | | 其他 | …… |
| 校准 | 人员 | 校准人员 | 由未适当培训人员引起的差错，…… |
| | | 校准工具 | 不适当的工具调整，…… |
| | | 其他 | …… |
| | 任务 | 程序 | 错误的遵循校准程序，有缺陷的校准程序，缺乏校准程序，…… |
| | | 其他 | …… |

（续表）

| 共模类型 | 共模子型 | 共模来源的例子 | 共模失效/差错的例子 |
|---|---|---|---|
| 环境因素 | 机械因素和热因素 | 温度 | 失火,闪电,焊接等,制冷系统故障,电路短路,…… |
| | | 摩擦 | 飞机尘埃,由活动件之间不充分的公差产生的金属碎片,…… |
| | | 冲击 | 管路突然移动,液体冲击,发射物冲击,结构失效,…… |
| | | 振动 | 运动中的机械,…… |
| | | 压力 | 爆炸,在系统包容能力外的变化(泵的超速,溢流,堵塞),…… |
| | | 湿度 | 水汽管路爆裂,…… |
| | | 潮湿 | 凝结,管路爆裂,雨水,…… |
| | | 应力 | 不同金属焊缝间的热应力,…… |
| | | 其他 | …… |
| | 电与辐射 | 电磁 | 焊接设备,旋转的电气机械,闪电,供电接口,…… |
| | | 辐射 | 伽马辐射,带电粒子辐射,…… |
| | | 传导媒介 | 湿气,传导气体,…… |
| | | 超过允许范围 | 电压波动,短路,电流波动,…… |
| | | 其他 | …… |
| | 化学因素与其他 | 腐蚀(酸) | 在维修中为了清除铁锈和清洁所使用的酸的泄漏,…… |
| | | 腐蚀(氧化) | 由于失效导致某液体媒介或周围高温金属(例如细丝)的氧化,…… |
| | | 其他化学反应 | 电流腐蚀,燃料层之间复杂的交互作用,水,氧化物燃料,…… |
| | | 生物 | 有毒气体,生物因素(在热交换中的贝类),…… |
| | | 其他 | …… |

### 11.6.2　确定需要进行共模分析的失效清单

根据系统的输入,失效状态只有"机轮刹车系统丧失控制刹车的能力"。

根据故障树,可知此失效状态下面直接相连的是一个与门。因此失效状态清单的内容为:供电全部丧失和机轮刹车故障导致丧失刹车控制。

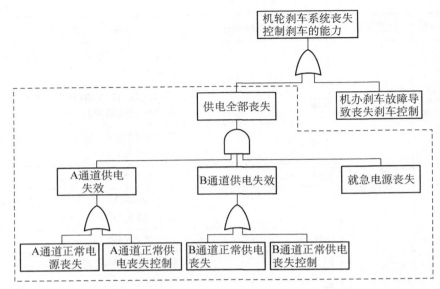

图 11 - 2　机轮刹车系统丧失控制刹车能力的故障树

失效状态清单如表 11 - 2 所示。

**表 11 - 2　失效状态清单格式**

| FC 编号 | FC 名称 | FC 等级 | 定性目标 | 定量目标 | 可接受性状态 |
|---------|---------|---------|----------|----------|--------------|
| FC - 017 | 供电全部丧失 | 灾难性 | 电源功能要求独立 | $1.0 \times 10^{-9}/h$ | |
| FC - 018 | 机轮刹车故障导致丧失刹车控制 | 灾难性 | | $1.0 \times 10^{-9}/h$ | |

### 11.6.3　确定共模类型和共模来源

在此阶段需要对失效清单中的所有失效状态逐个确定共模类型和共模来源,下面我们针对失效状态 FC - 017(供电全部丧失)为例进行分析。首先描述失效状态,然后分解失效状态,再确定共模类型和共模来源。

#### 11.6.3.1　描述失效状态

失效状态编号：　　　　　　　　　FC - 017。

失效状态名称：　　　　　　　　　供电全部丧失。

失效状态对飞机的危害等级：　　　灾难性。

定性的目标：　　　　　　　　　　对于电源功能的独立性需求。

定量的目标：　　　　　　　　　　$1.0 \times 10^{-9}/h$

要求：　　　　　　　　　　　　　在正常和紧急情况之间电源要具备独立性。
供电功能要求具备独立性。

失效状态的特征如图 11-3 所示。根据对失效状态的描述可知,对于供电功能有着独立性要求。

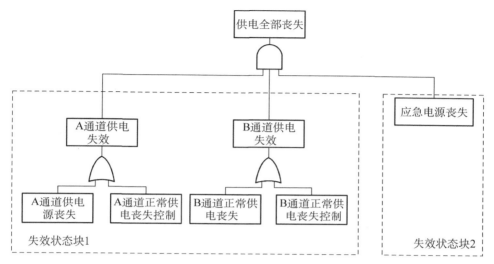

图 11-3　失效状态的特征

### 11.6.3.2　分解失效状态

根据失效状态的特征图,分解失效状态,如表 11-3 所示。

表 11-3　失效状态清单格式

| 失效状态 | 失效状态块 |
| --- | --- |
| FC-017:供电全部丧失 | FC 块 1:正常供电<br>FC 块 2:应急供电 |

### 11.6.3.3　确定失效状态共模类型和来源

针对失效状态 FC-017(供电全部丧失)从两个失效状态块的角度来分析共模类型和来源。

此失效状态的共模要求为:供电功能要求具备独立性。在正常和应急供电要独立。

结合通用检查单,按照共模子类型逐个分析来源。然后根据两个失效状态块来判断共模的相似程度。结果如表 11-4 所示。

表 11-4　某失效状态共模类型和来源表

| 失效状态编号:FC-017<br>FC 危害等级:灾难性 | FC 名称:供电全部丧失 |
| --- | --- |
| 要求:供电功能要求具备独立性,在正常和应急供电要独立。 | |

（续表）

| 共模类型 | | FC 块 1 | FC 块 2 | 相似程度 | |
|---|---|---|---|---|---|
| 子类型 | 来源 | 正常供电 | 应急供电 | 隔离或分离 | 相似（共模源） |
| 设计架构 | 布置 | 正常电源之间的隔离 | 正常和应急电源的隔离 | 空间的分离 | |
| | 外部源 | 区域通风 | 区域通风 | | 共同的通风 |
| | 工作特性 | 正常情况：由中央软件进行失效检测 | 备用情况：如果正常电源故障由中央软件自动激活 | | 不同的工作特性，由相同的软件控制应急电源和检测正常电源失效 |
| 工艺、原料、部件、设备类型 | 部件型号 | 交流发电机＋计算机 | 电池组，应急发电机，冲压空气涡轮＋应急计算机 | 不同的设备 | |
| | 工艺 | 传统工艺 A | 传统工艺 B | 不同的工艺 | |
| | 软件 | 标准的软件 S | 标准的软件 S | | 发电机控制使用相同软件类型 |
| 规范 | 起源 | 起源 A | 起源 A | | 相同起源 |
| 制造 | 制造商 | 制造商 B | 制造商 B | | 相同制造商 |
| | 过程 | 制造过程 K | 制造过程 W | 不同过程 | |
| 安装综合和测试 | 装配 | 装配 C | 装配 C | | 相同装配 |
| | 安装阶段 | 安装阶段 Z | 安装阶段 K | 不同安装阶段 | |
| 维修 | 人员 | 人员 D | 人员 D | | 相同维修人员 |
| | 程序 | 程序 X | 程序 X | | 相同维修程序 |
| 测试 | 人员 | 人员 E | 人员 E | | 相同测试人员 |
| | 程序 | 程序 Y | 程序 Y | | 相同测试程序 |
| 环境因素 | 所有 | 外部环境 | 内部环境 | 无相似处 | |

### 11.6.4 分析共模失效和差错

根据分析出的共模来源，针对失效状态 FC-017（供电全部丧失）分析共模失效和差错。主要内容有：通过确定共模来源的共模失效和差错、共模来源的存在性，以及符合性或者可接受分析。结果如表 11-5 所示。

**表 11 - 5　某共模失效和差错表**

| 失效状态编号:FC - 017<br>FC 类别:灾难性 | | FC 名称:供电全部丧失 | | | |
| --- | --- | --- | --- | --- | --- |
| 独立性要求:供电功能要求具备独立性。在正常和应急供电要独立。 | | | | | |
| 共模来源 | 共模失效/差错<br>和情境描述 | 防护措施 | 共模独立性<br>要求的状态 | 可接受状态及<br>可接受方法 | RJ/NJ<br>参考 |
| 相同交流发<br>电机通风 | 相同通风丧失造成<br>正常和应急装置功<br>能丧失 | 在 24 h 内应急交<br>流发电机能够在<br>无外部通风的情<br>况下工作 | 否 | | RJ - 1 |
| 相同交流发<br>电机软件 | 软件差错造成正常<br>和应急装置功能丧<br>失 | 按照 A 级质量控<br>制进行软件设计 | 是 | 可接受(质<br>量控制) | RJ - 2 |
| 相同测试和<br>维修人员 | 测试或维修中的人<br>为错误导致正常和<br>应急装置相似失效 | 交叉测试和维修<br>的大纲 | 是 | 可接受(交<br>叉实施的大<br>纲) | RJ - 3 |
| | 测试和维修中不合<br>格人员造成相同的<br>人为差错 | 无防护 | 是 | 不可接受 | RJ - 4<br>NC1 |
| 相同测试和<br>维修程序 | 测试或维修程序中<br>影响正常和应急装<br>置的同一差错 | 无防护 | 是 | 不可接受 | RJ - 5<br>NC2 |
| 相同装配工<br>和制造商 | 制造和安装中人为<br>差错造成正常和应<br>急装置功能丧失 | 无防护 | 是 | 不可接受 | RJ - 6<br>NC3 |
| 相 同 规 范<br>起源 | 影响正常和应急装<br>置的起源差错(缺少<br>规范或规范不完善) | 无防护 | 是 | 不可接受 | RJ - 7<br>NC4 |
| 相同软件激<br>励应急发电<br>和监控正常<br>电源 | 软件单一失效导致<br>正常交流发电机钝<br>化和应急电源丧失 | 按照 A 级质量控<br>制进行软件设计 | 是 | 可接受(质<br>量控制) | RJ - 8 |

### 11.6.5　共模分析报告的输出

共模分析的输出资料为共模分析报告,该报告包括了所有符合独立性原则的证明文件。

对于共模的不可接受情况,需要拟定和发布一个特定的不符合性清单,并在共模分析之外开展可接受性程序。这里只给出其中的不符合内容清单的一份例子,具体参考表 11 - 6。

**表 11－6　共模分析不符合内容清单**

| 共模分析 | | |
|---|---|---|
| 不符合性内容清单 | 状态:开口 | NC 编号:4<br>日期: |
| 失效状态编号:FC－017<br>FC 级别:灾难性 | FC 名称:丧失全部电源 | |

独立性要求:对于总的发电系统的独立性要求。正常与应急电源之间的独立性

共模来源:
相同规范起源

共模失效/差错描述:
起源差错影响正常和应急装置的功能

建议:
由具有资质的独立人员对规范进行评审,或根据 A 级标准贯彻执行制造和更改程序
作者:　　　　　　　　　　　　　　　　　　　　　　　　　　　日期:　/　/

答复:
作者:　　　　　　　　　　　　　　　　　　　　　　　　　　　日期:　/　/

## 练习题

1. 什么是共模分析?
2. 共模分析同区域安全分析的区别是什么?
3. 共模来源如何确定?

# 第12章 与民机系统安全性设计与评估技术相关的其他内容

## 12.1 引言

在民机系统安全性设计与评估中,除上述各章节介绍系统安全性设计与评估技术与方法外,还包括一些与系统安全性设计与评估相关的其他内容,如候选审定维修要求(Candidate Certification Maintenance Requirement, CCMR)、主最低设备清单(Master Minimum Equipment List, MMEL)和电气线路互联系统(Electrical Wiring Interconnection Systems, EWIS)的安全性评估等。这些内容作为保证民机安全性的一部分,与系统安全性设计与评估过程关联紧密,因此本章将对这些内容一一介绍。

## 12.2 候选审定维修要求

CCAR25.1309 要求对运输类飞机的系统进行安全性分析和评估时,提出了故障探测要求,以防止危险性和灾难性故障发生。对这些要求经过进一步评审,被确定为审定维修要求(Certification Maintenance Requirement, CMR),作为适航取证的重要内容,并向用户公布,以便正确地执行和监控。

从 20 世纪 70 年代初,国际上就开始使用了 CMR 项目这个名称。但是,真正将它提到重要地位并要求在所有新审定的飞机上都运用,则是在 90 年代初才明确的。

我国已于 1996 年 9 月 18 日颁布了 AC25.1529 - 1,为设计单位及适航审定部门选择、确定、修改和控制运输类飞机 CMR 项目提供指导,也为协调 CMR 项目与MRB 报告(维修大纲)的内容和关系提出了建议,同时也为航空公司正确理解 CMR项目并在制定维修方案和维修可靠性管理中落实 CMR 项目提供指导,确保航空器的持续适航性。

确定 CMR 前,航空器设计单位需提供候选审定维修要求(CCMR),经局方评审后,替代和取消一部分 CCMR 项目,从而最终确定 CMR 项目。

本章将就 CCMR 的定义、CCMR 项目的制定流程以及 CCMR 项目检查间隔的计算方法等方面内容进行探讨。

### 12.2.1 CCMR 概述

AC25.1529 中对 CCMR 项目的定义:CCMR 是航空器设计单位为 CMR 项目

提供的候选项目集合,其任务就是从潜在失效中选择那些与特定的失效或事件结合起来的,会导致危险性或灾难性的失效状态的项目。CCMR 项目通常来源于为表明25.1309 符合性及其他要求的系统安全性评估等分析工作。除了安全性分析之外,CCMR 项目也可以从基于工程判断的方法中得到,但该判断必须包括导致作为CMR 候选项目的逻辑,和支持该逻辑的数据和经验基础。

根据以上定义,可以得出 CCMR 项目必须要满足两个必要条件:首先,发生的故障是潜在故障;其次,这个故障与其他特定失效或事件组合会导致灾难性或危险性的后果。对于制定 CCMR 项目,也就是找出那些故障本身不会直接影响到飞机的飞行安全,并且在运行过程中也不会被机组所识别,但这些故障与其他特定故障组合起来就会影响到飞机的安全,甚至导致严重的飞行事故。

CMR 项目是在飞机系统设计审定时作为型号合格审定(TC)或补充型号合格审定(STC)的运行限制而要求制定的计划维修工作。CMR 项目是型号审定程序中持续适航文件识别的一个子集。一个 CMR 项目通常源于正式的数值分析,用于表明符合灾难性和危险性失效状态的安全性目标。

CMR 是用来探查对安全有重大影响的潜在失效的,因为潜在失效与一个或多个其他特定失效或事件结合起来,会造成危险性或灾难性失效状态。CMR 也能被用于制定要求的工作来探查将要发生的与危险性或灾难性失效状态相关的磨损失效。

值得注意的是,推导出 CMR 项目所用的分析方法与维修审查委员会(MRB)工作有关的维修指导小组(MSG-3)分析形成的工作和时间间隔所用的分析方法(如果采用 MRB 程序的话)根本不同。虽然两种分析可能会产生相同的维修工作和间隔,但是用 MSG-3 工作替代 CMR 项目并不总是适当的。

CMR 项目用于证实特定失效已经发生或还未发生的失效;说明如果项目出现故障维修必须进行;或者用于识别对于将要发生失效(例如,重度磨损或泄漏)检查的需要。在进行表明符合 25.1309 的安全性分析计算中,由于暴露时间对于潜在失效是一个关键因素,所以,限制暴露时间将会对系统整体失效率有着重要的影响。CMR 工作的间隔时间应当根据需要用飞行小时、循环数或日历时间来表示。

型号审定过程假定飞机将会被维修到处于至少与取证时相等或经过了适当改装后的适航状态。本文叙述的过程并不用来确定通常的维修工作,这些工作应通过MSG-3 分析过程确定,也不用于因为对型号设计批准过程后期出现的关注而为提供补充的安全裕度的目的去确定 CMR 项目。这些关注应通过适当的方式解决,不应将未通过正规安全性分析便确定的 CMR 项目包括在内。

CMR 项目和相关检查间隔时间的制定是符合 25.1309 和其他规章要求的安全性分析所必需的工作。CMR 项目不应与型号合格证申请人为满足损伤容限检查要求而制定的结构检查大纲相混淆,如 25.571 或 25.1309 及附录 H25.4(适航限制部分)。CMR 项目的制定和管理是与任何结构检查大纲分开进行的。

### 12.2.2　分析过程

　　CCMR 项目的制订过程,实际上就是对整个飞机的所有故障进行筛选的过程,最终找到那些可以导致灾难性或危险性的潜在故障。整个筛选过程概述如下:结合系统安全性评估过程中 SFHA 的结果,考虑飞机上所有系统 SFHA 中那些灾难性的或危险的失效状态,分析 PSSA 中这些失效状态中的故障树中是否包含潜在故障,如果包含,意味着这些潜在故障与其他特定失效或事件组合会导致灾难性或危险性的后果,则这些潜在故障将列为 CCMR 项目。该筛选过程中应结合系统安全性评估过程,主要包括功能危险性评估(FHA)、初步系统安全性评估(PSSA)、故障模式及影响分析(FMEA)和故障树分析(FTA)。整个 CCMR 项目制定的流程如图12 - 1 所示。

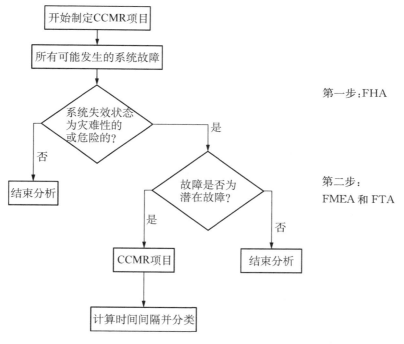

图 12 - 1　CCMR 项目制定流程

### 12.2.3　CCMR 项目检查间隔的计算方法

　　CCMR 项目检查间隔的计算方法基于系统安全性评估中故障树的定量运算。其运算方法和公式基本一样,唯一的区别就是系统安全性评估中的故障树定量安全性概率运算是为了计算出顶事件的失效概率,以证明其是否满足顶事件对应失效状态的安全性目标,而 CCMR 项目检查间隔的计算是以顶事件对应失效状态的安全性目标作为顶事件的失效概率,然后再计算出底事件中隐蔽故障的维修间隔。如果一棵故障树中涉及一个或多个隐蔽故障时,可以限定条件或通过联立方程组求解。

## 12.3　主最低设备清单

飞机上发生故障的设备不同,对安全运营的影响也不同。例如,客舱内的阅读灯发生故障时,明显不会影响到飞机的安全运营。当飞机的一台发动机出现故障不能正常工作时,没有一个运营人敢让这样的飞机继续飞行。但是,在实际的使用过程中,很多时候运营人很难判断某一项目出现故障后是否会影响飞机的安全。例如,飞机上有三套独立的液压系统,当飞机第二套液压系统指示器失效的情况下,运营人就很难判断该故障对安全运营有多大的影响。所以运营人需要一份高效可靠的参考文件,来快速判断故障是否影响飞行安全,是否可以在带有故障的情况下放行。而主最低设备清单(MMEL)/最低设备清单(Minimum Equipment List, MEL)就是运营人所需要的参考文件,可以帮助运营人做出决断是否放行飞机。该文件必须满足相关的适航标准,并且要得到局方的批准和接受。MMEL/MEL 的项目中,不包括明显影响安全的项目(例如:发动机不工作,方向舵、副翼、升降舵不正常工作,起落架不能收放等)和明显不影响安全的项目(例如:旅客便利设备,娱乐设备和厨房设备等,但是这些项目往往会影响到飞机的使用,一般在 MEL 中,公司会规定一些相关的技术指标。例如:一架飞机的阅读灯超过百分之五十都不工作的话,就需要及时维修后再放行)。可以把 MMEL/MEL 看作经过批准的对审定型号设计的偏离方案。

该部分内容将首先对 MMEL/MEL 的定义、使用前提及其区别进行了简单介绍,然后分别将主要从 MMEL 的作用和目的、MMEL 的编制、MMEL 的格式、MMEL 修复期限、MMEL 的审定及 MMEL 的修改等方面进行分析。

### 12.3.1　MMEL/MEL 概述

主最低设备清单(MMEL)是由航空器制造国的民航当局、适航机构制订的,用于指导航空器用户、航空公司具体编写 MEL 的纲领性文件,它规定了该型号飞机允许带有哪些不工作的仪表和设备放行,并对工作仪表设备的最低放行数量以及保留故障放行的限制条款做出了原则上的要求。

最低设备清单(MEL)是由航空器营运人制定,经过本国适航机构批准的重要技术文件,MEL 制定的依据是主最低设备清单 MMEL。MEL 是在 MMEL 基础上,根据本航空公司所选飞机构型上的不同,并结合本公司运行水平、经验等差异性,对特定型号并带有序号和注册号的航空器制定的在一定期限内可以允许不工作设备和系统的文件。MEL 应当遵守相应航空器型号的 MMEL,或比其更为严格。MEL 的主要用途就是充分利用飞机设计的安全裕度,在保证运行安全的前提下在规定的期限内允许保留故障继续飞行,合理运用 MEL 可有效提高飞机的利用率和航班正点率,降低运营成本。值得注意的是,MEL 不是航空器的维护标准,绝不是提倡带故障飞行,维修部门应尽早完成排故工作。

此外,还有一个重要定义,即主最低设备清单建议书(Proposed Master

Minimum Equipment List，PMMEL)：是由制造厂家或运营人起草的主最低设备清单的草稿，提交给飞行运行评审委员会作为制定主最低设备清单的基础。

1）使用前提条件

MMEL/MEL 使用的基本前提条件是：在理想情况下保持飞机每次飞行时所有的设备都工作；在控制飞机维持在可接受安全性水平内的情况下，允许特定项目的设备在得到维修和更换之前不工作。受控制的情况还包括对特定飞行运营进行限制，对飞行的操作程序和维修程序进行变更，或临时终止一些部件的工作。受控情况中可接受的安全水平是针对航空器型号审定并在审定基础中明确最低标准的具体运行类型而言。应当指出的是，虽然适航标准要求在设计航空器时应带有特定系统和部件，但是如果航空器能够达到型号审定要求的安全水平，MMEL 也允许在某些设备不工作时航空器可以进行短时间的运行。为了确定在任何运行情况下所需的设备数目，必须考虑当这些设备项目处于不工作时与安全运行相关的各种因素。这些因素包括随后出现的故障可能对飞机及其机组成员产生的影响、机组工作量的增加或者机组人员工作效率的下降以及机组人员对不良环境条件处理能力的下降等。

2）MMEL 和 MEL 的区别

MEL 和相应的 MMEL 是类似的，它们的区别在于 MEL 是针对特定运营商和某一架或某几架飞机制定的，而 MMEL 是针对该型号所有飞机而制定的。运营商的 MEL 必须以局方批准的特定飞机型号和机型的 MMEL 为基础。MEL 要比批准的 MMEL 要严格。

MEL 和 MMEL 相比较，有如下的主要区别：

（1）MEL 相对于 MMEL 来说，其限制相同或更加严格：运营人的最低设备清单限制不得低于主最低设备清单、中国民用航空规章、运行规范、经批准的飞行手册或适航指令的限制。

（2）MEL 具有针对性。特定运营人的 MEL 中的操作程序和维修程序应只适用于其自身航空器及其所实施的运行，而 MMEL 适用于该机型飞机的所有运营人。

（3）MEL 需要满足适用性。MEL 应满足运营人进行运行合格审定及运行时所适用的运行规章；MMEL（尤其是国外飞机制造商制定的 MMEL）可能不能满足运营人所在国的规章要求。

## 12.3.2　MMEL 的作用及目的

现代飞机采用高可靠性和高冗余度设计，飞机型号合格证证明飞机在所有设备正常工作的情况下，飞机是安全可靠的。但是故障仍然会发生，并且会导致飞行延误或取消，给运营人造成高额的运营费用。因此，在飞机运营中存在不工作设备时，处理好可接受安全水平和航空公司收益，这是 MMEL 制定的根本目标。

1）确保安全性

制定 MMEL 可以确保飞机的安全运营。MMEL 的制定涉及航空制造商的众多专家,对于每一个 MMEL 中的项目,专家们都充分考虑了项目故障对飞机安全的影响、故障对于机组负担的影响和多重故障组合造成的不可靠性的影响,并且对项目进行了模拟机/飞行验证,充分确保项目实施的安全。MMEL 还是一份局方的法律性文件,适航当局在批准和接受这份文件之前,还会对这份文件进行全面评估。所以,MMEL 能够保证飞机在有一项或多项设备不工作的情况下安全的运营。

2) 提高经济性

MMEL 不仅确保飞机安全放行,还确保运营人通过这份文件可以使相关型号机队的日常运行获得最大收益。MMEL 对于运营人的收益主要有两个方面:

(1) 减少运营的花费。MMEL 允许飞行或地面勤务检查出故障时,飞机可以带有一项或多项不工作设备运营。这样就可以减少飞机的非计划维修,降低航班延误或者取消的概率。

(2) 减少航材的储备花费。因为考虑飞机停场维修的情况,运营人需要在飞机投入运行的几个月之前就开始订购备用航材。运营人一般是通过"最初航材供应"目录单储备所有的航线可更换件(Line Replaceable Unit,LRU)。"最初航材供应"目录单是通过一套复杂的数学模型为基础计算出来的,这套数学模型的一个重要考虑因素就是 MMEL。利用 MMEL,可以减少航材的储备,从而减少运营人的运营成本。

注:对于"不放行"项目,应当在二级基地就储备相关的备用零件,这样就可以防止航班延误或取消。对于"放行"或者"条件放行"项目,结合它们相应的修复时间间隔,只需要在主基地储备相关的备用零件即可。通过这种组织方式,结合使用 MEL,当飞机在二级基地发生故障的项目为"放行"或"条件放行"时,可以继续运营,等返回主基地后再进行维修。这样,就可以大大减少二级基地的备用航材数量,大幅降低运营人的成本。

### 12.3.3 MMEL 的编制

在航空器型号合格审定时要求所有的设备都工作。如果这些来自型号合格审定构型和/或来自运营规章要求的设备是不允许发生偏离的话,航空器只能在这些设备正常工作的情况下进行商业运行。而航空器运行实际情况已经证明,在特定的情况,并且在限定的时间内,没有必要要求航空器的所有系统或零部件都工作。制造厂家为了使其制造的航空器能在特定设备项目不工作的情况下仍然可以实施运行,则应当制订 MMEL。MMEL 的制订和批准主要由制造厂家作为新航空器及其系统的原始信息来源,并由其负责提出 PMMEL。

1) 确保安全水平的方法

制造厂家应当根据型号设计及运行标准的要求编制 PMMEL,以反映哪些设备项目可以不工作但有足够的能力可以保持所要求的安全水平。保持所需的安全水平将通过以下几种方法来达到:

(1) 调整运行限制;

（2）将功能转换到正常工作的部件；

（3）参考具有相同功能或是提供相同信息的其他仪表或部件；

（4）调整操作程序；

（5）调整维修程序。

2）MMEL 的制订程序

制造厂家应当在型号审定过程中编制 PMMEL，并且在整个编制过程中与航空器评审组（Aircraft Evaluation Group，AEG）、首批航空公司或者潜在用户协调，整个 MMEL 的制订和审定过程如图 12-2 所示：

（1）制造厂家根据经验、航空运营人的建议提出 PMMEL 建议项目；

（2）飞行运行评审委员会（Flight Operation Evaluation Board，FOEB）评审制造厂家提交的 PMMEL 建议项目；

（3）FOEB 对 PMMEL 建议项目进行验证评估；

（4）制造厂家根据 FOEB 的评估意见形成 PMMEL；

（5）FOEB 审核批准 PMMEL，形成 MMEL；

（6）FOEB 组织 MMEL 公众征求意见会议；

（7）FOEB 向飞行标准司提出颁发建议，飞行标准司正式颁发 MMEL。

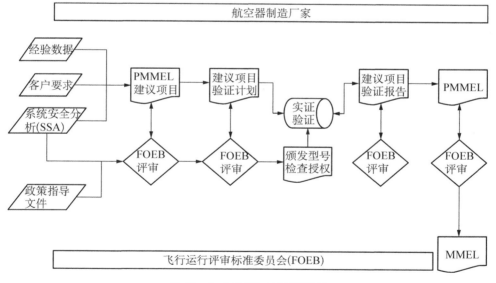

图 12-2　MMEL 的制订程序

3）MMEL 的制订方法

（1）定性分析。

制订 MMEL 时，首先要进行定性分析，并且要充分考虑所有影响航空器运行的所有因素。这些因素包括：

① 备用运行部件的功能转化；

② 操作限制的调整；

③ 对飞行机组和维修程序的调整；

④ 对飞行机组工作压力最小化的调整。

定性分析是基于工程判断的。这些分析可能是基于来自原先 MMEL 放行情况的已有经验。但是，对于不同型号飞机相同的项目，在定性分析时，可能是不能直接使用的。在分析时必须考虑各机型结构和系统的操作使用中的不同。

通过对系统之间相互作用的完整分析，能够确保多重故障不会导致令人不满的安全水平。另外，通过试飞和模拟飞行，可以帮助制定 MMEL 的人员来评估，不工作设备对飞机安全的影响和对机组人员的工作负担影响。

当重要系统中的设备项目包括在 MMEL 中时，在安全性评估过程中就要考虑其故障特性。对于临时带有这种不工作设备项目时，应对其飞行产生的额外风险予以评估，并且这种风险应符合在型号审定过程中确定的可接受的发生概率。

当证明系统故障的后果只是次要等级的时候，下一步就要再做下一级关键故障失效的定性分析。当一个故障发生时，它会和其他特定故障结合起来，对航空器的运行产生非常不利的影响，那么这个故障将会贴上"下一级关键故障"的标签。

例如：发动机低压活门出现故障，将不能放行飞机。

① 若活门失效是处在关闭位，则将不能启动发动机；

② 若活门失效是处在打开位，则发动机起火情况下将不能隔离受影响的发动机。

因此，我们再做定性分析时，确定 MMEL 候选项目故障后，还要分析下一级关键失效能否引起对飞行安全产生危险性的影响。

定性安全分析：如果将一个设备项目列入 MMEL 中，那么必须要对其进行定性分析，从而确定不工作设备项目对航空器运行的所有其他方面产生的影响。定性分析必须要考虑对机组工作量的影响、MMEL 多个设备项目的影响以及维修和操作程序的复杂性。另外，定性分析还可以反映先前使用 MMEL 运行的相关经历。

冗余性分析：如果被选部件或系统的用途或功能能够被其他设备项目所代替，那么该部件或系统可以被认为是冗余项目，条件是能够证实该设备项目的替代设备正常工作。如果航空器型号审定基础要求具有两项（或多于两项）功能或信息来源，那么冗余就不能被视为将该设备项目归于 MMEL 的充分理由。对于这种情况，可以用另一种验证方法，例如安全性分析。

执行这些分析是为了证明，即使有失效的项目，安全目标也得到了满足并且航空器可以安全得运行。

（2）定量分析。

通过上面介绍的定性分析，飞机制造商可以制定出相应的 MMEL 项目。但是每个项目的修复期限需要通过定量分析得出。

在 MMEL 制定过程中，定量分析主要采用系统安全性分析的方法（SSA），通过故障树的分析计算制订出每个 MMEL 项目的修复期限。

4）MMEL 制订流程图

图 12 - 3 总结了 MMEL 制订过程的各个步骤：

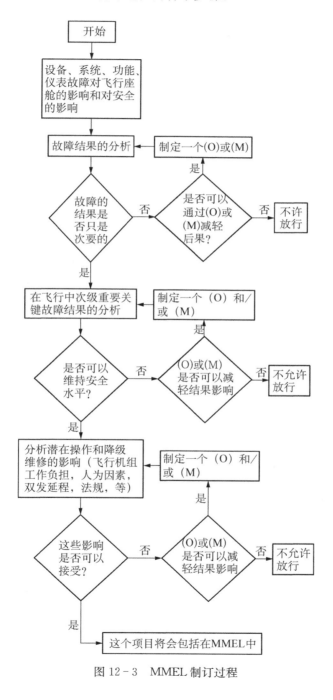

图 12 - 3　MMEL 制订过程

此外,与安全无关的设备例如厨房设备和乘客娱乐设备没有必要列入 MMEL 中。一些适航规章要求的项目,例如急救设备、紧急逃生设备应当列入 MMEL 中,作为不可放行设备。制订出来的 MMEL 候选项目不得与航空器飞行手册的限制、延程运行的构型维修程序和适航指令相冲突。

### 12.3.4　MMEL 的格式

MMEL 的批准是以 PMMEL 的形式提交的,局方审查的是 PMMEL 的内容和格式,批准后 MMEL 的形式公布,因此应更关注 PMMEL 的格式。

PMMEL 应当至少以中文编写,每份 PMMEL 中应当包含一个封面、批准页、修订记录、修订原因、有效页清单和目录。PMMEL 中还应当包含一个前言,清晰地反映其中包含的内容、目的、所用符号的解释以及在 PMMEL 中具有特殊意义的定义。

PMMEL 中包含的每一个设备项目应该依据美国航空运输协会规范 ATA100 代码系统进行描述和标识,说明安装数量以及签派或者放行要求正常工作的设备项目数量,并以挂牌、维修程序、机组操作程序和其他方式适当限制,以确保在可接受的安全水平内。在适用之处,PMMEL 设备项目的限制、程序、备注和例外都应至少包含白天、夜晚、目视气象条件、仪表气象条件、双发延程运行等说明。每一个设备项目都应该采用 5 栏的形式予以公布,第 1 栏到第 5 栏的内容分别是设备项目的系统和序号、修复期限类别、安装数量、签派或者放行所需数量、备注和例外。

### 12.3.5　MMEL 修复期限

1) 修复期限的定义

MMEL 限制航空器携带不工作项目运行的时间。这些限制定义为:

(1) 维持可接受的安全水平;

(2) 防止维修降级。

多重故障的发生概率随着时间的延长而增加,因此会导致航空器操作和安全性降低。应当尽快修复不工作项目,并且将这段时间间隔定义为修复期限。

PMMEL 中应当对所有不工作设备项目规定修复期限进行分类。修复期限分为 A,B,C,D 四类,表示设备项目可以不工作直至完成修理的最大时间间隔。修复期限类别具体规范如下:

(1) A 类:该类项目应当在 MMEL“备注和例外”栏中规定的间隔时间内完成维修。如果 MMEL“备注和例外”栏限制性条款中规定的是循环数或飞行时间,则间隔时间是从下一个航班开始算起。如果规定的时间间隔为飞行日,则间隔时间是从发现故障之日起的下一个飞行日开始算起。

(2) B 类:该类项目应该在发现日之后 3 个连续的日历日内进行维修。

(3) C 类:该类项目应该在发现日之后 10 个连续的日历日内进行维修。

(4) D 类:该类项目应该在发现日之后 120 个连续的日历日内进行维修。列到 D 类中的设备项目应当是具有选装特征的设备项目,或者是根据判断可以断开、拆除或安装在航空器上的额外设备项目。

不工作项目必须保证不能超过相关修复期限的要求。修复期限的日子不包括发现故障的那天。

例如：如果在 1 月 26 号上午 10 点发现的故障，那么修复期限从 1 月 26 号到 1 月 27 号的午夜算起。

但是 MMEL 放行条件，包括相关飞行机组（O）和或维修（M）程序，必须从第一次发现故障后的飞行开始，就要应用这些程序。

2）修复期限的选择

满足下述情况的项目可以建议 D 类维修间隔：

（1）缺少项目不会增加机组工作负荷；

（2）机组在正常运行时不依赖这些项目的功能；

（3）机组训练及养成的习惯方式和程序不依靠使用这些项目。

对于超出正常运行要求的部件或系统（如要求一套高度警告系统，但安装了双套系统），可以建议 C 类维修间隔。

对于正常运行要求的部件或系统，如果可以通过有效的替代方法或程序实现其功能，并且不是型号合格审定要求必须具备的部件或系统，可以建议 B 类维修间隔。

对于型号合格审定要求必须具备的部件或系统，如果可以通过必要的限制达到规定的安全水平，可以建议 A 类维修间隔。

每个 MMEL 项目选择的修复期限时间不能超出系统安全分析结果中得到的修复间隔时间。

3）修复期限的延长

如果超出了修复期限，航空器是不允许放行的。但是，在缺乏维修航材的情况下，运营人可以申请批准延长一次修复期限"B"，"C"或"D"。并且要求：

（1）运营人确定特定任务的描述和负责控制时间的延长，并且由局方来批准；

（2）运营人仅能获得一次对适用的修复期限的延长批准

（3）局方通报任何批准的延长，包括不超过一个月的局方批准的时间表

（4）在最早的时间内完成修复。

在特殊情况下，运营人还可以直接和本国民航当局商议，对修复期限进行二次延长。所有这些对修复期限的延长只能由本国民航当局来批准，不能由航空器制造商来批准。

说明：10 天的"A"修复期限和"C"修复期限有什么不同？

如果修复期限都为 10 天的话，这些项目必须在 10 天内修复。但是，不同点是"A"修复期限不能进行一次延长。

### 12.3.6　MMEL 的审定

1）AEG 的简介

对 MMEL 的评审工作是航空器评审组（Aircraft Evaluation Group，AEG）的主要工作之一。

航空器评审组（AEG）的工作作为飞行标准司的一项职能,是民航局一项重要的技术管理工作,对于保证飞行安全和提高经济效益都具有重要意义,其主要工作是在航空产品型号审定过程中进行如下评审:

(1) 飞机、发动机、螺旋桨及其系统设备的运行符合性评审;

(2) 驾驶员的型别等级和飞机机组资格要求评审;

(3) 最低发行设备要求评审;

(4) 维修要求评审;

(5) 持续适航文件评审。

(1) AEG 的组织机构。

AEG 的组织机构体系主要由下属单位共同组成(图 12 - 4):

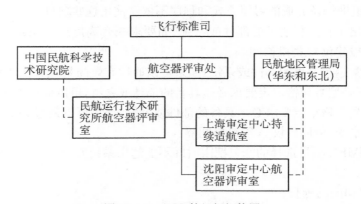

图 12 - 4　AEG 的组织机构图

民航局飞行标准司:设立了航空器评审处。主要负责制定 AEG 工作有关的政策、标准和程序;组织航空器型号项目的 AEG 的受理和审查;批准和颁发主最低设备清单和维修审查委员会报告、认可的运行和持续适航文件清单、其他航空器运行相关要求的符合性文件。

中国民航科学技术研究院:设立了航空器评审室。协助飞行标准司航空器评审处制定 AEG 工作相关的政策、标准和程序,参与具体航空器型号项目的 AEG 评审。

华东地区管理局上海航空器适航审定中心:设立了持续适航室。负责运输类飞机型号合格审定的 AEG 具体评审工作。

东北地区管理局沈阳航空器审定中心:设立了航空器评审室。负责非运输类飞机和旋翼机型号合格审定的 AEG 具体评审工作。

(2) AEG 下设审查委员会的主要职能。

AEG 下设三个审查委员会,分别为维修审查委员会(MRB)、飞行标准化委员会(FSB)和飞行运行评审委员会(FOEB)。

维修审查委员会(MRB):主要负责制定和修订飞机的初始检查和维修要求。

飞行标准化委员会(FSB):确定新型号或衍生型飞机驾驶员的型别等级;制定

和修订最低训练、检查、近期经历要求;确定航空器的特殊训练要求

飞行运行评审委员会(FOEB):制订、修订主最低设备清单。

2) FOEB 简介

FOEB 的主要任务是制定 MMEL,并报飞行校准司颁发。

FOEB 由一名主席和若干成员组成。FOEB 主席由航空器型号项目组的运行或者维修专业人员但当。FOEB 的成员一般由来自责任 AEG 机构的运行专业人员、维修专业人员和试飞人员组成,但是需要邀请其他 AEG 结构和其他飞行标准部门的运行和维修监察员、技术专家参加。

FOEB 主席的主要职责:

(1) 计划和组织具体的评审工作;

(2) 准备 FOEB 会议计划、组织召开会议和形成会议纪要;

(3) 对制造厂家起草的 PMMEL 进行审核;

(4) 提出 PMMEL 的批准建议,并签署批准;

(5) 与 TCB 相应项目负责人进行协调;

(6) 作为委员会成员承担具体的工作。

FOEB 成员的职责包括:

(1) 作为技术专家承担具体的评审工作;

(2) 参加 FOEB 会议;

(3) 对 FOEB 主席其他必要的协助。

3) MMEL 的初始审定和型号认可

AEG 在收到制造厂家的 PMMEL 后,将以 FOEB 会议的形式来审查和评估 PMMEL 的技术准确性和可接受性,制造厂家、运营人和有关航空机构的代表将被邀请参加会议(这也是航空公司参与飞机设计的一种方式,有助于提高飞机的放行能力)。FOEB 会议将讨论每一个 PMMEL 的设备项目,并且提出批准、修改或者不接受的建议。如果不能达成一致(或者多数)意见,有关的设备项目可以保持不作决定,以进一步考虑或者收集到更多的支持信息。对于 FOEB 不接受或者未作决定的设备项目,制造厂家应当重新提交,并且附有额外的证明。

FOEB 对 PMMEL 的审定采用程序认定过程,也就是由航空器制造商提供审定项目,提供对每个 MMEL 候选项目的说明分析材料,FOEB 的成员对其制订的整个流程进行认定(具体评审认定表格见附录)。航空器制造商所提供的说明材料和数据,应当是通过了初始适航审定过数据,FOEB 不再负责对其提交材料正确性的审定。对于 FOEB 会议决定的需要验证说明的项目,航空器制造商还需要进行模拟机或试飞验证。

MMEL 建议项目分析的内容应当源自系统安全性分析(SSA),具体至少应当包括下述内容:

(1) 系统说明,应当包括所考虑的系统或设备的说明,包括其功能和有助于评

估建议项目的其他详情,可应用原理图或者其他系统图来辅助说明。如可能,机队中的各种构型也应当详细说明(如飞机上安装数量的不同等)。

(2) 审定基础(可选项),此部分可以用于解释型号合格审定的要求,或者与建议项目没有联系。

(3) 故障影响,故障对飞机/系统的影响应当明确说明。不工作系统或设备与其他系统可能的交互作用必须考虑。

(4) 航路并发故障的影响,除评估带有不工作项目运行的潜在后果外,文件中还应当考虑下一个关键部件的并发故障、不工作项目之间的干扰、对 AFM 程序的影响和飞行机组负荷的增加等因素。

注:① 在分析航路并发故障时,不考虑下一关键部件并发故障发生的概率,仅考虑其影响。

② 采用对比设计分析的情况,应当可提供对比分析说明和对比机型的上述分析数据。

如果建议放行状态下要求的任何运行程序(O)和/或维修程序(M),应当予以说明。

对于由国外民航当局进行初始型号审定的航空器,在民航总局就 MMEL 认可程序与初始型号审定民航当局达成一致意见的基础上,采用 MMEL 认可的方式并在认可书中给出与初始型号审定民航当局颁发 MMEL 的差异。

型号合格证持有人应提交由初始型号审定当局批准的 MMEL 及其评估分析报告,经 AEG 审查认可,由民航总局飞行标准司向型号合格证持有人颁发 MMEL 认可证书并附上差异表。

为了能在规定的时间限度内制定和公布民航总局的补充差异,在补充差异草案制定之后征求运营人的意见。

### 12.3.7　MMEL 的修订

1) MMEL 的修订原因

为了维持可接受安全水平,MMEL 会随着飞机的使用而需要不断地更新。MMEL 会减轻/更改现存的放行条件,或者反映飞机构型的变化。

为了维持可接受安全水平,当放行条件变化时,考虑以下几点对 MMEL 进行修改:

(1) 运营实践(运营人的经验);

(2) 局方要求;

(3) 质量问题;

(4) MMEL 也许会进行进一步的修订,由于系统的改进、新飞机的设计;在飞机通过服务通告(SB)或改型(MOD)安装新系统后,为了允许或限制放行,也可以制定或修改放行条件。

更新 MMEL 有两种方法:

（1）正常修订，大概每一年发布一次，包括非紧急修订，变化和/或增加新的数据。

（2）临时修订，两个正常修订之间发布的，包括紧急事件的修订。临时修订被印在黄色的纸上。局方批准每个临时修订的节。MMEL 中必须尽快包括临时修订所含的数据，这些数据可能来源于运营实践、新系统的安装和适航指令等。

2）MMEL 的修订程序

民航总局、工业界和运营人可以提出更改 MMEL 的要求。运营人提出的更改建议应当通过主任监察员提交 AEG，并且在下一次 FOEB 会议讨论。MMEL 修订的批准具体程序与 MMEL 的初始批准程序相同。

注：在进行 MMEL 修订时，还需要重视首批航空公司代表的作用。首批航空公司代表是指，在几个运营人共有某机型的情况下，飞机制造厂商委任某一个运营人的代表将首批航空公司代表，来与制造厂家、其他运营人和 FOEB 进行协调，来加快 FOEB 程序和 MMEL 的修订。首批航空公司代表将根据需要召开协调会议，并按照 FOEB 可接受的方式提出 FOEB 的日程。首批航空公司代表还将协调其他运营人参加 FOEB 会议，并在会议后协助制造厂家和 FOEB 确定 MMEL 的修订。

对于民航局认可的 MMEL 的修订：

（1）型号认可证或者补充型号认可证持有人应当向民航总局飞行标准司及时发送 MMEL 的修订页，经 AEG 审查认可。

（2）如果 AEG 认为有必要对 MMEL 的修订进行修改或补充，应当由型号认可证书持有人编写补充差异，经民航总局飞行标准司批准后发布。

## 12.4　电气线路互联系统

在早期飞机设计过程中，电气线路互联系统（Electrical Wiring Interconnection System，EWIS）并没有被作为一个独立系统来进行安全性考虑，但是由于 EWIS 故障导致的安全性问题越来越多，仅依靠 FAR25.1309 条款已经不能为系统完全性提供足够的保证。因此，在 FAR25 部中增加一个新的分部——H 分部，以便更加重视 EWIS 的安全性。

本章将针对 EWIS，就其安全性相关问题进行了深入探讨，包括 EWIS 的定义、EWIS 产生的背景、EWIS 条款解释及符合性方法等方面内容。

### 12.4.1　电气线路互联系统定义

电气线路互联系统，其定义在 FAR25.1701 条规定如下：

（a）中国民用航空规章中所用的电气线路互联系统（EWIS）是指：安装于飞机的任何部位，用于在两个或多个端点之间传输电能（包括数据和信号）的任何导线、线路装置，或其组合，包括端点装置。这包括：

（1）导线和电缆。

（2）汇流条。

（3）电气装置的端点，包括继电器、断路器、开关、接触器、接线块、跳开关和其他电路保护装置的端点。

（4）插头，包括贯穿插头。

（5）插头附件。

（6）电气接地和搭接装置及其相应的连接。

（7）接线片。

（8）给导线提供附加保护的材料，包括导线绝缘、导线套管、用于搭接具有电气端点的导管。

（9）屏蔽线和编织线。

（10）卡箍或其他用于布线和固定导线束的装置。

（11）电缆束缚装置。

（12）标牌或其他识别措施。

（13）压力封严。

（14）在支架、面板、设备架、连接盒、分配面板和设备架的背板内部的 EWIS 部件，包括但不限于电路板的背板、线路集成单元和设备外部线路。

（b）除本条（a）（14）指明的设备外，下列设备内的 EWIS 部件，和该设备的外部插头不包括在本条（a）段的定义中：

（1）经下列环境条件和试验程序合格审定的电子电气设备，

（i）适合于预定功能和工作环境，和

（ii）中国民用航空局适航部门所接受的。

（2）不作为飞机型号设计一部分的便携式电气设备，包括个人娱乐设备和便携式计算机。

（3）光纤。

### 12.4.2　FAR25 部 H 分部——EWIS 产生的背景

1996 年，美国环球航空公司 800 航班（TWA 800）的一架 B747 客机在空中爆炸，机上 230 人全部遇难。经调查，最可能的原因是飞机电气线路故障产生的电火花进入飞机的燃油箱而导致空中爆炸。

1998 年，瑞士航空公司的一架 MD11 飞机失火后坠入大西洋，机上 229 人全部遇难，尽管最后未能完全确定导致此次航空事故的确切原因，但事后的调查发现：在最有可能最早起火的客舱位置处找到的一段客舱娱乐系统的电缆上，发现有凝固铜。这表明，该处电缆曾产生过电弧，导致铜质导体融化后又凝固。因此认为，该导线故障产生的电弧，很有可能就是这起飞机失火坠毁事故的原因。

在 TWA 800 航班事故发生后，FAA 开始把老龄飞机的规章制定研究工作扩展到非结构类的系统项目，主要研究对象是燃油箱系统和电气线路互联系统。研究工作由老龄飞机系统规章制定咨询委员会（ATSRAC）负责开展。1998 年 1 月，FAA 给 ATSRAC 指派了以下五项任务：

（1）通过飞机检查，收集老龄飞机电气线路方面的问题；

（2）评估和更新标准线路施工手册；

（3）评估飞机制造商的服务信息；

（4）评估运营人的维修方案；

（5）向 FAA 提供关于电气线路方面的安全改进建议。

初步检查发现的线路相关问题统计如下：

（1）9 架 B-727 飞机：276 个；

（2）9 架 B-737 飞机：399 个；

（3）7 架 B-747 飞机：238 个；

（4）14 架 DC-8 飞机：974 个；

（5）15 架 DC-9 飞机：116 个；

（6）14 架 DC-10 飞机：714 个；

（7）3 架 L-1011 飞机：247 个；

（8）10 架 A-300 飞机：408 个。

根据检查结果，线路问题不仅随机龄增加线路老化而引起，不恰当的线路安装和维修同样是产生类似问题的重要原因。由此，ATSRAC 扩展了工作范围，包含了对飞机线路系统的持续适航改进。2001 年 5 月，FAA 给 ATSRAC 增加了以下四项任务：

（1）评估是否需要制定新的线路系统审定要求；

（2）对标准线路施工手册（SWPM）的修改建议；

（3）制订线路系统的培训方案；

（4）制订线路系统的维修准则。

根据对 TWA 800 和 MD11 这两起事故的调查以及在飞机日常使用和维修过程中发现的电气线路问题，FAA 颁发了一系列针对导线检查的适航指令，并督促飞机制造厂颁发了紧急服务通告。

检查表明，在老龄飞机中普遍存在着以下四个方面的问题：

（1）线路老化；

（2）线路连接器受腐蚀；

（3）维修工作中对导线的安装和修理不正确；

（4）线束被金属碎屑、脏物及易燃液体污染。

造成上述问题的主要原因包括：振动、潮湿、维修、磨损、污染和热等。

FAA 认为，在现有的飞机持续适航文件中，针对飞机电气线路方面的维护操作标准和相应程序的检查项目不全、检查要求不具体。如对线路检查要求的标准太粗略，通常将线路检查工作项目结合在区域检查任务中，并采用一般目视检查（GVI）的方法。这样可能造成的结果是：检查的对象和目的不够具体明确（如检查什么？怎样才是合格？）；检查人员不够专业（区域检查任务一般由机械员执行，而非受过线路方面专门培训的电气人员执行）。另外，在现有的飞机维护手册中，对线路安装和修理等方面的合格/不合格判据的描述不够充分具体。

正当美国国家运输安全委员会(NTSB)和 FAA 关注电气线路方面的相关问题时,在 2005 年 10 月至 2006 年 3 月短短的半年时间内,由于线路连接器受潮引起的电线短路又造成了 6 起支线飞机的火灾事件。因此,FAA 决定对运输类飞机的审定和运行的规章进行修订,对飞机电气线路系统的设计、安装和维护要求进行改进,以最大限度地提高所有运输类飞机电气线路系统的安全性。

2005 年 6 月 12 日,FAA 发布了需要设计批准书持有人(DAH)与飞机运营人共同承担适航责任的政策通告,其中要求 DAH 为电气线路系统制定相关的持续适航文件(ICA)。

2005 年 10 月 6 日,FAA 发布了题为"飞机系统的适航大纲/燃油箱安全"的立法提案通告(NPRM 05-08),并同时发布了 12 个相关的咨询通告草案,征求公众意见。NPRM 建议在 FAR25 部中增加一个新的分部——H 分部,对电气线路系统的设计、安装和维修制定相应的适航审定要求,以更加重视电气线路系统的标识、分离、安全性和可达性等方面的问题;并同时建议在 FAR25 部中增加一个新的分部——I 分部(即后来的 FAR26 部 B 分部),对现有的 TC 持有人提出持续适航改进的追溯要求。

2007 年 11 月 8 日,通过几年的数据收集和研究,以及与工业界的合作,FAA 发布了"飞机系统的适航大纲/燃油箱安全"的 Final Rule,明确要求将电气线路视为一个独立的系统,必须与其他系统一样给予足够的重视,修订了 FAR21,25,26,91,121,125 和 129 部的相关内容,以解决潜在的电气线路系统安全问题,其中包括 25-123 号修正案。该修正案在 FAR25 部中增加了一个新的分部——H 分部,共 17 个条款,统一组织和明确原来分散在其他各分部的有关电气线路系统设计、安装和维修方面的适航要求。同时,25-123 修正案对其他分部与电气线路有关的条款以及需要与欧洲适航标准协调的条款也进行了修订。

我国 CCAR25 R3 版只相当于 FAA 第 25-100 号修正案之前的水平,因此并没有包含 H 分部——EWIS 的条款要求。2011 年 11 月 7 日发布的 CCAR25 R4 版中包含 EWIS 的条款要求,其内容与 FAR25 部 EWIS 分部相同。

### 12.4.3　FAR25.1709 系统安全:EWIS 产生的背景

FAA 第 25-123 号修正案增加了 FAR25.1709 条,将原来包含在 FAR25.1309 条中对 EWIS 部件系统安全性评估的要求进行了进一步的明确和强调。FAR25.1709 条要求的符合性分析是基于定性和定量结合的 EWIS 安全评估方法,而不仅仅是纯数字的概率定量分析。安全性评估必须同时考虑 EWIS 的物理失效和功能失效导致的对飞机的安全性影响。此安全性评估必须表明每个危险的 EWIS 失效是极微小的,每个灾难性的 EWIS 失效是极不可能的,且不会由单一失效造成。FAR25.1709 条的目的是使用 FAR25.1309 条中的失效安全设计概念对飞机线路及相关部件进行全面和系统的分析,应考虑评估任何可能发生的单一失效情况(如电弧故障),而不论其概率是多少。

25 - 123 号修正案前，FAR25.1309(a)款仅规定了"25 部要求的"的系统和设备，故在有些情况下会漏掉对 25 部未要求的系统的线路进行评估。并且，FAR25.1309(b)款和(d)款的要求也并不总是适用于"25 部要求的"系统相关的导线，即使适用，也有证据表明其应用不够充分和一致，这对于"25 部未要求的"各种电气设备尤为明显。典型的"25 部未要求"的系统，如机上娱乐系统，传统的观点一般认为，既然规章未对其做出要求，且其功能对飞机安全性并不是必需的，那么其失效就不会影响飞机的安全性。但这样的观点并不正确，实际上不论是何种类别的系统，其线路失效均有可能造成飞机严重的物理和功能损坏，直至引发危险甚至灾难性的失效后果。例如，导线短路引起的电弧切割并损坏飞行控制钢索。

FAR25.1709 条的提出还有一个理由，FAR25.1309 条对某些飞机系统是不适用的，如 FAR25.671(c)(1)项和 FAR25.671(c)(3)项中的单点失效或卡阻，FAR25.735(b)(1)所包含的单点失效，FAR25.810(a)(1)(v)和 FAR25.812 覆盖的失效影响，那么 FAR25.1309 条对这些飞机系统相关的 EWIS 部件也是不适用的，因此需要通过 FAR25.1709 条的提出覆盖这些飞机系统相关的 EWIS。

在实际运营中，由于 EWIS 设计的不合理导致飞机处于不安全状况的例子很多，FAR25.1709 条的引入对确保将来的飞机设计有效地考虑 EWIS 失效状态对飞机安全的影响，而现在的 FAR25.1309 条无法完全提供这种保证。

另外，型号设计更改的很多例子表明，更改者并不总是考虑安装新系统或更改系统对飞机安全的影响。更改者在并不明确系统保护机制的情况下，按照或以近似于其他飞机系统的线路布置方式对系统进行布线。而本次修订前的 FAR25.1309 及 ARAC 推荐的修订建议并没有提供足够的要求，以确保型号设计更改保持一定的安全水平。

因此，需要一个更加综合和具体的条款来对 EWIS 提出要求。FAR25.1709 条提出的目的就是通过使用 FAR25.1309 条失效安全设计的理念，以一种更加彻底和更加结构化的分析方法关注 EWIS 及其相关部件对安全性的影响。

在 FAA 颁布规章制定通告 NPRM05 - 08(Notice of Proposed Rulemaking，NPRM)后的意见征集过程中，空客表示"卡阻"不应作为产生 FAR25.1705 条的依据，因为 EWIS 无法导致操纵面或飞行控制器卡阻。FAA 认为，NPRM 在解释 FAR25.1705 条产生的理由时，是在某些飞机系统对 FAR25.1309 条豁免的背景下，EWIS 连同那些豁免系统也被排除在外，而这些豁免系统的 EWIS 可能会像其他 EWIS 一样导致危险的失效状态，因此，需要一个专门的条款对飞机上所有 EWIS 提出要求，FAA 没有做出改动。

波音认为条款的复制会导致实际应用中存在偏差，建议将 FAR25.1709 条(NPRM 中 FAR25.1705 条)作为一个引用，包含在 FAR25.1309(b)中。FAA 认为，FAR25.1709 条的分析可以通过结合 FAR25.1309 条的评估来完成。单独对

EWIS 安全性评估提出要求,将会确保飞机所有 EWIS 对安全运行方面的潜在影响都得到评估,如果 FAR25.1709 条被作为一个引用简单地包含在 FAR25.1309 条中,上述目的将无法实现。

针对 FAR25.1709 条(NPRM 中 FAR25.1705 条)中的前言讨论:如果不向更改者提供"在相同的和周围的线束支撑内的其他导线的系统和功能"信息,那么EWIS 系统必须设计成能适应这类信息的缺乏,联邦快递认为,这就意味着为型号设计更改而添加的导线,将需要与现有飞机布线分开布置在不同的路径上。因此,联邦快递要求在任何咨询材料或设计标准采用此观念之前,应针对限定区域内(如设备架或断路器面板)的分离确定详细的指南。

FAA 认为,型号合格证后更改的咨询材料已经为联邦快递所述的情况提供了清楚的指导。当由于物理限制(比如接线模块和连接器内)不能保持分离时,申请者应进行适当的分析来表明共享通用的设备不会产生不利的失效状态,该分析要求有共享该设备(比如接线模块和连接器)系统或系统功能方面的知识。如果更改者不能识别拥挤区域内的系统或系统功能,又不存在可接受的替代方法来提供足够的分离,那么新的 EWIS 路径必须经过一个不同的区域。FAA 没有因为该评述而对最终条款进行修改,但其相应的咨询材料进行了扩展,以为联邦快递评述中的具体情况提供了清晰指导。

波音提到,对 FAR25.1709 条(NPRM 中 FAR25.1705 条)的讨论有这样的表述,安装在 H 分部,且为型号合格审查基础一部分的空中娱乐系统(IFE)要进行更为严格的安全性评估。波音理解为,H 分部适用于型号合格证、型号合格证改装和补充型号合格证的申请人。波音询问"H 分部执行后,在任何飞机上申请安装该IFE 或其他 IFE 系统需进行更严格的安全评估"这一说法是否正确。波音还询问对于既有型号的 STC 的新飞机,若将 H 分部作为其审定基础,是否应满足 H 分部的要求。NPRM 中提到证后改装将引入很多线路安全问题,波音要求明确,不管有没有将 H 分部作为审定基础,在飞机安装前,既有型号合格证改装或补充型号合格证是否要受到 H 分部的要求。

FAA 认为,如果是之前已通过审定的 IFE 系统安装在将 H 分部作为审定基础的飞机上时,则 IFE 系统将必须按 H 分部的 EWIS 进行审查,否则将导致对 IFE 系统执行较松的审查标准,这将会损害飞机的安全。在 Final Rule 生效日期之后,对没有将 H 分部作为其合格审定基础的既有飞机型号的改装,改装时是否需要将 H分部作为其合格审查的基础将具体问题具体分析,并且 21.101 条款——"适用规章的确定"的要求也将适用。

### 12.4.4　FAR25.1709 系统安全:EWIS 条款解释及符合性方法

FAR25.1709 条对每个 EWIS 设计和安装的安全性需求作了一般规定,其要求申请人对 EWIS 进行系统安全性评估。本条要求的符合性分析是基于定性和定量的 EWIS 安全评估方法,而不是纯数字的概率定量分析。安全性评估必须考虑

EWIS 物理和功能失效的飞机安全性影响。此安全性评估必须表明每个危险性的 EWIS 失效是极小可能发生的;必须表明每个灾难性的 EWIS 失效是极不可能发生的,且不会由单一失效造成。

FAR25.1709 条的目的在于使用 FAR25.1309 条中的理念对飞机线路及相关部件进行彻底的结构化分析。FAR25.1309 条中使用失效安全的设计理念,应假设任何单一失效状态(如电弧故障)将会发生,而不论其概率大小。

FAR25.1309 条对 EWIS 安全性评估相关要求的不足。FAR25.1309 条要求申请人进行系统安全性评估,但是现行的 FAR25.1309 条不能确保对所有 EWIS 失效状态对飞机安全性的影响进行评估。FAR25.1309(a)款中仅规定了"25 部要求的"的系统和设备,故在有些情况下会漏掉对那些 25 部未要求的系统的线路进行评估。即使是对那些 FAR25.1309(b)款和(d)款中规定的系统,安全性分析的要求并不总是适用于相关的导线。即使适用,也有证据表明其应用不够充分和一致。典型的 25 部未要求的系统,如机上娱乐系统,传统的观点一般认为,既然规章未对其做出要求且其功能对飞机安全性并不是不可或缺,那么其失效就不会影响飞机的安全性。但这样的观点并不完全正确,实际上不论是何种类别的系统,其线路失效均有可能造成飞机严重的物理和功能损坏,直至引发危险甚至灾难性的失效后果。例如,导线短路引起的电弧切割并损坏飞行控制电缆。此外,还有更多传统的分析方法未能解决的失效模式,如电弧现象发生时未能触发断路器,结果导致整个线束的失效并引发火警,或线束的失效引起结构损伤。

线路完好性和潜在失效的严重性,要求一个比传统的 FAR25.1309 符合性验证方法更加结构化的安全性分析方法。FAR25.1309 条的系统安全性评估通常评估导线失效对系统功能的影响,并没有将导线物理失效视作 EWIS 内其他导线失效的原因之一。传统的评估关注于将转子爆裂、闪电和液压管路破裂等外部因素作为 EWIS 所支持功能失效的起因,而没有考虑像单个导线的磨损或电弧现象等内部因素。对 FAR25.1709 的符合性要求在飞机级上考虑导线物理失效模式,也就是说需要对 EWIS 失效进行分析以判断其对飞机安全运行可能产生何种影响。

图 12-5 和图 12-6 描述了一种 FAR25.1709 条的符合性方法。图 12-5 和图 12-6 的分析过程均从物理失效和功能失效分析两方面进行标识,并均从对 FAR25.1309 条进行符合性验证的飞机级功能危险性分析(AFHA)开始,识别灾难性的和危险的失效事件。

其中,图 12-5 适用于申请人拥有进行该图分析所需的全部数据时的 TC 取证前工作、型号合格证更改和补充型号合格证。当图 12-5 用于 TC 证后更改时,申请人在考虑更改时,能够确定既有 EWIS 系统及与该 EWIS 相关的系统功能的数据。图 12-6 适用于申请人在考虑更改时,无法确定既有 EWIS 所含系统或系统功能时的 TC 证后更改。

关于图 12-5 和图 12-6 中的物理失效分析说明如下:AC25.1701-1A 中描述

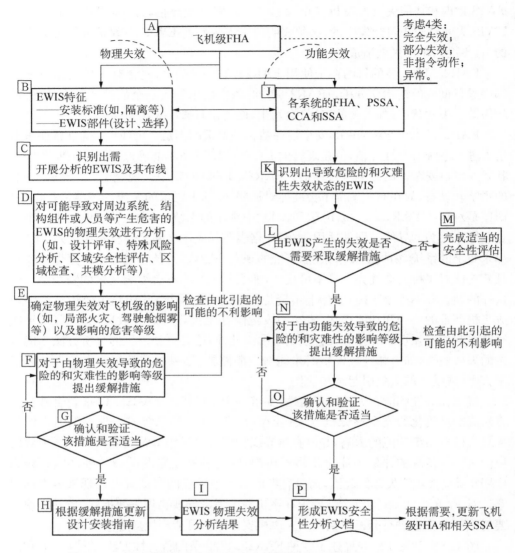

图 12-5 TC 证前和证后 EWIS 安全性分析流程图(源自 AC25.1701-1)

的物理失效分析中只考虑单因共因事件或失效,多因共因事件或失效不需要在此考虑。在考虑物理影响时,应假设导线负载有电能,且在发生 AC25.1701-1A 的 5e(10)(a)段定义的 EWIS 失效时此电能可直接或在与其他因素(如燃油、氧气、液压油或乘客破坏等)结合时导致危险的或灾难性的影响,这些失效可引起火警、烟雾、毒气释放,损坏装于同一区域内的系统和结构或对人员造成伤害。此分析考虑了所有系统中的全部 EWIS(自动驾驶仪、自动油门、旅客广播系统、机上娱乐系统等),而不论其系统危害度。图中的缓解是指将危险完全消除或将其严酷度和概率最小化至可接受水平。在 FAR25.1709 条中,EWIS 失效必须被缓解至危险失效概率为极微小的,灾难性失效概率为极不可能的程度。

关于图 12 - 5 的说明如下:

该图先从框图 A 飞机功能危险性分析开始,然后分为物理失效分析和功能失效两方面分别进行评估流程。

框图 A 飞机功能危险性分析:功能失效分析假设电线负载有电能、信号或信息数据。在这些情况下发生的 EWIS 失效可引起飞机系统功能退化。

这里的功能危险性分析(FHA)并不是为表明对 FAR25.1709 条的符合性而专门建立的独立文件,这是申请人按照 FAR25.1309 条确定的 AFHA,关于 AFHA 参见 AC25.1309 - 1B。

以下为图 12 - 5 左边的物理失效分析:

框图 B EWIS 的特性:使用 FHA(框图 A)、初步系统安全性评估(PSSA)、共因分析(CCA)及系统安全性评估(SSA)(框图 J)中的结果,以确定 EWIS 的安装标准和部件特性的定义。框图 B 的结果反馈给框图 J 中的初步系统安全性评估(PSSA)和系统安全性评估(SSA)。

框图 C、D、E 安装标准的确认及验证:确保 EWIS 部件的指标满足设计要求,且按照其指标特性和所在位置的飞机限制进行部件的选择、安装和使用(参见 FAR25.1703 条和 FAR25.1707 条的要求)。

利用可用的信息(数字模拟、物理模拟、飞机数据和历史数据)进行检查和分析以确认设计和安装标准在考虑多重系统影响的情况下,对于区域/功能是足够的。这样的检查和分析可包括首件制品检查、设计审查、特定风险分析、区域安全性分析、区域检查和共模分析,这些分析和检查可确定设计和安装标准的应用是否正确。同时,应对服务历史和使用数据中识别的已知问题区域加以特别考虑,如电弧、烟雾、卡箍松动、摩擦、电弧跟踪、与其他系统有干扰、舱门和出口等处有经常性弯曲要求的线缆等区域。无论概率如何,应对任何电源导线假设任意的单个电弧失效,并需证实电弧的强度、后果和缓解措施。对使用新材料或技术的情况应予以特别考虑。在任何情况下,FAR25.1703(b)款要求导线的选择必须考虑与每一安装和应用相关的已知特性,以将导线的损伤风险(包括任何电弧现象)降至最低。

应对这些活动中所识别的安装和部件选择标准的偏差情况进行评估,给出关于其可接受性的判断,并根据需要采取不同的缓解措施。

框图 F 和 G 缓解措施的制定和确认:为框图 D 和 E 中识别的物理失效及其不利影响确定缓解措施。缓解措施的确认与验证需确保:

(1)危险的失效状态是极微小的;

(2)灾难性的失效状态是极不可能的,且不会由单个共因事件或单个共因失效引起;

(3)缓解措施不会引发新的失效状态。

框图 H 适用缓解措施的实施:将新制定的缓解措施(框图 F)纳入到指导方针

(框图 B)中,以进一步设计和检查分析过程。

框图 I 物理失效分析结果:来源于 EWIS 物理失效分析,其包含的文档有:

(1) 确定的物理失效;

(2) 物理失效的影响;

(3) 制订的缓解措施。

此信息纳入最终的分析文件(框图 P)。

以下为图 12-5 右边的功能失效分析。

框图 J 系统安全性评估:利用 AFHA(框图 A)的分析结果指导 SFHA(框图 J)。将 FAR25.1709 条识别的 EWIS 失效嵌入至 AFHA 和 SFHA 中,并根据需要嵌入至 PSSA、CCA 和 SSA 中。进行这些分析的目的是满足 FAR25.1309 条的要求,分析的结果可用来更新 EWIS 的定义(框图 B)。

框图 K、L 和 M 危险的和灾难性的失效状态:使用框图 J 的分析来判断与所分析系统相关的 EWIS 是否可全部或部分导致危险的和灾难性的失效状态。判断 EWIS 失效是否需要采取缓解措施,如若需要,则制定、确认和验证缓解措施,若不需要,则根据 FAR25.1309 条,FAR25.671 条等完成相应的安全性评估。

框图 N 和 O 缓解措施的制定和确认:为框图 J 识别的功能失效和不利影响确定缓解措施。缓解措施的确认与验证如下:

(1) 判断初始目标是否完全实现;

(2) 确认此缓解措施与当前安装及安装标准兼容。

注:如果 EWIS 是失效原因,则所采取的缓解措施可能会引入新的不利影响。检查每个新的不利影响,并更新 AFHA 及需要的其他系统安全评估过程。

框图 P EWIS 安全性分析结果的文件:在缓解措施确认及验证后,将 FAR25.1709 条的分析结果制成文件。根据需要对支持建议改装的 FAR25.1309 条(框图 A)符合性合格审定的 AFHA 进行更新。

关于图 12-6 的说明说下:

TC 证后改装的申请人在无法确定作为改装一部分的飞机 EWIS 所含系统或系统功能时,应使用图 12-6 的分析流程。若当前 EWIS 所含系统或系统功能不明,申请人不应在当前 EWIS 中再加入新的 EWIS,若加入则可能导致不可接受的危险,如机上娱乐系统电源线可能会因疏忽而与飞机自动着陆系统的 EWIS 敷设在一起。

TC 证后改装是确保提出的更改满足以下要求:

(1) 将被正确地设计和安装;

(2) 不会由于其自身失效或对飞机现有系统造成负面影响而引入不可接受的危险。

只要涉及 EWIS,则需要初始的飞机制造厂安装操作知识及正确的实施方法,或者通过使增加的 EWIS 与当前 EWIS 的充分分离,以确保更改的正确执行。此

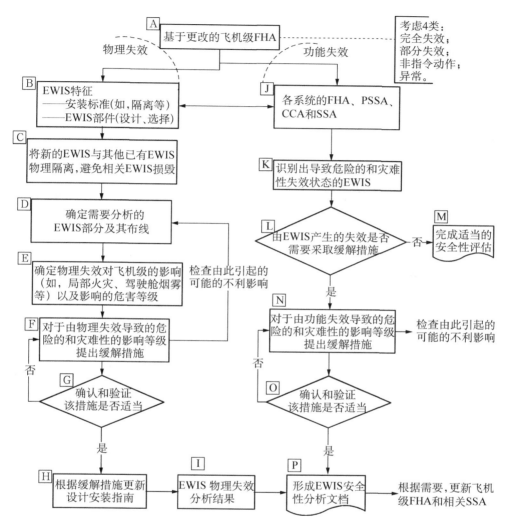

图 12-6　TC 证后 EWIS 安全性分析流程图（源自 AC25.1701-1）

注：此流程图中的缓解措施是指将危险完全消除或将其严酷度和概率最小化至可接受水平。

在 FAR25.1709 条中，EWIS 失效必须被缓解至危险的失效概率为极微小的，

灾难性失效概率为极不可能的水平。

外，物理分析都必须执行（与图 12-5 的物理失效部分相似）。

　　图 12-6 先从框图 A 飞机功能危险性分析开始，然后分为物理失效分析和功能失效两方面分别进行评估流程。

　　框图 A 飞机级功能危险性分析：必须考虑改装系统或新增系统的飞机级影响。若 AFHA 可用，则申请人应对其检查以确定建议改装的飞机级影响。若 AFHA 不可用，则申请人必须生成一个基于建议改装的 AFHA，该 AFHA 只限于受建议改装影响的系统。如果可以确定改装没有引入飞机级功能影响，则只需一份影响及支持

数据的声明。

以下为图 12-6 左边的物理失效分析：

框图 B EWIS 的特性，使用 AFHA 的结果（框图 A）识别 EWIS 安装标准和部件特性的定义。框图 B 的结果反馈给框图 J 的 PSSA 和 SSA。

框图 C 新 EWIS 与既有 EWIS 的物理分离，由于既有 EWIS 所含的系统及系统功能未知，需要将新增的 EWIS 与既有机上 EWIS 分离。通过分开一定距离、合适地隔离保护或等效于 FAR25.1707 条允许的物理分离距离的其他方法等，实现对新增的和既有 EWIS 建立物理分离。关于确定足够物理分离的可接受方法可参见 AC25.1701-1A 中对 FAR25.1707 条的解释。

对由于物理限制而无法保持分离的情况，如连接模块和连接器等，申请人应完成相应的分析以表明共用同一设备不会产生负面影响，但此分析需要知道共用设备，如连接模块和连接器等的系统或系统功能。

框图 D 和 E 安装标准的确认与验证，确保 EWIS 部件的指标满足设计要求且根据其指标特性和其所在位置的飞机限制进行部件的选择、安装和使用（参见 FAR25.1703 条和 FAR25.1707 条的要求）。

利用可用的信息（数字模拟、物理模拟、飞机数据和历史数据）进行检查和分析以确认设计和安装标准在考虑多重系统影响的情况下，对于区域/功能是足够的。这样的检查和分析可包括首件制品检查、设计审查、特定风险分析、区域安全性分析、区域检查和共模分析，这些分析和检查可确定设计和安装标准的应用是否正确。同时，应对服务历史和使用数据中识别的已知问题区域加以特别考虑，如电弧、烟雾、卡箍松动、摩擦、电弧跟踪、与其他系统有干扰、舱门和出口等处有经常性弯曲要求的线缆等区域。无论概率如何，应对任何电源导线假设任意的单个电弧失效，并需证实电弧的强度、后果和缓解措施。对使用新材料或技术的情况应予以特别考虑。

应对这些活动中所识别的安装和部件选择标准的偏差情况进行评估，给出关于其可接受性的判断，并根据需要采取不同的缓解措施。

框图 F 和 G 缓解措施的制定和确认，为框图 D 和 E 识别的物理失效和引起的不利影响确定缓解措施。缓解措施的确认与验证应确保：

（1）危险的失效状态是极微小的；

（2）灾难性的失效状态是极不可能的，并且不会由单因共因事件或单因共因失效引起；

（3）缓解措施不会引发任何新的潜在失效状态。

框图 H 可用缓解措施的嵌入，将新制定的缓解措施纳入到指导方针中（框图 B），以进行进一步的设计、检查和分析。

框图 I 物理失效分析归档，来源于 EWIS 物理失效分析，文件包括：

（1）解决的物理失效；

（2）物理失效的影响；

（3）制定的缓解措施。

此信息纳入最终的分析文件（框图 P）。

以下为图 12-6 右边的潜在功能失效分析：

框图 J 系统安全性评估，利用 AFHA（框图 A）的分析结果指导 SFHA（框图 J）。将 FAR25.1709 条识别的 EWIS 失效纳入至 AFHA 和 SFHA 中，并根据需要纳入至 PSSA、CCA 和 SSA 中。这些分析的目的是满足 FAR25.1309 条的要求，其结果可用来更新 EWIS 的定义（框图 B）。

框图 K，L 和 M 危险的和灾难性的失效状态，使用框图 J 的分析来判断与所分析系统相关的 EWIS 是否可导致（全部或部分）危险的和灾难性的失效状态。判断 EWIS 失效是否需要采取缓解措施，如需要，则制订、确认和验证缓解措施，若不需要，则根据 FAR25.1309 条，FAR25.671 条等完成相应的安全性评估。

框图 N 和 O 缓解措施的制定和确认，为框图 J 识别的功能失效和不利影响识别并制定缓解措施。缓解措施的确认与验证如下：

（1）判断初始目标是否完全实现；

（2）确认此缓解措施与当前安装及安装标准兼容。

注：如果 EWIS 是失效原因，则所采取的缓解措施可能会引入新的不利影响。检查每个新的不利影响，并更新 AFHA 及需要的其他系统安全评估过程。

框图 P EWIS 安全性分析结果文件，在缓解措施确认及验证后，将 FAR25.1709 条的分析结果制成文件。根据需要对建议改装的 FAR25.1309 条（框图 A）符合性合格审定的 AFHA 进行更新。

随着 FAR25 部 H 分部（EWIS）和 FAR26 部的颁布，民用飞机电气线路互联系统（EWIS）已成为航空安全的关注热点和难点。EWIS 的安全性评估也相应引起关注和重视。

## 练习题

**1.** CCMR 项目必须要满足的两个必要条件分别是什么？

**2.** 简述 MMEL 与系统安全性评估的联系。

**3.** 简述 TC 证前与 TC 证后 EWIS 安全性评估过程的区别与联系。

# 第 13 章  安全性工作管理与规划

## 13.1  引言

前面各章节对安全性设计与评估工作的体系与其具体内容进行了详细介绍,并给出了部分安全性设计与评估工作在工程中的应用。在型号研制过程中,除了要能熟练掌握、运用安全性评估工作体系,也要能结合型号研制阶段对安全性工作进行合理管理,制订完善的安全性工作管理程序,以统一地规范与管理安全性工作,保证前面提及的安全性工作得以正确、及时和有效地实施和贯彻。本章在总结前面安全性工作内容的基础上,将细致描述安全性工作的管理及其在具体型号研制各阶段的工作进行详细的规划。

## 13.2  安全性工作管理

为了对安全性工作进行合理的规划与管理,需在飞机研制的方案阶段就应实施安全性方面工作的管理与规划,编制安全性大纲,规定飞机全寿命周期内安全性管理、设计与评估、验证等安全性工作。安全性大纲是安全性工作的最顶层文件,是安全性工作的基本依据,是指导飞机的安全性工作科学有序地开展的规范。

飞机的安全性大纲需对飞机全寿命周期内各项安全性工作的内容和要求进行规划:规定飞机研制中的安全性目标、要求及各研制阶段的大致安全性工作内容;确定安全性评估时的技术手段和方法;规划安全性工作计划、合格审定计划等管理工作。安全性大纲也需对安全性培训及其他安全性管理工作进行规划。以下将详细介绍安全性大纲中规划的主要安全性管理工作的内容。

### 13.2.1  安全性工作计划

为保证安全性评估以及相关项目及时而有效地予以实施,应根据飞机研制计划、合格审定计划以及安全性大纲来编制安全性工作计划。

安全性工作计划需根据安全性大纲的总体要求进行。安全性大纲是宏观上规划各项安全性工作,而安全性工作计划则是将安全性工作的职责细化,明确分工,并协调飞机的研制计划进而制定详尽的飞机安全性工作进度时间表,明确各节点的工作内容。

安全性工作计划的制定原则是:分解和分配安全性大纲的要求,并纳入飞机进度计划;协调合格审定、可靠性、维修性和质量保证等工作;安全性工作的职责须明确,安全性工作计划应便于实施与审查。安全性工作计划的主要内容包括:

（1）实施安全性大纲的指导思想;

（2）设计与研制阶段安全性工作的实施细则（如工作项目要求、工作内容、完成状态、验收方法等）;

（3）详细的安全性工作进度计划;

（4）工作里程碑和评审节点;

（5）工作计划的协调性,安全性公共数据的收集、传递、处理和使用等。

### 13.2.2　安全性合格审定计划

飞机制造方安全性管理中的一项重要工作即制定合格审定计划。该计划是描述飞机型号合格证申请方符合验证工作的基础性文件。这份文件由申请人提出,并与审查方讨论协商达成一致,双方通过其授权代表的批准,表示双方都将在飞机型号合格审定工作中认可并遵守该文件的内容。

飞机型号合格审定计划描述了各项符合性验证工作的逻辑先后关系,包括飞机系统为满足相关安全性适航规章安全符合性所开展的验证活动,其中包含了验证程序、验证方法以及验证计划等。对安全性专业审定基础中等效安全的符合性验证工作,按照 ATA 章节,各系统专业负责本系统的安全性评估工作。

合格审定计划文件中首先对飞机进行必要的描述,包括飞机的构型和组成以及对飞机级功能的描述。确认系统安全性一般需求,对于飞机构型需制订构型控制原则。然后,须在文件中明确所使用的审定基础,并且给出符合性验证思路以及符合性方法。计划文件中也须确认供应商的验证工作。在合格审定计划中需要描述的内容还包括对持续适航问题的说明、委任代表的工作范围、符合性验证试验清单、制造符合性检查项目以及符合性文件清单等内容。

### 13.2.3　安全性组织机构

飞机研制之初,就应确立完善的安全性工作组织机构,确定明晰的安全性工作组织、设计部门、制造总装等部门和单位在安全性方面的职责,建立科学而完善的安全性工作组织与管理程序。安全性组织机构负责进行以下安全性工作:

（1）安全性工作评审与安全性顶层决策工作;

（2）飞机级安全性工作;

（3）系统级安全性工作;

（4）装配/试验安全性工作;

（5）供应商的安全性工作;

（6）持续安全性监控工作;

（7）安全性技术研究与支持。

在型号项目中,典型安全性工作组织如图 13-1 所示。

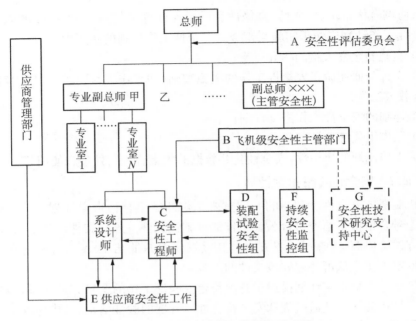

图 13-1　型号安全性工作组织示意图

安全性管理执行机构分为 7 个方面,包括:

**A 组——安全性评估委员会**

安全性评估委员会为型号重大安全性议题的决策支持机构,由局方人员、设计人员和行业内有关专家组成,对总师系统负责。

安全性评估委员会作为型号安全性工作的决策支持机构,对其他各安全性工作部门的工作进行监督、指导,工作内容包括:

——评审项目系统安全性顶层需求和设计手册。

——评审项目安全性研制计划和符合性验证计划。

——评审各研制阶段完成工作:

● 飞机级 FHA;

● 关键系统 FHA,PSSA,SSA;

● 重大共因分析专题。

——评估重大安全性技术问题。

——评估飞机、系统、设备(供应商)、装配、使用各层面的安全性设计和符合性验证工作。

安全性评估委员会根据型号研制阶段工作的进展情况,组织召开定期和不定期的评审会议,将委员会做出的评审意见报送领导和相关部门,供主管部门决策参考。委员会需保证安全性评估与系统设计工作紧密结合,能够对设计师系统提出指导和建议。

**B 组——飞机级安全性主管部门**

飞机级安全性主管部门是飞机安全性工作的主要管理和实施部门。飞机安全性主管部门下设装配试验试验安全性工作组、持续安全性监控组,同时业务领导安全性技术研究支持中心。在飞机级,安全性工作机构主要负责:

——筹备和分配各部门的安全性工作;

——各工作组间的协调、信息交流,根据飞机研制项目及后续工作制定安全性计划;

——保证安全政策的贯彻;

——通过评审和确认/验证工作的结果来保证安全政策的使用;

——保证飞机级的安全性目标得以满足;

——飞机安全性最终综合。

飞机级安全性主管部门还负责保证安全性工作所需的所有培训课程都有条件实施,并确保利用这些课程使安全性工程师具有必要的专业知识水平。

**C 组——系统级安全性工作组**

系统级安全性工作组主要由各系统设计人员中的安全性工程师组成,归系统专业室管理,与设计小组密切合作,但与设计人员独立,在安全性业务上受飞机级安全性主管部门指导。如出现矛盾,要直接向安全性副总师以及负责的设计室主任报告。安全性工程师的资质由 A 组,安全性主管部门负责认可。

为了保证安全性人员和系统设计人员之间的合作,在系统级发布的所有安全性技术文件由两方(安全性和设计)共同签发。

对于某些特定的项目,系统级安全性小组不一定会进行安全性评估或者安全性分析,这些评估和分析可以外包。但无论如何,必须由系统级安全性小组负责确认/验证工作和相关的成果交付工作。

**D 组——装配/试验安全性工作组**

装配/试验安全性工作组主要负责在飞机总装、地面试验、飞行试验时、运行任务和支持的安全性工作,D 组主要保证飞机级和系统级安全性工作组提出的安全性需求得以实施和验证,包括:

——通过试验确认安全性分析的假设和结果;

——将与安全性相关的维修任务合并到运行文件和产品支持文件中;

——将安全性分析产生的需求合并到安装和集成工作中;

——将由安全性分析、评估确定的程序和试验合并到操作手册(机组手册)中;

——将安全性建议的结果合并到主最低设备清单中。

**E 组——供应商的安全性工作部门**

系统供应商、子系统供应商或设备供应商的安全性工作的目的是证明满足了系统级工作组提出的、或在采购技术规范(PTS)中确定的安全性需求。供应商层级的安全性工作由系统级安全性工作组负责监督检查。

**F 组——持续安全性监控组**

持续安全性监控组的工作是确保飞机使用中的安全性监控,以更新、修正安全性数据(例如失效率、MTBF、MTBUR、事件概率)并记录使用中发生事件。

**G 组——安全性技术研究与支持中心**

安全性技术研究与支持中心不是常设实体机构,而是针对型号的实际需求,组织国内业界专业力量形成的协议型技术支持机构,主要负责研究型号各个层级安全性设计、分析、评估所需的技术、方法和工具,负责提供安全性工程师必需的课程和培训。G 组在业务上受 A 组安全性评估委员会和 B 组飞机级安全性主管部门的指导。

### 13.2.4 供应商安全性管理与监控

由于民机研制的特殊性,根据安全性目标与安全性工作,须对供应商的安全性工作进行有效地管理与监控,制定供应商安全性管理程序,明晰供应商安全性工作的职责与供应商安全性工作须遵循的原则。建立完善的供应商安全性管理与监控机制,明晰各单位与部门在供应商安全性管理与监控中的职责等,以有效地管理与监控供应商安全性工作与进度,并在合同或其规定文件中明确供应商安全性工作的原则、工作项目等方面的内容。

### 13.2.5 安全性培训

根据安全性管理与控制程序、安全性工作项目与工作计划,制定相应的安全性培训计划,进行安全性设计、分析、评估、验证等方面的培训,以保证安全性工作的顺利推进与完成。通过培训,结合民机适航要求,贯彻安全性设计理念,让安全性工作相关人员对安全性设计与管理工作的内容和目标能有真正地理解。

研制部门安全性培训的对象主要包括安全性人员、设计人员、管理人员、试验人员等。根据培训所承担的任务、技术难度,以及所处水平,按照不同的技术层次和不同的安全性培训对象,制定安全性培训计划,开展安全性培训工作。安全性培训的项目主要包含以下内容,但不限于以下内容:

(1) 安全性规章、标准与规范体系;
(2) 安全性管理体系;
(3) 安全性设计与评估;
(4) 符合性方法的应用;
(5) 供应商安全性管理与监控;
(6) 安全性确认与验证、试验过程;
(7) 安全性指标与分配;
(8) 研制保证等级;
(9) 民用飞机安全性专业基础知识与技能培训等。

### 13.2.6 安全性相关的其他管理工作

#### 13.2.6.1 安全性标准与规范体系的构建与管理

明确安全性活动中所遵循的适航标准和参考的工业标准,建立安全性文件规范体系,明晰各方在安全性标准与规范管理中的职责,管理与监控飞机研制的各方遵循和参考标准的正确性和完整性,以确保安全性工作依据或参考标准的正确性,使安全性文件规范化与标准化,避免由于安全性文件定义的不统一而引起歧义、工作偏差和安全性工作的不协调。构建安全性标准与规范体系和安全性标准与规范体系管理须遵循以下原则:

（1）引用或参考的标准须得到 FAA,EASA,CAAC 等局方认可。

（2）根据依据的规章标准与参考的安全性工业标准,须进一步建立科学且可有效实施的设计、分析、评估和验证等方面的安全性规范。

（3）安全性标准与规范体系须自上而下地构建,对体系的完整性与正确性需得到上一级安全性部门的确认。

（4）安全性标准与规范体系应具有可追溯性与实时性;随着依据的适航规章与参考标准的变更,须根据合格审定的要求及时地做出调整,并促使相关方做出相应的更改,以满足适航的要求。

（5）供应商的安全性标准与规范体系须得到主制造商的认可。

（6）明晰各方在安全性标准与规范管理中的职责。

（7）安全性文件中所使用的安全性术语与缩略语应保持一致性,凡安全性规范文件中未定义的安全性专业术语与缩略语,或由于适用条件的限制而与其使用的术语或缩略语产生矛盾或歧义时,须在相应的文件中进行区分和明确的定义。

（8）安全性文件的编写须遵照相应安全性规范文件的编写要求。

（9）对于供应商等单位所提交的安全性相关的表、数据以及相关的分析、证明文件等,须满足安全性规范文件中的要求。

（10）各安全性中文文件与相应的英文文件须保持一致性与协调性。

（11）安全性文件编号与版次的变更,删除或增加,应及时的通告相关方,以便相关方做出及时的调整和更改。

（12）各安全性文件在时间上须保持协调一致性,并具有可追溯性。

### 13.2.6.2　假设、确认与验证方面的安全性管理

在安全性需求分析、功能定义、故障影响等级定义、安全性评估等过程中使用和产生的假设,须进行有效的管理和控制,并制定假设的确认计划。假设方面的管理与假设的传递过程中须保证假设的完整性、正确性、及时性和可追溯性。

制定安全性方面的确认与验证计划,明确各方在安全性确认与验证工作中的职责,以保证确认与验证工作的完整性与正确性,科学有序地管理确认与验证工作。安全性确认与验证的管理遵循以下原则:

（1）对安全性评估或分析过程中产生的确认,验证项应及时地传递给相关方,建立确认与验证项目清单,并确保确认与验证项目的可追溯性;

（2）对有关确认、验证的分析结果应及时地传递给相关方（如飞行手册、MMEL、CCMR、ZSA 或 CMA 等）;

（3）进行确认与验证工作的定期审查;

（4）当相应的确认与验证工作的结果被送到安全性责任部门和单位时,安全性责任部门和单位要对安全性评估与分析进行相应的更新。

### 13.2.6.3　安全性评审

根据安全性工作计划,进行定期的安全性评审工作,以确保安全性工作按规定的程序和要求顺利地进行,并满足定量的安全性需求和定性的安全性需求,达到预期的安全性水平。安全性评审计划应包括对评审类型、评审节点、评审要求等内容的描述。安全性评审的全部资料应及时归档,以保证安全性审查的可追溯性与相关安全性工作的及时性。

安全性评审的目的是通过对设计依据、设计构思、设计方法和设计结果的分析、审查和评定,评审安全性设计是否符合安全性大纲、适航要求、设计规范及有关规定,及时发现潜在的设计缺陷和设计薄弱环节,确定安全性高风险区域,提出改进意见、采取有效的纠正措施加以解决。

安全性评审可分为初步设计评审、关键设计评审、阶段设计评审和最终设计评审,且可与飞机性能、可靠性、维修性等方面的评审结合进行。

### 13.2.6.4　安全性信息的管理

这里所指的安全性信息主要包括但不限于以下内容:
（1）系统或设备供应商的安全性信息与数据;
（2）市场调研与统计的安全性信息与数据;
（3）设计、制造、总装、试验与运营后的安全性信息和数据;
（4）研制所要求的安全性信息及其更改、增加或删除。

需要建立安全性信息的闭环系统,以保证顺利地进行安全性信息的收集、传递、反馈、分析、处置和管理等工作。对安全性信息进行管理的基本原则是保持安全性评估过程中使用的安全性公共数据与描述飞机特性的数据(如任务/飞行包线、故障率、外部事件发生概率、风险时间或频率、故障影响等级判据等)之间的一致性与可追溯性。

## 13.3　安全性文件体系

在飞机研制过程中会生成多种安全性文件,这样可以保证飞机研制过程中的可追溯性。主要的安全性文件包括顶层文件、技术要求文件和技术文件等。顶层文件包括安全性大纲、安全性计划大纲和安全性设计准则等文件;技术要求文件包括各种安全性评估方法的分析要求文件,如飞机功能危险性评估要求、故障树分析要求、区域安全性分析要求等;技术文件包括各种安全性评估方法的技术文件,根据飞机研制阶段的不同,可具体分为飞机级、系统级技术文件。此外,在进行安全性评估过程中,还会生成阶段性总结文件、评审文件、确认/验证文件,以及与安全性相关的技术文件(如CCMR文件)等。

以上这些文件中的部分将作为局方适航审定的证明文件,支撑飞机的取证工

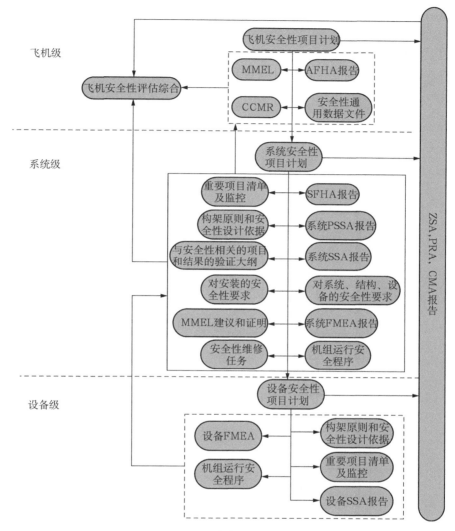

图 13 - 2　安全性文件体系

作。图 13 - 2 描述了主要的安全性文件之间的关系。图中,飞机级主要的安全性文件包括飞机安全性项目计划和 AFHA 报告;系统级主要的安全性文件包括 SFHA 报告、系统 PSSA 报告、系统 SSA 报告和系统 FMEA 报告;而设备级需完成设备 FMEA 报告。同时,三个层级需共同完成共因分析的 ZSA 报告、PRA 报告和 CMA 报告。

## 13. 4　安全性工作与型号研制节点

　　安全性评估过程支持飞机整个研制过程的工作,用于评估飞机功能和执行这些功能系统的设计,确定相关的危险得到合理的解决,是安全性工作的主要内容。规划安全性评估工作是飞机型号研制的重要任务,将安全性评估工作与型号研制节点合理地结合,可保证安全性评估工作正确、有效地实施和贯彻,确保型号研制满足运营人和适航当局所要求的最佳安全性水平。

图 13-3 给出了规划的飞机安全性工作与飞机研制节点关系。图中,结合飞机研制节点,将飞机产品安全性设计与评估工作规划为 15 个阶段,分别用 C1,…,C15 表示。以下将具体介绍每个安全性设计与评估工作阶段的工作内容。

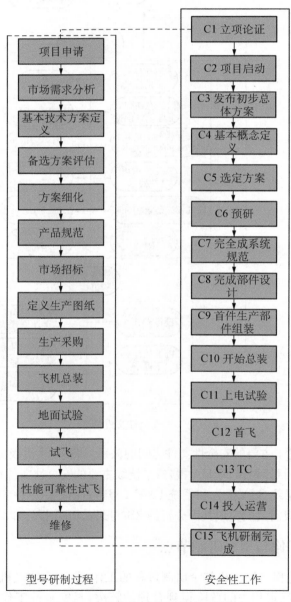

图 13-3　安全性工作与飞机研制节点

### 13.4.1　C1 阶段

阶段节点：飞机概念确定。

C1 阶段主要工作包括以下方面（不限于安全性方面）：

（1）明确项目目标；

（2）研究市场潜力和前景；

（3）确定企业战略；

（4）开始战略性融资；

（5）竞争分析；

（6）产品研制能力分析；

（7）潜在合作对象供应商分析；

（8）确定生产策略；

（9）市场价格评估。

### 13.4.2　C2 阶段

阶段节点：产品立项。

C2 阶段主要工作包括以下方面：

（1）启动安全性评估委员会建设；

（2）构建飞机项目安全性管理组织架构；

（3）启动飞机、系统、供应商、总装、持续适航各层级安全性工作组的工作规划；

（4）准备安全性项目计划；

（5）编写安全性设计手册或方法文件；

（6）准备安全性通用数据文件；

（7）研究评估市场、营运人和适航当局的安全性需求。

本阶段是项目安全性工作的开始。

### 13.4.3　C3 阶段

阶段节点：初步总体方案发布。

C3 阶段主要工作包括以下方面：

（1）开始飞机级的功能危险性评估（FHA），明确：

① 飞机主要功能和飞行阶段；

② 应急与环境构型；

③ 失效状态、影响、检测、机组行动措施；

④ 分类、要求/目标、证明材料。

（2）开始飞机级的故障树分析（FTA）：

① 飞机架构（故障容错，共因故障）；

② 系统预算；

③ 系统内关系。

（3）定义飞机级安全性需求或基本安全性目标。

（4）开始转子爆破分析（PRA）。

（5）完成组建安全性评估委员会。

### 13.4.4　C4 阶段

阶段节点：完成基本概念定义。

C4 阶段主要工作包括以下方面：

（1）进行安全性的可行性研究。

（2）开始系统级功能危险性评估（FHA）：

① 系统功能和飞行阶段；

② 应急状态与环境构型；

③ 失效状态、影响、检测、机组行动；

④ 分类、要求/目标、证明材料。

（3）开始系统级的故障树分析（FTA）：

① 系统架构（故障容错，共因故障）；

② 子系统预算；

③ 系统内关系。

（4）调整基本安全性目标，使之与基本概念相适合。

### 13.4.5　C5 阶段

阶段节点：选定方案。

C5 阶段主要工作包括以下方面：

（1）根据安全性的论证可选方案：

① 分割，自检，非相似性，监控；

② 系统架构分析（故障容错及检测）；

③ 失效率分析、失效容限分析；

④ 使用经验评估；

⑤ 安装（隔离，分离），失效独立性；

⑥ 研制保证等级（硬件和软件）；

⑦ 维修程序和间隔；

⑧ 失效检查，故障隔离。

（2）参与主要供应商的选择。

（3）开始派遣可靠性初步分析。

### 13.4.6　C6 阶段

阶段节点：研制准备。

C6 阶段主要工作包括以下方面：

（1）确保完整的系统级功能危险性评估已得到适航当局（CAAC）评审和同意。

（2）开始初步系统安全性评估（PSSA），评估 FHA 中确定的关键的失效状态，评估系统架构，分配给系统或子系统/部件的安全性需求，以表明顶层需求是如何被满足的：

① 采用故障树/相关性流图/马尔可夫分析（FTA/DD/MA）；

② 对下一级系统进行概率估计；

③ 对定性和定量需求的符合性方法；

④ 证明材料（如：试验，分析，CCA 需求）；

⑤ 系统和软/硬件研制保证等级（SW/HW）；

⑥ 系统/部件/HW/SW 需求；

⑦ 维修任务。

（3）开始初步共因分析（CCA）：

① 特定风险分析（如：火，鸟击，轮胎爆破）；

② 区域安全性分析（检查飞机所有区域的安装）；

③ 共模分析（如：设计错误，安装错误）；

④ 人为危害性分析（如：机组错误）。

### 13.4.7　C7 阶段

阶段节点：完成系统规范，授权采购。

C7 阶段主要工作包括以下方面：

（1）参与供应商的选择。

（2）确认安全性需求和假设：

① 完整性检查；

② 正确性检查。

（3）定义安全性相关的鉴定试验。

（4）定义的系统/设备的安全性需求：

① 定性和定量的安全性需求（如：安全性设计目标）；

② 研制保证等级（HW，SW）；

③ 要求的安全性分析（如：FMEA/FMES，FTA）；

④ 安全性验证和支撑文件要求。

（5）开始初步固有风险分析。

### 13.4.8　C8 阶段

阶段节点：完成部件层级设计。

C8 阶段主要工作包括以下方面：

（1）参与设计评审。

（2）协助、支持工程部门在安全性方面的工作。

（3）定义特定安全性数据。

（4）定义安全性通用数据库。

（5）根据安全性分析相关的失效安全、失效容限和监控方案。

（6）开始失效分析以及模拟仿真。

（7）开始失效概率/失效率分配的确定：

① 电子/电气部件；

② 机械/结构件等。

（8）开始制定安全性关键项目清单及其监控措施。

（9）开始制定系统安全性进展报告。

### 13.4.9　C9 阶段

阶段节点：首件生产，部件组装。

C9 阶段主要工作包括以下方面：

（1）开始 FMEA 和 FMES：

① 部件，功能；

② 失效原因，失效模式，失效率；

③ 在不同层级（设备、系统、飞机）的失效影响；

④ 检测方法、机组操作措施、失效补偿措施。

（2）检查供应商安全性分析（FMEA，FMES，FTA 等）必要时，定义 FMEA 的试验。

（3）参与对已确认和实施的安全性需求的验证：

① 检查与评审；

② 分析；

③ 试验；

④ 相似性/使用经验。

### 13.4.10　C10 阶段

阶段节点：总装。

C10 阶段主要工作包括以下方面：

开始共因分析（CCA），确定无效冗余/独立性或使冗余/独立性失效的方法，该方法也确保独立性或者确保由于非独立性而产生的风险处在可以接受的水平内。

（1）区域安全性分析（ZSA）：

① 在飞机的每个区域都要实施；

② 根据设计及安装需求进行安装检查；

③ 考虑系统之间的干扰；

④ 考虑安装维修错误及其影响。

（2）特定风险分析（PRA）：

① 确定风险（如：火，鸟击，轮胎爆破，连枷轴）；

② 检查每项风险的并发影响或级联影响。

（3）共模分析（CMA）：

① 确定共模故障（如：设计错误，安装错误，制造错误）；

② 验证功能/系统/项目之间的独立性。

（4）协助进行人为差错分析。

### 13.4.11　C11 阶段

阶段节点：上电。

C11 阶段主要工作包括以下方面，用来验证设计的实现能满足在 FHA 和 PSSA 中定义的定性、定量安全性需求：

（1）开始系统安全性评估（SSA）：

① 确定的外部事件概率清单；

② 系统描述；

③ 失效状态清单（对应 FHA，PSSA）；

④ 失效状态类别（对应 FHA，PSSA）；

⑤ 对失效状态的定性分析（FTA/DD/MA，FMES）；

⑥ 对失效状态的定量分析（FTA/DD/MA，FMES 等）；

⑦ 共因分析；

⑧ 维修任务及间隔；

⑨ HW 和 SW 的研制保证等级（对应 PSSA）；

⑩ 验证 PSSA 中的安全性需求已经落实到设计和/或试验过程；

⑪ 准备验证过程的结果，即：试验、证明和检查工作（只要适用）。

（2）开始固有危害性评估。

### 13.4.12　C12 阶段

阶段节点：首飞。

C12 阶段主要工作包括以下方面：

（1）确保与安全性相关的初始维修程序及时间间隔已交付维修人员（MSG 过程）；

（2）确保安全性相关需求，尤其是对于试验大纲的需求，已交付试验人员；

（3）确保 CAAC 评审并同意了完整的 PSSA。

### 13.4.13　C13 阶段

阶段节点：TC。

C13 阶段主要工作包括以下方面：

（1）向适航当局（CAAC）交付最终的 SSA 和必需的 CCA，FHA 和 FMES；

（2）确定主最低设备清单和飞行机组操作手册的专用条件（基于安全性分析评估、结论）；

（3）递交飞机级安全性综合报告。

### 13.4.14　C14 阶段

阶段节点：投入运营。

C14 阶段主要工作是支持工作，确定最终的可靠性数据，为确定可用备件的数量（初始值）提供 MTBUR（平均非计划拆卸时间）。

### 13.4.15　C15 阶段

阶段节点：完成研制。

C15 阶段主要工作为产品改进。

### 13.4.16　研制阶段后的工作

研制阶段后的工作：

（1）根据使用中的问题进行安全性分析。

（2）更新合格审定文件（如：SSA，CCA）：

① 与安全性相关的设计更改；

② 环境和/或运营条件的更改；

③ 定性和/或定量假设的更改。

（3）准备系统安全性评审回顾。

（4）参与可靠性改进计划。

（5）参与有关安全性服务通告等。

（6）监控供应商并验证其提供并予以保证的数据（如：MTBF，MTBUR）。

（7）评估使用中安全性数据：

① 确定安全性图表；

② 确定缺陷/问题；

③ 进行产品改进。

## 练习题

1. 安全性工作计划应大致包含哪些内容？
2. 主制造商应如何建立安全性组织架构？
3. 简要阐述安全性工作管理与安全性评估过程之间的联系。

# 附录　术　　语

**安全性**

风险可接受的状态。（ARP4754A）

产品所具有的不导致人员伤亡、系统毁坏、重大财产损失或不危及人员健康和环境的能力。（GJB451A－2005）

**暴露时间**

已知产品上次正常工作和再次正常工作之间的时间间隔。（ARP4761）

**不利影响**

导致飞机系统或子系统出现不期望运行状态的系统响应。（AC23.1309－1D）

**部件**

完成系统运行所必需的各种不同功能的任何自含零件、零件组合、子装配件或装置。（ARP4754A，ARP4761）

**保证**

为了提供产品或过程满足给定要求的充分置信度而进行的有计划的和系统性的必要行动。（ARP4754A，ARP4761）

**初步系统安全性评估**

初步系统安全性评估是在功能危险性评估和失效影响等级的基础上，对所提出的系统架构及其实施进行系统地评定，以确定系统架构内所有项目的安全需求。（ARP4754A，ARP4761）

**常规的**

如果产品的功能、实现功能的技术手段及其预定的用途，与先前被认可的常用系统是相同的或相似的，则此系统或产品是常规的。（AC25.1309－1B，AMC25.1309，AC23.1309－1D）

**错误**

ⓐ机组人员、维修人员的疏忽、不正确行为或决策；ⓑ在需求、设计或实施中产生的错误。（ARP4754A，ARP4761，AC25.1309-1B，AMC25.1309）

**多重故障**

指同时发生的两个或两个以上的独立故障。若故障检测期间发现两个或两个以上的零件故障但不能证实这些故障之间互相关联时，姑且视其为多重故障。（MIL-HDBK-781A）

由两个或两个以上的独立故障所组成的故障组合，它可能造成其中任一故障不能单独引起的后果。（GJB451A-2005）

**独立性**

（1）ⓐ使飞机/系统功能之间或设备之间的发生共模错误及级联失效的可能性最小化的设计概念；ⓑ为保证实现客观评价的职责分离，例如验证类活动不能由系统或设备需求的制定者单方执行。（ARP4754A）

（2）ⓐ确保一个产品的故障不会引起另一个产品故障的设计概念；ⓑ确保实现客观评价的职责分离。（ARP4761）

**等效安全**

等效安全是指虽不能表明符合条款的字面要求，但存在补偿措施并可达到相同的安全水平。（AP-21-AA-2011-03-R4）

**符合性**

成功地完成所有强制性的工作，其期望的或规定的结果与实际结果之间具有一致性。（ARP4754A，ARP4761）

**分离**

在两个硬部件之间采用物理距离方式来保持其独立性。（ARP4761）

**分析**

基于分解为简单要素的评价。（ARP4754A，ARP4761，ARP5150）

"分析"和"评估"被广泛地使用，在某种程度上可以互换，但"分析"通常表示更专业、更细致的评价，而"评估"表示可能包括多种分析在内的更综合、更广泛的评价，如故障树分析、系统安全性评估等。（AC25.1309-1B，AMC25.1309，AC23.1309-1D）

#### 分系统

在系统内为执行某一使用功能的一组部件、组件或设备的组合。（GJB451A - 2005）

#### 风险

事件出现的频度（概率）以及相关的危险等级。（ARP4754A，ARP4761）

用危险可能性和危险严重性表示的事故发生的可能性和影响。（GJB/99 - 1997）

#### 风险评估

对风险及其有关影响的综合评定。（GJB/99 - 1997）

#### 风险时间

产品必定发生特定故障的时间段，因此引起所讨论的某种失效后果。通常与导致某种特定失效状态的故障链中的最后一个故障相关。（ARP4761）

#### 复杂的

在不借助分析方法的情况下，很难理解系统的运行、故障模式或故障影响时，则此系统是复杂的。（AC25.1309 - 1B，AMC25.1309，AC23.1309 - 1D）

#### 复杂性

复杂性是指系统或组件的一种功能属性，复杂性会使得不借助于分析方法而对系统或组件的运行失效模式或失效影响难以综合理解。（ARP4754A）

系统或组件的一种属性，由于这种属性使它们的工作难于被理解。系统复杂性的增加常常由于诸如牵涉多方面的部件和多重相互关系的组件所导致。（ARP4761，ARP5150）

#### 隔离

在两个硬部件之间采用物理隔离方式来保持其独立性。（ARP4761）

#### 共模分析

验证"在 ASA（飞机安全性评估）/SSA（系统安全性评估）中所列举的失效事件在实际的实施中是独立的"这一结论所执行的分析。（ARP4754A）

#### 共模故障

同时影响若干单元的事件，否则视为相互独立的事件。（ARP4761）

**功能失效集**

指会导致顶层失效状态的单个成员或被认为相互之间独立的某一组成员(不必限于单个系统)。(ARP4754A)

**功能危险性评估**

对功能进行系统综合的分析,以确定这些功能的失效状态并按其影响等级分类。(ARP4754A,ARP4761)

**共因**

超越冗余度或独立性或者使冗余度或独立性无效的事件或故障。(ARP4761)

**共因分析**

区域安全性分析、特定风险分析和共模分析的统称。(ARP4754A,ARP4761)

**共因故障**

不同产品由共同的原因引起的故障。(GJB451A - 2005)

**故障**

组件或系统中可能导致失效(Failure)的错误其表现形式。(ARP4754A)

组件或系统内不希望的异常情况。(ARP4761)

产品或产品的一部分不能执行其预定功能的事件或状态,通常指功能故障,因预防性维修或其他计划性活动或缺乏外部资源造成不能执行规定功能的情况除外。(GJB451A - 2005)

**故障/失效—安全**

产品在出现故障时能保持安全或恢复到不会发生事故的状态的一种设计特性。(GJB451A - 2005,GJB/Z99 - 1997)

**故障隔离**

把故障确定到实施修理所要求的产品层次的过程。(GJB3385 - 1998)

把故障部位确定到必须进行修理范围的过程。(MIL - STD - 1309D)

**故障检测**

发现故障存在的过程。(GJB3385 - 1998,MIL - STD - 1309D)

## 故障率/失效率

关于时间 $t$ 的失效分布函数的斜率除以可靠度分布函数。如果失效分布函数是指数函数,那么失效率是常数,并且失效率能用硬件产品总体范围内的失效次数除以装置总的使用小时数,可近似地计算得到。注:失效率也可用每飞行小时的失效次数或每一循环的失效次数来表达。(ARP4754A,ARP4761,ARP5150)

产品可靠性的一种基本参数。其度量方法为:在规定的条件下和规定的期间内,产品的故障总数与寿命单位总数之比。(GJB451A - 2005)

## 故障模式

产品发生失效的方式。(ARP4761,ARP5150)

系统或产品发生失效的方式。(ARP4754A)

故障的表现形式,如短路、开路、断裂、过度耗损等。(GJB451A - 2005)

## 故障/失效影响

对系统或组件在失效状态下运行情况的描述:即失效模式具有对系统或组件运行、功能或状态的影响。(ARP4754A,ARP4761,ARP5150)

故障模式对产品的使用、功能或状态所导致的结果。(GJB451A - 2005)

## 故障原因

引起故障的有关因素,如设计、制造、使用和维修等因素。(GJB451A - 2005)

## 失效状态

在考虑飞行阶段、相关的不利运行或环境条件或外部事件情况下,由一个或者多个,包括直接的和相继发生的失效或差错引起或造成对飞机或乘员的影响的状态。(ARP4754A,ARP4761,ARP5150,AC25. 1309 - 1B,AMC25. 1309,AC 23. 1309 - 1D)

## 合格审定

合格审定是合法地鉴定产品、服务、机构或人员对适用要求的符合性。其中包含技术性地检查产品、服务、机构或人员的工作,以及采用颁发合格证书、许可证、批准或其他被国家法律和程序所要求的文件证明的形式,正式认可对适用要求的符合性。(ARP4754A,ARP4761)

## 候选审定维修要求

一种可能用于安全性分析中以帮助表明对适航规章 25. 1309(b)中灾难性或危险性失效状态符合性的、定期的、维修或飞行机组的检查。当这种检查不能被视作基本维护和飞行操作时,它们就成为了候选审定维修要求,AC/AMC 25.19定义了从候选审定维修要求中确定审定维修要求(CMRs)的方法。(AC25.1309-1B,AMC25.1309)

## 集成

使产品的各个部分能够协同运作的行为;将若干分离的功能集中到单个实现过程之中的行为。(ARP4754A,ARP4761)

## 警告

一种对飞行机组或飞行员的、并要求立即采取纠正措施的、清晰而明确的故障指示。它是飞机或设备在存在故障或误导性信息时发出清晰而明确指示的一种属性。(AC23.1309-1D)

## 交互功能

功能之间的相关性。(ARP4761)

## 戒备

一种对飞行机组或飞行员的、并要求其随后采取机组人员行动的、清晰而明确的故障指示。它是飞机或设备在存在故障或误导性信息时发出清晰而明确指示的一种属性。(AC23.1309-1D)

## 兼容

处在或工作在同一系统或环境中的两个或两个以上产品、材料相容或不相互干扰的能力。(GJB451A-2005)

## 假设

所提出的未经证明的命题,原则、假定或前提。(ARP4754A,ARP4761)

## 可靠度

系统或产品在规定条件下和规定的时间内,执行所要求功能而不发生失效的概率。(ARP4754A,ARP4761,ARP5150)

可靠度是可靠性的概率度量。(GJB451A-2005)

## 可靠性

在规定的时间和规定的条件下,产品完成规定功能的能力。(GJB451A-2005)

## 可用性

产品在给定的时间点处于有效工作状态的概率。（ARP4754A，ARP4761）

## 可追溯性

研制过程中两个或多个元素间所建立的记录关系。例如，在某项需求及其来源之间，或验证方法及其需求之间。（ARP4754A）

## 平均每飞行小时失效概率

代表了某条失效状态在同种类型的所有飞机的整个运行寿命内预计发生的次数除以该类型所有飞机预期的总运行小时。（注：某条失效状态的平均每飞行小时概率通常通过用该失效状态在典型的平均飞行时间内发生的概率除以平均飞行时间的方法来计算）（AC25.1309－1B，AMC25.1309，AC23.1309－1D）

## 评估

基于工程判断的评价。（ARP4754A，ARP4761）

基于工程判断和/或分析的评价。（ARP5150）

参见"分析"的定义。（AC25.1309－1B，AMC25.1309）

## 批准

合格审定当局执行的正式核准行为。（ARP4754A，ARP4761）

## 批准的

满足特定用途，并被合格审定当局所接受的状态。（ARP4754A，ARP4761）

## 平均故障间隔时间

硬件产品两次连续故障的时间间隔的数学期望值。（注：该统计学定义仅对可修复产品有意义。对于不可修复产品，则使用术语"平均故障前时间（MTTF）"。）（ARP4754A）

通过用一段时间内累计的飞行小时数（机载）除以相同时间内发生的故障数计算得到的性能参数。（ARP5150）

可修复产品的一种基本可靠性参数。其度量方法为：在规定的条件下和规定的时间内，产品寿命单位总数与故障总次数之比。（GJB451A－2005）

## 平均故障前时间

不修复产品可靠性的一种基本参数。其度量方法为：在规定的条件下和规定的期间内，产品寿命单位总数与故障产品总数之比。（GJB451A－2005）

**确认**

确定对产品的需求是充分正确和完整的。（ARP4761）

确定对产品的需求是正确和完整的。（ARP4754A）

**缺陷**

包含与产品特性的规定要求不一致的产品状态。缺陷有可能,但不一定非导致失效不可。（ARP4761,ARP5150）

**潜在故障/失效**

未被探测出、检查出和/或未被通报的故障。（ARP4761）

指那些潜在的未被机组或维修人员察觉的故障。严重的潜在故障指那些与其他一个或多个特定的故障组合在一起会导致灾难的或危险的失效状态的故障。（AC25.1309-1B,AMC25.1309,AC23.1309-1D）

**容错**

系统在其组成部分出现特定故障或差错的情况下仍能执行规定功能的一种设计特性。（GJB451A-2005）

**软件**

计算机程序、过程、规则以及与计算机系统运行相一致的任何相关文件。（ARP4754A,ARP4761,ARP5150）

**认可**

所提交的材料、论证或等效申请满足适用的要求而被适航审定当局所接受。（ARP4754A）

**人为因素**

与复杂系统有关的人体诸因素,由此确定和应用有关的原理和程序以便实现最佳的人机结合和利用。此术语可用在与系统中的人员有关的包括所有生物医学和社会心理学方面考虑在内的更大范围。（GJB/Z91-1997）

**冗余**

产品通过采用一种以上的手段保证在发生故障时仍能完成同一种规定功能的一种设计特性。完成该功能的每一种手段未必相同。（GJB451A-2005）

组合起来完成预定功能的多条独立途径。（ARP4754A,ARP4761）

## 事故

与飞机使用有关的一种意外事件。它发生于从任何乘客或飞行机组人员登上飞机之时起,到机上所有人都已经下完飞机之时为止的这段时间,而在此期间,事件造成的影响至少包含以下情况之一者,就被称为事故:ⓐ任何人,由于在飞机内、或在飞机上、或与飞机直接接触、或通过某种物体与飞机连在一起,而遭受死亡或重伤;ⓑ飞机受到严重损坏;ⓒ造成第三者财产的任何损失。(ARP5150)

## 适航

产品(飞机、飞机系统或零部件)以安全的方式工作并完成其预定功能的状态。(ARP4754A,ARP4761)

## 耗损故障

因疲劳、磨损、老化等原因引起的故障,其故障率随着寿命单位数的增加而增加。(GJB451A - 2005)

## 事件

由飞机以外的因素引起的事件,如大气状况(如突风、温度变化、结冰和雷击)、跑道状况、通讯导航状况、空中交通管制、维修、鸟撞、客舱和行李着火,但并不包含蓄意的破坏。"事件"在其他方面的用途,如 FTA 中的"事件"。(ARP4761,AC25.1309 - 1B,AMC25.1309,AC23.1309 - 1D)

## 设计过程

根据一系列需求来构建系统或产品的过程。(ARP4761)

## 失效

影响部件、零件或元件的工作以致使其不再能执行预期功能的事件,(其中包括丧失功能和失常这两种情况)。(注:错误会引起失效,但不认为是失效。)(ARP4754A,AC25.1309 - 1B,AMC25.1309,AC23.1309 - 1D)

系统或零部件的功能丧失或失常。(ARP4761)

产品丧失完成规定功能的能力的事件。(注:实际应用中,特别是对硬件产品而言,故障与失效很难区分,故一般统称故障。)(GJB451A - 2005)

## 试验

使用规定的客观准则,并以合格或不合格的结果来验证和证明性能的一种定量程序。(ARP4754A)

**特定风险**

　　飞机外部或者飞机内的系统或组件外部的那些事件或影响,特定风险可能破坏失效独立性声明。(ARP4754A)

**维修差错**

　　维修人员在进行产品维修时发生的由于维修人员或者由于颁布的维修规程中的错误导致故障或功能异常的事件(注:由于维修差错引起的产品拆卸属非计划拆卸)。(GJB/Z 91 - 1997)

**危险/危险性**

　　源自失效、外部事件、错误或其组合而影响安全性的一种状态。(ARP4754A)

　　由于失效、失常、外部事件、差错或它们的某种组合而产生的可能不安全的状态。(ARP4761,ARP5150,AC23.1309 - 1D)

**相似性**

　　适用于在特性和用途上与以前取证飞机所用的系统相似的系统,原则上所研究系统的各部分没有更大的风险(由于环境或安装),以及运行的受力状态不比以前取证飞机的系统更严重。(ARP4754A,ARP4761)

**系统**

　　为执行特定功能而安排在一起,相互关联的产品组合。(ARP4754A,ARP4761)

　　为完成特定的一个或多个功能而有机结合在一起的相互关联的部件、零件和元件等产品的组合(AC25.1309 - 1B,AMC25.1309,AC23.1309 - 1D)。

　　ⓐ为执行一项规定功能所需的硬件、软件、器材、设施、人员、资料和服务的有机组合;ⓑ为执行一项实用功能或为满足某一需求,按功能配置的两个或两个以上相互关联单元的组合。(GJB451A - 2005)

**系统安全性评估**

　　一种为表明系统是否满足相关的安全性需求而对所实现的系统进行系统而综合的评定。(ARP4754A,ARP4761)

**新颖性**

　　相对于研究的特定功能,对适用系统使用新工艺或以前没有被使用的传统工艺。(ARP4761)

**硬件**

具有物理实体的单元。（ARP4754A）

具有物理实体的单元。通常指 LRU、电路板、电源等。（ARP4761）

**演示**

通过观察的方式来验证性能的一种方法。（ARP4754A，ARP4761）

**需求**

技术规范中可识别的元素，该元素能够被确认，且可以相对该元素的实施而进行验证。（ARP4754A，ARP4761）

**验证**

对需求的实施过程进行评估，以确定是否已满足这些需求。（ARP4754A）

对实施结果进行评价，以确定适用的需求已被满足。（ARP4761）

**研制保证**

在足够的置信度水平下，所有用于证明需求、设计和实施中的错误已经被识别和纠正，从而系统能够满足可适用的认证基准而采取的有计划的系统措施。（ARP4754A，ARP4761，AC25.1309 - 1B，AMC25.1309）

**研制错误**

在确定需求时或设计中产生的错误。（ARP4761）

在需求确定、设计或实施过程中产生的错误。（ARP4754A）

**最低设备清单**

一种经批准的产品清单，单内所列的产品在规定的条件下飞行可以不工作，该清单由运营商与适航当局制订。（ARP5150）

**主最低设备清单**

一种设备和功能清单，只要保证在机型适航审定时所规定补偿保护措施的基础上，这些设备或功能的不工作不会对飞机的持续安全飞行与着陆产生影响。（ARP5150）

# 参 考 文 献

［1］SAE ARP4754，REV. A (R) Guidelines for Development of Civil Aircraft and Systems，US，2010.

［2］FAA‐AC 25.1309‐1B［DRAFT］. System Design and Analysis［S］. US，FAA. 2002.

［3］世界民航安全分析报告［R］. 中国民航大学民航安全科学研究所，2011.

［4］SAE ARP 4761，Guidelines and Methods For Conducting The Safety Assessment Process On Civil Airborne Systems And Equipment ［S］.

［5］JAA，Temporary Guidance Material：TGM/25/8 (issue 2) Wheel And Tire Failure Model ［S］. 2002‐01‐06.

［6］SAE AIR5699. A Guide for the Damaging Effects of Tire and Wheel Failures ［S］. Issued，2007‐11.

［7］《飞机设计手册》总编委会. 可靠性、维修性设计（飞机设计手册第 20 分册）［M］. 第 1 版. 北京：航空工业出版社，1999.

［8］AMC 25.1309，System Design and Analysis，2011，European Aviation Safety Agency (EASA)［S］.

［9］龚庆祥等，飞机设计手册第 20 册（可靠性、维修性设计）［M］. 北京：航空工业出版社，1999.

# 缩　略　语

## A

| | | |
|---|---|---|
| AC | Advisory Circular | 咨询通告 |
| AC | Airworthiness Certificate | 适航证 |
| A/C | Aircraft | 飞机 |
| AEG | Aircraft Evaluation Group | 航空器评审组 |
| AFHA | Aircraft Functional Hazard Assessment | 飞机级功能危险性评估 |
| AFM | Aircraft Flight Manual | 飞机飞行手册 |
| APU | Auxiliary Power Unit | 辅助动力装置 |
| ARAC | Aviation Rulemaking Advisory Committee | 航空规章制订咨询委员会 |
| ARP | Aerospace Recommended Practice | 宇航推荐 |
| ATA | Air Transport Association | 航空运输协会(美国) |
| ATSRAC | Aging Transport Systems Rulemaking Advisory Committee | 老龄飞机系统规章制定咨询委员会 |

## B

| | | |
|---|---|---|
| BSCU | Brake System Control Unit | 刹车系统控制组件 |

## C

| | | |
|---|---|---|
| CAAC | Civil Aviation Administration of China | 中国民用航空局 |
| CAR | Civil Aviation Regulation | 民用航空条例(美国) |
| CCA | Common Cause Analysis | 共因分析 |
| CCAR | China Civil Aviation Regulation | 中国民用航空规章 |
| CCMR | Candidate Certification Maintenance Requirement | 候选审定维修要求 |
| CFR | Code of Federal Regulations | 联邦规章法典 |
| CMA | Common Mode Analysis | 共模分析 |
| CMR | Certification Maintenance Requirements | 审定维修要求 |
| COTS | Commercial Off-The-Shelf | 商用货架产品 |
| CPU | Central Processing Unit | 中央处理器 |
| CS | Certification Specifications | 合格审定规范(欧洲) |

## D

| | | |
|---|---|---|
| DAH | Design Approval Holders | 设计批准书持有人 |

| DAL | Development Assurance Level | 研制保证等级 |
| DD | Dependence Diagram | 关联图 |

## E

| EASA | European Aviation Safety Agency | 欧洲航空安全局 |
| E-E | Electrical-Electronic | 电气-电子 |
| EPRD | Electronic Parts Reliability Data | 电子元件可靠性数据 |
| ETOPS | Extended Operations | 延程运行 |
| EWIS | Electrical Wiring Interconnection Systems | 电气线路互联系统 |

## F

| FAA | Federal Aviation Administration | 联邦航空管理局(美国) |
| FAR | Federal Aviation Regulation | 联邦航空规章(美国) |
| FAR | Fatal Accident Rate | 致命事故率 |
| FC | Failure Condition | 失效状态 |
| FDAL | Function Development Assurance Level | 功能研制保证等级 |
| FFS | Functional Failure Set | 功能失效集 |
| FHA | Functional Hazard Assessment | 功能危险性评估 |
| FMD | Failure Mode/Mechanism Distributions | 失效模式/机制分布 |
| FMEA | Failure Mode and Effect Analysis | 故障模式及影响分析 |
| FMES | Failure Modes and Effects Summary | 故障模式及影响摘要 |
| FOEB | Flight Operation Evaluation Board | 飞行运行评审委员会 |
| FR | Failure Rate | 失效率 |
| FSB | Flight Standards Board | 飞行标准化委员会 |
| FTA | Fault Tree Analysis | 故障树分析 |

## G

| GIDEP | Government-Industry Data Exchange Program | 政府工业数据交换计划 |

## H

| HIRF | High Intensity Radiated Fields | 高强度辐射场 |
| HPC | High Pressure Compressor | 高压压气机 |
| HPT | High Pressure Turbine | 高压涡轮 |
| HW | Hardware | 硬件 |

## I

| ICA | Instructions for Continued Airworthiness | 持续适航文件 |
| ICAO | International Civil Aviation Organization | 国际民用航空组织 |
| IDAL | Item Development Assurance Level | 设备研制保证等级 |
| I/O | Input/Output | 输入/输出 |
| IFE | In-Flight Entertainment | 空中娱乐系统 |

## J

| JAR | Joint Aviation Requirements | 联合航空要求（欧洲） |

## L

| LPC | Low Pressure Compressor | 低压压气机 |
| LPT | Low Pressure Turbine | 低压涡轮 |
| LRU | Line Replaceable Unit | 航线可更换件 |

## M

| MA | Markov Analysis | 马尔可夫分析 |
| MEL | Minimum Equipment List | 最低设备清单 |
| MMEL | Master Minimum Equipment List | 主最低设备清单 |
| MOD | Modification | 改型 |
| MRB | Maintenance Review Board | 维修审查委员会 |
| MSG | Maintenance Steering Group | 维修指导小组 |
| MTBF | Mean Time Between Failures | 平均无故障时间 |
| MTBUR | Mean Time Between Unscheduled Removals | 平均非计划拆卸间隔时间 |
| MTTF | Mean Time To Failure | 平均故障时间 |
| MTTR | Mean Time To Repair | 平均修复时间 |

## N

| NPRD | Non-Electronic Parts Reliability Data | 非电子元件可靠性数据 |
| NPRM | Notice of Proposed Rule Making | 规章制订建议通知 |
| NTSB | National Transportation Safety Board | 国家运输安全委员会（美国） |

## P

| PASA | Preliminary Aircraft Safety Assessment | 初步飞机安全性评估 |
| PC | Production Certificate | 生产许可证 |
| PFHA | Preliminary Functional Hazard Assessment | 初步功能危险性评估 |
| PMMEL | Preliminary Master Minimum Equipment List | 初始主最低设备清单 |
| PRA | Particular Risk Analysis | 特定风险分析 |
| PSSA | Preliminary System Safety Assessment | 初步系统安全性评估 |
| PTU | Power Transfer Unit | 动力转换组件（液压） |

## R

| RIAC | Reliability Information Analysis Center | 可靠性信息分析中心（美国） |
| RTO | Rejected Takeoff | 中断起飞 |

## S

| SAE | Society of Automotive Engineers | 汽车工程师协会（美国） |
| SB | Service Bulletin | 服务通告 |

| SFHA | System Function Hazard Assessment | 系统功能危险性评估 |
| SSA | System Safety Assessment | 系统安全性评估 |
| STC | Supplementary Type Certificate | 补充型号合格证 |
| SW | Software | 软件 |
| SWPM | Standard Wiring Practices Manual | 标准线路施工手册 |

**T**

| TBD | To Be Determined | 待确定,待定 |
| TC | Type Certificate | 型号合格证 |
| TCB | Type Certification Board | 型号审定委员会 |
| TSO | Technical Standard Order | 技术标准规定 |

**W**

| WBS | Wheel Brake System | 机轮刹车系统 |

**Z**

| ZSA | Zonal Safety Analysis | 区域安全性分析 |

# 索　引

# 大飞机出版工程
## 书　　目

**一期书目（已出版）**

《超声速飞机空气动力学和飞行力学》（译著）

《大型客机计算流体力学应用与发展》

《民用飞机总体设计》

《飞机飞行手册》（译著）

《运输类飞机的空气动力设计》（译著）

《雅克-42M和雅克-242飞机草图设计》（译著）

《飞机气动弹性力学和载荷导论》（译著）

《飞机推进》（译著）

《飞机燃油系统》（译著）

《全球航空业》（译著）

《航空发展的历程与真相》（译著）

**二期书目（已出版）**

《大型客机设计制造与使用经济性研究》

《飞机电气和电子系统——原理、维护和使用》（译著）

《民用飞机航空电子系统》

《非线性有限元及其在飞机结构设计中的应用》

《民用飞机复合材料结构设计与验证》

《飞机复合材料结构设计与分析》（译著）

《飞机复合材料结构强度分析》

《复合材料飞机结构强度设计与验证概论》

《复合材料连接》

《飞机结构设计与强度计算》

**三期书目（已出版）**

《适航理念与原则》

《适航性：航空器合格审定导论》（译著）

《民用飞机系统安全性设计与评估技术概论》（第 2 版）

《民用航空器噪声合格审定概论》

《机载软件研制流程最佳实践》

《民用飞机金属结构耐久性与损伤容限设计》

《机载软件适航标准 DO－178B/C 研究》

《运输类飞机合格审定飞行试验指南》（编译）

《民用飞机复合材料结构适航验证概论》

《民用运输类飞机驾驶舱人为因素设计原则》

## 四期书目（已出版）

《航空燃气涡轮发动机工作原理及性能》

《航空发动机结构强度设计问题》

《航空燃气轮机涡轮气体动力学：流动机理及气动设计》

《先进燃气轮机燃烧室设计研发》

《航空燃气涡轮发动机控制》

《航空涡轮风扇发动机试验技术与方法》

《航空压气机气动热力学理论与应用》

《燃气涡轮发动机性能》（译著）

《航空发动机进排气系统气动热力学》

《燃气涡轮推进系统》（译著）

《燃气涡轮发动机的传热和空气系统》

## 五期书目（已出版）

《民机飞行控制系统设计的理论与方法》

《民机导航系统》

《民机液压系统》（英文版）

《民机供电系统》

《民机传感器系统》

《飞行仿真技术》

《民机飞控系统适航性设计与验证》

《大型运输机飞行控制系统试验技术》

《飞行控制系统设计和实现中的问题》（译著）

《现代飞机飞行控制系统工程》

**六期书目(已出版)**

《民用飞机构件先进成形技术》

《民用飞机热表特种工艺技术》

《航空发动机高温合金大型铸件精密成型技术》

《飞机材料与结构检测技术》

《民用飞机构件数控加工技术》

《民用飞机复合材料结构制造技术》

《民用飞机自动化装配系统与装备》

《复合材料连接技术》

《先进复合材料的制造工艺》(译著)

**七期书目(已出版)**

《支线飞机设计流程与关键技术管理》

《支线飞机验证试飞技术》

《支线飞机电传飞行控制系统研发及验证》

《支线飞机适航符合性设计与验证》

《支线飞机市场研究技术与方法》

《支线飞机设计技术实践与创新》

《支线飞机项目管理》

《支线飞机自动飞行与飞行管理设计与验证》

《支线飞机电磁环境效应设计与验证》

《支线飞机动力装置系统设计与验证》

《支线飞机强度设计与验证》

《支线飞机结构设计与验证》

《支线飞机环控系统研发与验证》

《支线飞机运行支持技术》

《ARJ21-700新支线飞机项目发展历程、探索与创新》

《飞机运行安全与事故调查技术》

《基于可靠性的飞机维修优化》

《民用飞机实时监控与健康管理》

《民用飞机工业设计的理论与实践》